분체의 입도 측정법

저자소개

강석호 : 姜錫浩(영남대학교 공과대학 응용화학공학부 명예교수); shkang@yu.ac.kr

1961년 서울대학교 공과대학 화공과 공학사, 1967년 경북대학교 대학원 화학과에서 이학석사, 1975년 영남대학교 대학원 화공과 공학박사. 독일 Karlsruhe 대학교 분체공학연구소 연구원(1967/68), 독일 Clausthal 공대 분체공학연구소 교환교수(1980/1), 일본 오오사카 부립대학 화공과 초빙교수(1990), 미국 Minnesota 대학 기계공학과, 미국 Kentucky 대학 화공과 방문교수(1996/7). 국내외학술지 게재 논문 약 90편 발표, 저서; "분체공학"(1995,1998), "21세기의 에너지와 산업사회"(1992, 1998), 공저; "집진기술; 이론과 응용"(2004), 공동번역서; "화학공학 열역학"(1987). 한국공학한림원, 한국화학공학회 명예회원, 독일 DECHEMA, 일본분체공학회 정회원, 한국태양에너지학회, 한국대기보전학회, 미국AIChE, 대한화학회 정회원 역임. 일본분체공학회, "Advanced Powder Technology", 국제부문편집위원(1993~2008),Hosokawa Micron Inc. "Kona", 아시아지역 편집위원(1993~2008), 현재 한국분체산업연구소 소장

류필조 : 柳必兆(세명대학교 바이오환경공학과 교수); pjlyoo@semyung.ac.kr

1981년에 영남대학교 화학공학과에서 공학사를 취득하고, 1985년 동 대학에서 공학석사, 1990년 일본 오사카부립대학(大阪府立大學) 화학공학과에서 공학박사 학위를 취득하였으며, 1991/현재 세명대학교 바이오환경공학과 교수로 재직하고 있다. 한국화학공학회, 대한환경공학회, 한국폐기물자원순환학회의 정회원이며, 현재 한국화학공학회 미립자부문위원회 위원장, 한국분체공업기술협회 고문으로 활동하고 있다. 저서 "粒子應用科學"(학술정보, 2003)과 "집진기술의 이론과 응용"(영남대학교출판부, 2004)를 포함하여 다수의 학술논문이 있다.

최희규 : 崔喜圭(창원대학교 메카트로닉스융합부품소재 선도연구센터(ERC) 전임연구교수); hkchoi99@changwon.ac.kr

동국대학교 자연과학대학 생물학과 이학사(1994), 부산대학교 대학원 분체공학협동과정 공학석사(2001), 부산대학교 대학원 분체공학협동과정 공학박사(2004), 한국기계연구원 (KIMM) 위촉연구원(2003~2004), 일본 나고야대학교 박사 후 연구원(2004~2006), 한국과학기술정보연구원(KISTI) 해외통신원(2005), 경상대학교 전임연구원(2006), 부산대학교 전임연구원(2006), 창원대학교 2단계 BK21 신지식기계시스템용 재료인력양성사업단 연구교수(2007~2010), 한국화학공학회 종신회원 및 미립자부문위원회 운영위원, 일본분체공학회, 한국분말야금학회, 대한금속재료학회, 한국재료학회, 한국입자에어로졸공학회, 한국공업화학회, 대한광물학회 정회원 활동, 한국과학기술인연합 운영위원, 교육과학기술부 예산심의 자문위원(2008) 활동, 한국화학공학회 춘계학술대회 대학원연구상 수상(2004), 제2회 청렴에세이공모 일반부 최우수상 수상(2010), 세계3대 인명사전 Marquis Who's Who 등재(2010), 국외논문(SCI급) 40 여 편, 국내논문 30여 편 출판, 140 여회의 국내외 학술발표, 'METHOD TO PRODUCE SINTERING POWDER BY GRINDING PROCESS WITH CARBON NANO TUBE(2008, 미국)' 등 국내 외 특허 10여건 출원 및 등록

분체의 입도 측정법

지은이 강석호, 류필조, 최희규 | **펴낸곳** 영남대학교출판부

주소 경북 경산시 대동 214-1 | **전화** 053) 810-1801~3 | **팩스** 053) 810-4722
초판 발행 2012년 7월 27일

등록일 1975년 9월 5일 경산 제16-1호 | **홈페이지** book.yu.ac.kr

ISBN : 978-89-7581-442-6 93570

분체의 입도 측정법

강석호 · 류필조 · 최희규

영남대학교출판부

머리말

20년 전에 졸저『분체공학』을 발간한 이후 지금까지 항상 분체의『입도 측정법』에 관한 단행본을 저술하려고 생각해왔으나 실행하지 못하였다.『분체공학』이 절판 된 이후, 분체의 입도측정에 관한 전공서적의 필요성을 논의하는 중에, 류필조 교수, 최희규 교수와 함께『분체의 입도측정법』을 단행본으로 출판하기로 의견의 일치를 보았다.

분립체 물질을 원료로 사용하거나, 중간제품으로 취급하는 공정 가운데 제품을 생산하는 산업체 현장에서 품질관리와 생산성 향상을 위하여 분체의 입도를 측정하는 기술은 참으로 중요하다. 예를 들면, 미국의 거대 화학공업기업인 듀퐁이나 다우 케미컬 회사에서 취급하는 물량의 65% 이상이 분립체 물질인데, 이들 회사에서 취급하는 분체는 입도 측정과 입도 관리 기술에 의하여 그 품질이 보장되고, 제품의 수율을 높임으로써 이윤을 증가시킬 수가 있었다.

이 책은 분체공학을 전공하거나, 산업체 현장에서 일하는 전문가들이 입도측정에 관하여 심도있게 이해하거나 현장에서 입도측정에 관한 문제를 해결하는데 필요한 원리와 응용들에 대해 다루고 있다. 모두 13장으로 구성되어 있는데, 처음 5장까지는 분체의 입도 측정에 관한 기본사항을 서술하고, 6장에서 13장까지는 입도측정법을 원리별로 구분하여 설명하였다. 제1부의 기초 편에서는 분립체 입자의 특성과 입도 측정의 기본 원리와 분립체의 입도분포함수를 설명하고, 제2부에서는 입도 측정방법을 각 원리에 따라 분류하여 각론들을 서술하였다. 산업체의 기술자나 연구자들을 위해 더 상세한 내용을 습득할 수 있도록 참고문헌을 충분히 첨부하였다.

이 책은 화학공학 분야 중에서도 분체공학을 전공한 세 사람의 공동 저술이다. 공동 집필의 어려움은 만나는 시간을 함께 갖기가 쉽지 않았고, 토의 내용에 합의를 이루는데 상당한 시간이 소요되는 번거로움에 있었다. 원고의 내용을 윤독하면서 작은 외래어 단어의 하나 하나까지도 과학기술용어집에 맞도록 선택하였고, 되도록 유연한 한글 문장으로 표현하려고 노력하였다. 이러한 일련의 일들을 함께 하면서 마지막 원고 완성에 이르기까지 의견에 일치를 볼 수 있었던 점은 이 책을 만드는 동안에 보람되었고, 우리 모두 즐거웠다. 그럼에도 불구하고 책의 곳곳에는 독자들이 보기에 미흡한 점이 있을 줄로 생각된다. 이러한 미비점은 추후에 다시 고치는 기회를 가져 개정 증보판을 발행 할 수 있기를 희망한다.

끝으로 이 책이 출판에 이르기까지 수고해주신 분들에게 감사의 말씀을 남겨야겠다. 세명대학교의 류필조 교수는 다행이 금년에 연구년을 맞이하여 연구업적의 일환으로 이 책의 집필 작업에 전력을 기울여 주셨다. 최희규 교수는 창원대학교에서 ERC 추진과 선정의 바쁜 일과 중에서도 밤을 낮 삼아 열심히 원고를 집필하셨다. 이 책의 기본 구상에 필요한 기초 자료를 정리하는 데에 열심히 도와준 기억할 수 없이 많은 대학원생들과 학부 학생들이 참고문헌의 워드작업을 도와주었거나 도표와 그림을 그리는 일을 도와주었다. 그들 모두에게 감사드린다. 이 책을 출판해 주시기로 기획해주신 영남대학교 출판부에도 감사한다.

이 책을 읽는 모든 분들이 이 책으로 말미암아 전문분야에서 크게 활약할 수 있기를 바라며 아울러 이 책의 잘못된 부분을 지적하는 조언을 끊임없이 주시기를 부탁드린다.

2012. 7.

저자대표 강 석 호

차 례

제1부 분체의 정의와 특성

제2부 입도 측정법 각론

제12장 비표면적을 이용한 입도분포 측정법

제13장 크로마토그래피 법을 이용한 입도분포 측정법

분체 입도측정과 관련된 기초 이론

제1부

제1장 분체의 정의와 특성

1.1 분체 및 분체공학의 정의

분체라 함은 고체상 물질의 존재 형태의 하나로, 고체상 물질이 세분화되어 액체나 기체 또는 고체끼리 계면을 이루면서 입자의 집합체로서 존재하는 형태를 말한다[10].

분체는 넓은 의미로는 분체(粉體, 영어로는 powder, particles, particulate matters 등으로 표현)와 입체(粒體, granular materials)를 포함하여 분립체(粉粒體)라고도 하며, 입자의 크기가 미세해질수록 미립자(fine particles), 초미립자(ultra fine particles, sub-micron particles) 및 나노입자(nano-particles) 등으로 부르고 있다.

그러나 입자 집합체라 할지라도 베어링볼의 집합체와 같이 크기나 밀도 등과 같이 물성이 균질한 입자 집합체를 가리켜 분체라고는 할 수 없다. 따라서 분체라 함은 입자 집합체로서 다음과 같은 특성을 가진 것을 일컫는다.

① 고체 물질의 하나의 존재 형태로서 고체가 세분화되어 있으며,

② 구성 요소인 입자들은 여러 가지 물성에 있어서 분포를 갖는 확률적 존재로서,

③ 개개의 입자는 그 표면의 특성을 매개로 하여 다른 입자와 상호작용을 가지며, 환경요소인 기체나 액체와의 사이에도 상호작용으로 인하여 거동이 구속되는 입자 집합체이다.

분체는 먼지, 화산재, 토양입자, 해염입자, 구름, 식물의 포자 등과 같이 여러 가지 요인으로부터 자연계에 존재하고 있으며, 인류가 분체를 이용해 온 역사는 대단히 오래 전의 일이다.

석기시대 이후 흙을 빚어 토기를 이용해 왔으며 동굴벽화를 그리기 위하여 돌가루를 빻아 안료 등의 착색재로 사용한 것도 1만년 전의 일이다. 수천년 전의 농경시대에는 분립체상으로 생산된 곡식을 빻아 분식으로 섭취한 흔적을 가지고 있다.

오늘날 산업사회에 이르러서는 일부의 기체나 액체상 원료를 제외한 대부분의 공업원료는 고체상으로 되어 있어, 이를 이용하기 위해서는 고체상 원료에 분체공정(분쇄, 분급, 혼합, 성형, 열처리 등)을 거쳐 제품을 생산하게 된다.

원료와 최종생산물이 분립체의 형태로 되어 있는 것은 물론이거니와, 외견상으로는 전혀 분체와는 관련이 없어 보이는 경우라도 원료에서부터 중간생성물을 거쳐 최종생산물에 이르는 생산공정의 일부에서 반드시 분체공정을 거치게 되는 것이 일반적이다.

〈표 1-1〉에 일상의 우리 주변에서부터 각종 산업에 이르기까지 사용되고 있는 분립체의 예를 정리하였다.

여기서, 요즈음 눈에 두드러지는 현상은 식품산업에서 보는 바와 같이 액체상으로 이용되고 있던 것들이 분말식품 등으로 급속히 분립체화되는 경향이 있으며, 또한 미세먼지의 제어, 황사문제 발생, 폐기물처리 및 재활용 등의 환경분야에서 분체 및 이들의 취급기술이 중요시되고 있다는 사실이다.

물질이 존재하는 상태는 고체, 액체, 기체 3가지 상태로 존재하며, 이들 존재 상태를 물질의 삼태(三態)라고 한다. 이 책에서 다루고자 하는 분체는 정지상태에서는 고체와 같이 보이지만, 정지상태의 분체에 외력을 가하면 액체와 같이 흐름상태를 유지하게 되고, 지극히 미세한 입자가 기체 중에 분산되어 있을 때는 기체와 같

이 거동하기도 한다. 이러한 이유로 혹자는 분체를 물질의 새로운 존재상태로 생각하여 물질의 제4태(四態)로 분류하기도 한다(분체를 물질의 존재상태로 보는 것은 옳지 않고 물질의 존재형태의 하나로 보는 것이 바람직하다고 할 수 있겠다.

〈표 1-1〉 각종 산업에서 취급되고 있는 분립체의 예[4]

산업분야	취급되고 있는 분립체의 예
에너지	화력발전(미분탄, 플라이 애쉬), 수력발전(토목공사 재료), 원자력발전(흑연, 핵연료)
철 강	석회석, 생석회, 코크스, 내연재
제약, 향장	가루약, 정제약, 캡슐, 화장품
전기, 전자	형광분, 전극재료, 전지, 서미스터, 페라이트, 도전체 재료
기 계	주조(주물사, 각종 점결재 분말), 각종 연마재
야 금	분말야금(금속분), 로 또는 전해야금 공정
섬 유	세제, 풀, 염료, 소광제, 섬유 충전재
화 학	각종 고체연료, 촉매, 안료, 잉크, 치약, 고분자, 각종 필러
요 업	각종 무기원료, 내화재
식 품	밀가루, 전분, 설탕, 소금, 커피, 분말스프, 원료, 공정, 제품
제 지	충전재, 코팅제, 펄프처리
건 설	시멘트, 건재, 골재, 토질개량제, 도료, 도로쇄석, 토질구성
농 업	곡물, 토지개량, 비료, 사료, 농약, 살충제
운 수	타이어(카본블랙, 각종 충전재)
우주개발	로켓연료, 도료
환 경	집진, 작업환경, 자연재해(황사, 화산재), 폐기물 처리 및 재활용

따라서, 분체를 취급하는 공정에 있어서 고체나 액체 또는 기체와는 전혀 다른 분체 특유의 현상을 나타내게 되는데 이를 분체현상이라고 하며, 분체현상은 분체를 이루고 있는 개개 입자의 특성(또는 물성) 또는 집합체로서의 특성에 의해 나타나게 되는 현상이다.

미와(三輪)[4]는 DallaValle[1]와 Orr[2] 저서의 목차를 참고하여 분체현상의 체계를 정리하였는데, 이것을 약간 보완·정리하여 〈그림 1-1〉에 실었다.

지금까지 기술한 바와 같이, 분체 취급시에 나타나는 분체현상을 관측하고 정리하여 자연의 법칙성을 규명하고, 이 법칙성에 따라 공학적 프로세스를 구성하여 목적으로 하는 생산을 가능케 하는 기술과 학문 영역을 분체공학(Powder Technology 또는 Powder Engineerig)이라 한다.

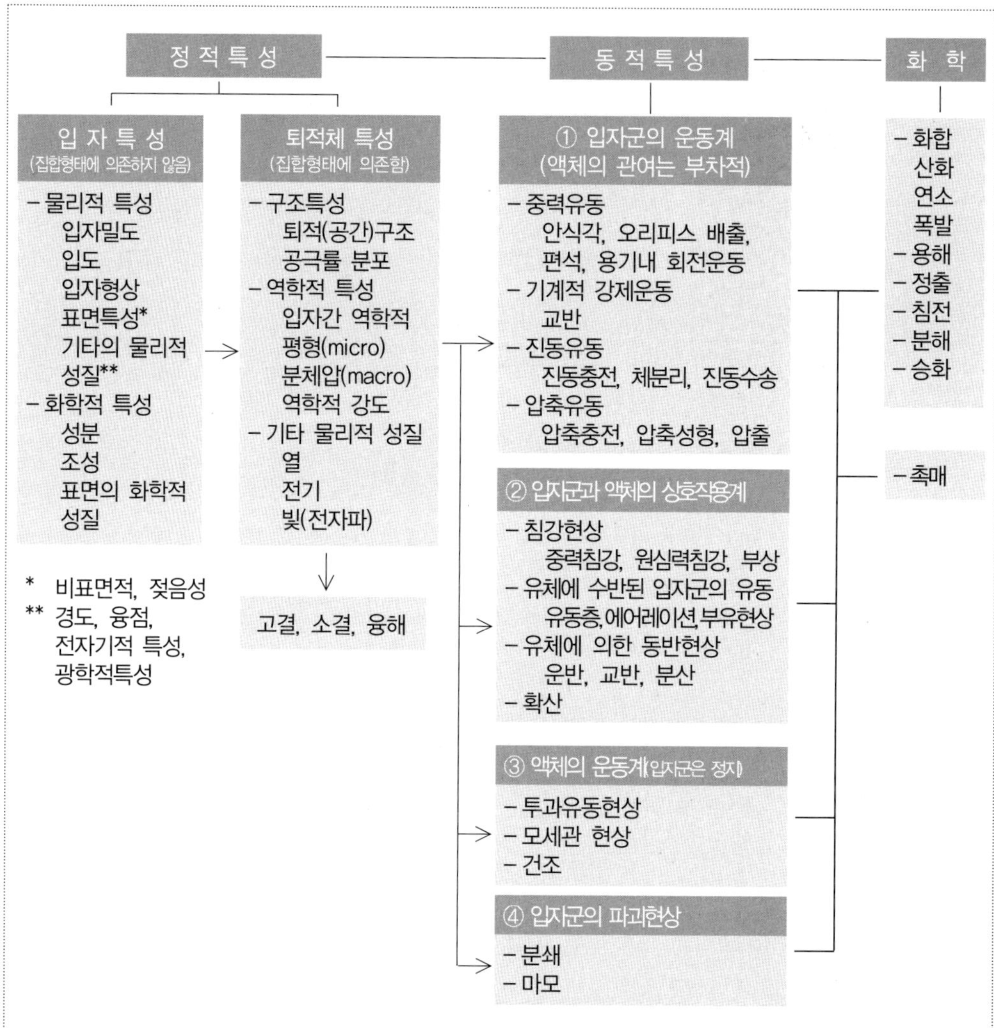

〈그림 1-1〉 분체현상의 체계[4]

1.2 분체입자의 Size 스펙트럼

분체 취급시에 나타나는 분체현상들은 〈그림 1-1〉에서 보는 바와 같이 입자특성과 입자의 퇴적체 특성 등, 여러 가지의 분체특성들에 의해 지배된다. 이들 특성 중에서 분체현상을 지배하는 가장 기본적이고 중요한 분체의 특성은 입자의 크기이다. 입자의 크기를 분체공학에서는 '입도' 또는 '입경'이라고 한다.

산업에서 사용되는 분체는 그 크기가 매우 다양해서, 크게는 cm 단위(10^{-2} m)에서부터 작게는 nm 단위(10^{-9} m)에 걸쳐 광범위한 크기(10^7, 즉 천만배의 범위)의 분체가 사용되고 있다. 이것을 비표면적의 관점에서 보면 10^7의 제곱인 10^{14}배의 범위에 걸친 다양한 분체들이 사용되고 있다.

〈그림 1-2〉와 〈그림 1-3〉에 각각 Stanford Research Institute에서 제공하는 분체의 입도와 입자분산질의 특성을 나타낸 도표[12]와 진보(神保)가 제시한 분체의 입도에 따라 나타나는 분체현상 및 분체취급공정의 관계를 스펙트럼으로 나타낸 도표[10]을 실었다.

〈그림 1-2〉는 분체관련 문헌에서 많이 인용되고 있는 도표로, 자연상태에서 존재하는 각종 입자상 물질의 크기를 광파장의 길이와 비교하여 표시하였으며, 입도 측정법이 입도에 따라 달라지게 됨을 설명한 그림이다. 뿐만 아니라 분립체의 입도에 따라 분쇄방법과 장치, 분급방법과 장치, 혼합방법과 장치, 성형방법과 장치 등의 분체의 취급법이 달라져야 됨을 보여주는 도표이다.

앞에서 언급한 바와 같이, 분체는 동일한 물질로 이루어졌더라도 입도에 따라 다른 분체현상을 나타내게 되는데, 이러한 분체현상의 변화를 나타내는 입도의 경계점이 특정의 입도 부근에서 나타나게 됨을 진보(神保)는 〈그림 1-3〉으로 설명하였다[10].

〈그림 1-3〉의 **수십 ㎛ 단위의 부근**에서 분체현상이 현저히 달라지는 하나의 경계점이 존재한다. 역학적 관점에서 이 지점은 입자에 작용하는 중력과 부착력(=입자와 다른 고체 표면과의 사이에 작용하는 인력)이 평형을 이루는 입자의 크기이다. 토양학 분야에서는 이 지점이 모래와 실트를 구분하는 구분점이기도 하다.

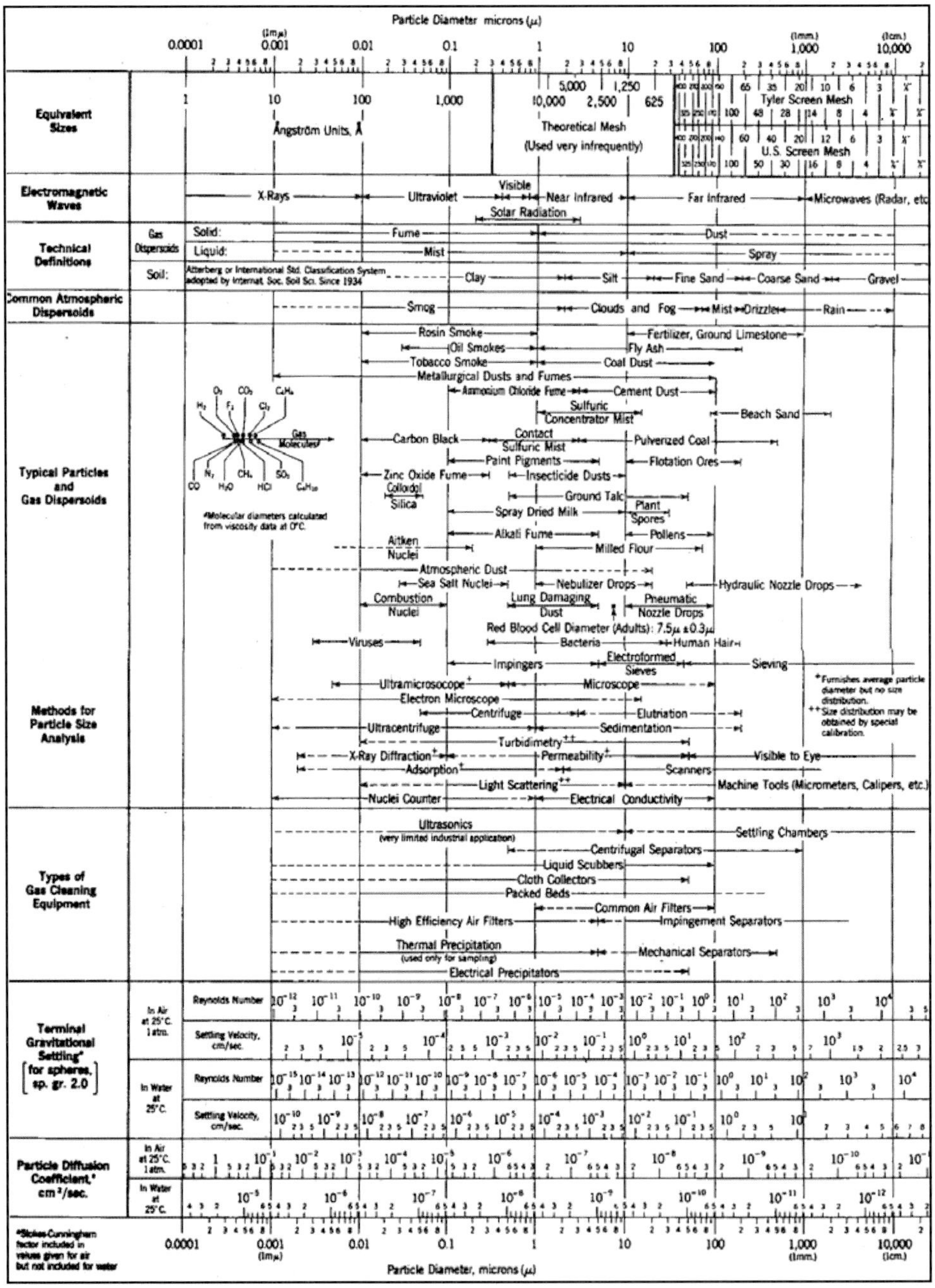

Source: Stanford Research Insitute, Menlo Park, California.

〈그림 1-2〉 분체의 입도와 분산질의 특성

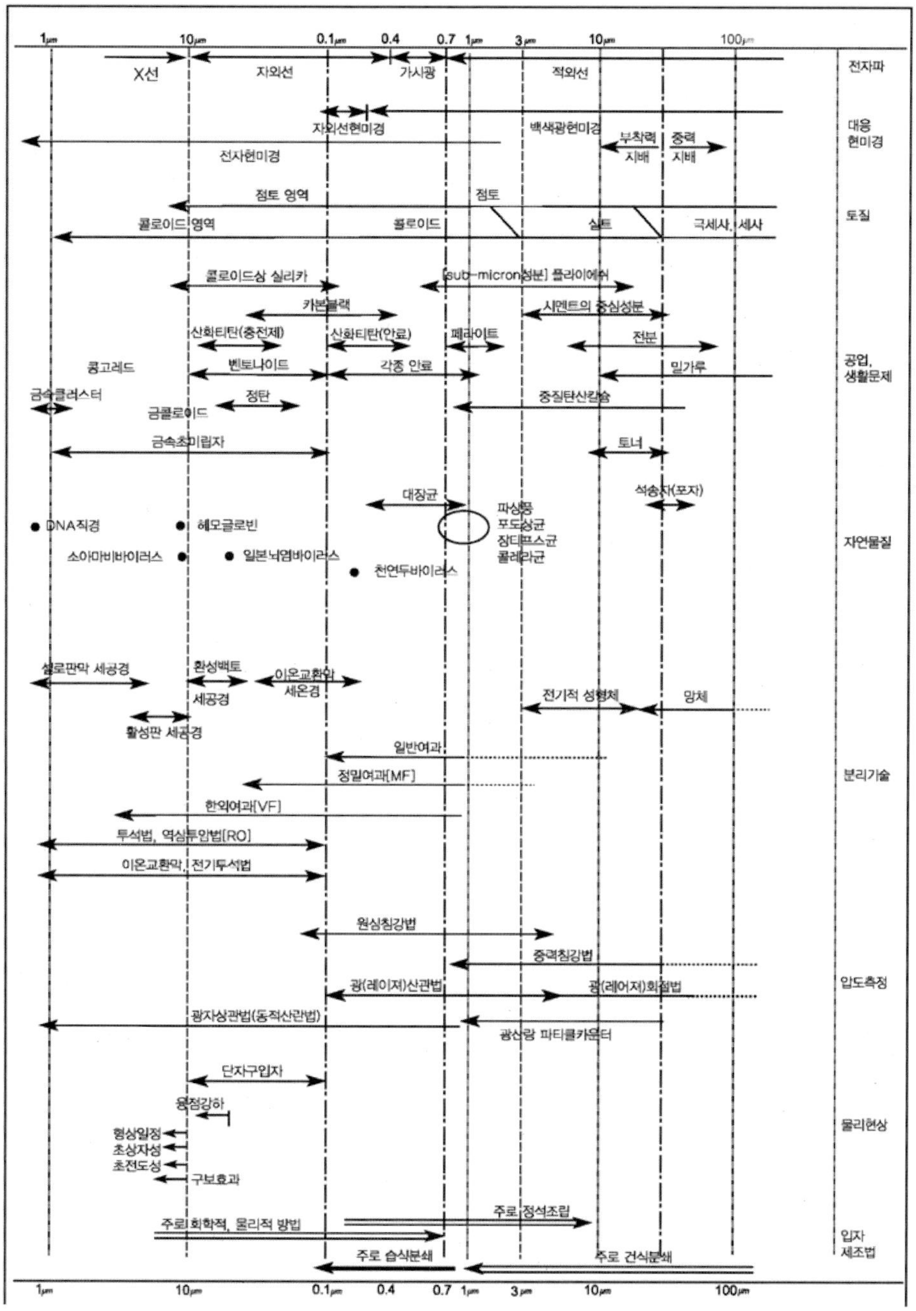

〈그림 1-3〉입도에 따른 분체현상 및 분체취급공정 스펙트럼[10]

이 보다 작은 입도에서 분체현상의 변이점은 3 ㎛ **전후**에서 나타나게 되는데, 이 경계점은 체가름할 수 있는 한계 입도일 뿐만 아니라, 연속적인 분쇄조작에서 얻을 수 있는 한계 입도로 인식되어 왔다. 다만, 최근에 분쇄기술의 진보로 인하여 3 ㎛의 한계를 극복하였으나, 3 ㎛ 이하의 입자를 얻기 위해서는 생산공정이 크게 달라져야 한다는 사실은 틀림없다.

입도가 점점 미세하게 되어 Sub-micron영역이 되면 분체현상의 새로운 경계점이 나타나게 된다. 입자의 크기가 **가시광선의 파장 영역**(0.4~0.7 ㎛)에 들어가게 되면, 입도측정에 광학현미경을 사용할 수 없게 되어 전자현미경을 사용해야 하는 경계이다. 또한 이 영역에서는 빛의 회절현상이나 산란현상 등 입자와 빛의 상호작용을 이용하여 입도를 측정할 수 있게 된다.

또한, 입도 0.1 ㎛는 유체 중에서 유동하는 입자의 거동이 크게 달라지는 경계점이 된다. 유체 중에 입자의 흐름에 있어서 slip flow현상으로 인하여 Newton의 저항측의 적용에 Cunningham보정을 해야 하는 입도 영역의 경계이다[5].

끝으로, 입도가 더욱 미세하게 되어 10 nm 정도가 되면, 현재 충분히 규명되어 있지는 않지만, 입자를 구성하는 원자의 수가 줄어 전자에너지 준위가 이산적이 됨으로써 양자효과(Kubo효과라고도 함)에 의한 융점강하, 빛의 흡수증대, 초전도 임계온도의 상승, 비열저하, 촉매효과 증대, 소결온도 저하, 초상자성 등의 현상이 나타나게 되는 것으로 추측하고 있다.

이상에서 살펴본 바와 같이 분체입자의 크기는 분체현상을 이해하는데 대단히 중요하며, 이에 따라 분체공정이 결정되는 중요한 요인이 된다. 따라서, 분체취급에 있어서 분체의 입도를 측정하는 일은 무엇보다 우선된 일이자 중요한 일이라고 할 수 있다.

참고문헌

[1] DallaValle, J. M., "Micromeritics", 2nd ed., Pitman Pub. Co., 1948.
[2] Orr, C., "Particulate Technology", Macmillan Co., 1966.
[3] Brian, K. K., *Chem. Eng.* 73: 239(1966).
[4] 三輪茂雄, "粉粒体工學", 朝倉書店, 1972.
[5] Aoki, R., "Basic properties of powder", *Kagaku Sochi,* 16(8): 59(1974).
[6] Seiner, J. A., *Ind. Eng. Chem.Proc. Res. Dev.,* 17: 302(1978).
[7] Beddow, J. K., "Particle Science and Technology", Chem. Publishing Co., New York, 1980.
[8] 강석호, *화학공업과기술* 24: 1(1984).
[9] Rumpf, H., "Particle Technology", Chapman & Hall, New York, 1990.
[10] 神保元二 外, "粉体-その機能と応用", 日本規格協会, 1991.
[11] Iioya, K., K. Gotoh and K. Higashitani, "Powder Technology Handbook", Marcel Dekker, New York, 1991.
[12] 강석호, "분체공학", 희중당, 서울, 1995.
[13] Allen, T. "Particle Size Measurement" 5th. ed., Chapman Hall, London, 1997.

제2장 입자의 형상, 밀도 및 입도와 입도측정법

2.1 입자의 형상

분체 입자의 형상은 분체의 여러 가지 물성, 즉 흐름성, 충전성, 부착성 등에 영향을 미칠 뿐만 아니라 유체 내에서의 거동이나 빛과의 상호 작용이 달라져서 입도측정 결과에도 영향을 미치게 된다. 따라서 입도측정에 있어서 입자의 형상을 파악하고 있을 필요가 있다.

입자형상은 글래스비즈나 소금 등과 같이 규칙적이거나 기하학적으로 되어 있는 것도 있기는 하나 대부분의 입자들은 불규칙적인 형상을 하고 있다.

입자형상을 정성적으로 표시하는 방법은 영국규격 BS2955에 규정되어 있는 것을 〈표 2-1〉에 부분적으로 옮겨 실었다[3].

단일입자의 형상과 입도에 대한 훌륭하고 상세한 자료는 일본분체공학회의 '분체물성도설'[13]과 McCrone의 'The Particle Atlas'[8]에 많은 종류의 입자들에 대한 현미경 사진과 함께 수록되어 있다. 이 책들을 참고하면 출처가 분명치 못한 입자들의 성질과 근원을 확인하는데 큰 도움이 될 것이다.

〈표 2-1〉 입자형상의 분류[3]

입자 형상	설 명	실 예
바늘형(acicular)	바늘모양	침상 황
다각형(angular)	예리한 각이거나 다각형	모래
결정형(crystalline)	결정화로 얻어지는 기하학적 모양	비소, 황산바륨, 주석, 비스무스, 다이아몬드
나무가지형(dentritic)	나무가지 모양의 결정형	
섬유상(fibrous)	규칙 또는 불규칙한 실 모양	석면
편상(flaky)	판자 모양	흑연, 운모
입상(granular)	과립 모양	코런덤
불규칙형(irregular)	대칭성이 전혀 없는 불규칙한 모양	카본블랙
구형에 가까운 불규칙형(nodular)	둥글고 불규칙한 모양	둥근 모래
구형(spherical)	공 모양	glass beads

단일입자의 형상을 그림이나 말로 설명하기보다는 어떤 수치로 표시할 수 있으면 편리할 것이다. 따라서, 불규칙입자의 형상을 수치로 표시하는 여러 가지 방법의 '입자형상계수(particle shape factor)'들이 제안되어 있다[1,5,21].

여러 가지 형상계수 중에서 '구형도(sphericity, Ψ)'로 정의되는 다음의 형상계수가 널리 쓰이고 있다[1].

$$\Psi = \frac{\text{입자의 부피와 같은 부피를 가지는 구의 면적}}{\text{입자의 표면적}} \qquad (2-1)$$

지름이 d인 구형입자의 경우 Ψ=1이고, 구형이 아닌 모든 입자의 구형도는 1보다 작은 값을 갖는다. 만약 구형이 아닌 단일 입자의 부피 v와 표면적 s를 측정할 수 있다면 다음과 같이 그 입자의 구형도 Ψ를 계산할 수 있다.

$$\Psi = \frac{\pi d^2/v}{s/v} = \frac{\pi d^2/\frac{\pi}{6}d^3}{s/v} = \frac{6v}{d \cdot s} \qquad (2-2)$$

예제 2-1

한 변의 길이가 a인 정육면체의 구형도를 계산하라.

〈풀이〉

한 변의 길이가 a인 정육면체의 표면적 : $6a^2$

정육면체의 부피 : a^3

부피 a^3인 구의 지름 D : $(\pi/6)D^3=a^3$에서 $D=(6/\pi)^{\frac{1}{3}}a=1.24a$

지름 D인 구의 표면적 : $\pi D^2=3.14\times(1.24a)^2=4.83a^2$

그러므로, 식(2-1)로부터 구형도 $\Psi=4.83a^2/6a^2=0.805$

〈표 2-2〉에는 몇 가지 분립체 입자에 대한 구형도를 실험적으로 측정한 예를 실었다[4].

〈표 2-2〉 구형도의 실측치[4]

물 질	구형도, Ψ
둥근 모래	0.600–0.681
철촉매	0.578
역청탄	0.625
celite 원기둥	0.861
파쇄된 고체(일반적)	0.63
각진 모래	0.534–0.628
실리카	0.554–0.628
미분탄	0.696

구형도 이외에 많이 쓰이는 형상계수로는 '표면적형상계수'와 '체적형상계수' 및 '비표면적형상계수'가 있다. 단일입자의 겉넓이, 부피와 질량은 모두 적절히 정의되는 입도 d_p와 관계를 지을 수 있다. 즉,

$$\text{표면적} = \Phi_s\, d_p^{\,2} \tag{2-3}$$

$$\text{부피} = \Phi_v\, d_p^{\,3}\,, \quad \text{질량(=부피x밀도)} = \Phi_v\, \rho_p\, d_p^{\,3} \tag{2-4}$$

$$\text{비표면적(=표면적/부피)} = \frac{\Phi_s d_p^2}{\Phi_v d_p^3} = \frac{\Phi_s}{\Phi_v}\frac{1}{d_p} = \Phi_{sv}\frac{1}{d_p} \tag{2-5}$$

이며, 여기서 Φ_s를 표면적형상계수, Φ_v를 체적형상계수, $\Phi_{sv}(=\Phi_s/\Phi_v)$를 비표면적형상계수라고 부른다.

구와 입방체를 가각 식(2-5)의 비표면적형상계수로 계산하면 공히 6의 값을 가지므로 형상의 차이를 나타낼 수 없다. 그러나 비표면적은 분체입자 집단에 대해 측정하여 얻어지는 값이므로 분체시료의 평균적인 형상계수가 얻어지는 잇점이 있다. 다만, 이 식에서 사용하는 입자의 크기는 다음 식으로 정의되는 '질량기준조화평균경'을 대입해야 함에 주의하여야 한다.

$$D_h = \frac{1}{\displaystyle\int_0^\infty \frac{q_3(x)}{x}dx} \tag{2-6}$$

질량기준조화평균경은 분무액적의 해석 등에서 자주 사용되는 Sauter경(체면적평균경)과 동일한 의미의 평균경이다.

한편, 유동층 등의 해석에 주로 이용되는 형상계수로는 다음 식으로 표현되는 Carman의 형상계수가 있다.

$$\Phi_c = \frac{6}{\Phi_{sv}} \tag{2-7}$$

2.2 입자의 밀도

밀도(density)란 물질의 단위 체적당의 질량을 의미하는 것으로, 분체에 있어서 입자의 밀도는 그 자체로서 대단히 중요한 특성치일 뿐만 아니라, 입자의 순도나 조성 또는 생성조건을 이해하는 데도 도움이 된다. 또한, 다른 물리적 특성, 즉 입도나 공간율 등의 측정에도 밀도값을 알아야만 계산할 수 있는 가장 기초적인 특성치이다.

일반적으로 질량의 측정은 정밀도가 높은 천칭 등을 통하여 정확하게 측정할 수가 있으나, 고체나 액체의 경우와는 달리 분체상 물질은 용기에 담긴 충전상태에 따라 체적이 달라지기 때문에, 분체상 물질은 체적의 측정방법에 따라 다음과 같이 여러 가지로 정의된 밀도 값을 가질 수 있다[3,5].

1) 겉보기밀도(bulk density)

〈그림 2-1〉의 (a)와 같이 체적을 알고 있는 용기에 분체를 담아 질량을 측정함으로써 단위체적당 질량을 계산하여 겉보기밀도라고 한다. 이 경우, 체적은 충전방법에 의존하게 되며, 입자간의 공간을 포함하고 있다. 겉보기밀도는 용기내에서의 입자의 다짐상태에 따라 밀충전(密充塡) 겉보기밀도와 소충전(疎充塡) 겉보기밀도로 세분하기도 한다.

2) 입자밀도(particle density)

〈그림 2-1〉의 (b) 또는 (c)와 같은 단면을 갖는 입자의 표면을 액체에 침적시켜 입자간에 포함하고 있는 기포를 충분히 제거하면, 액체는 입자표면의 균열이나 세공에는 침투하지만 고립된 공동에는 침투하지 못한다. 이 상태에서 입자에 의해 배제된 액체의 체적을 구한다. 이 경우의 입자의 체적은 고립된 공동을 포함한 값이 된다. 이렇게 하여 구해진 밀도를 입자밀도라 한다. 입자밀도 또한 침적액체와 입자간의 젖음성에 따라 친액(親液) 입자밀도와 소액(疎液) 입자밀도(겉보기입자밀도라고도 함)로 세분하기도 한다.

3) 진밀도(true density)

입자내의 세공, 고립된 공동 및 입자간의 공간을 완전히 배제한 순수 고체입자의 부피를 측정하여 계산된 밀도를 진밀도라 한다.

진밀도는 〈그림 2-1〉의 (b)~(d)와 같은 입자를 세공이나 공동이 존재하지 않을 만큼 충분히 미세하게 분쇄한 후, 액체 pycnometer나 기체 pycnometer를 이용하여 측정할 수 있다.

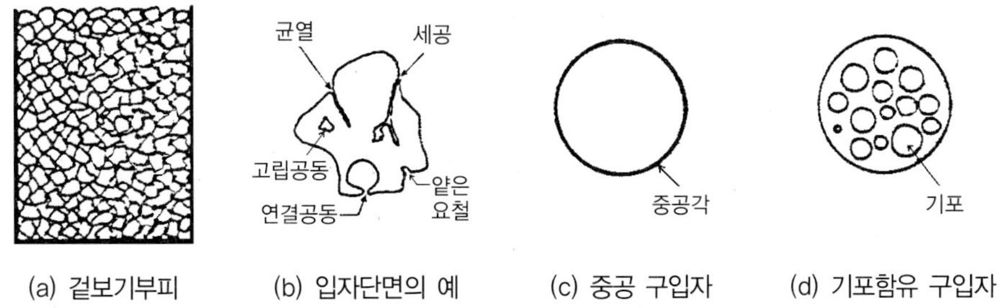

〈그림 2-1〉 입자의 형태에 따른 체적 측정치

이상에서 언급한 여러 가지 밀도값들의 크기는 소충전겉보기밀도 < 밀충전겉보기밀도 < 소액입자밀도 < 친액입자밀도 < 진밀도의 관계가 있다.

2.3 입자의 크기(입도)

제1장에서 언급한 바와 같이, 입자의 크기를 분체공학에서는 '입도' 또는 '입경'이라 하는데, 입자의 크기를 측정하는 방법은 크게 두 가지로 나눌 수 있다.

하나는 버니어캘리퍼스 측정이나 현미경 측정과 같이 입자의 크기를 직접 측정하는 것이고, 다른 하나는 간접적인 방법으로서 입자의 여러 가지 물리·화학적 현상을 측정하여 입도를 간접적으로 결정하는 방법이다.

직접측정법인 현미경으로 입자를 관찰하면, 관찰 평면상에 마구잡이로 놓여있는 입자의 2차원 영상으로 크기를 측정할 수 있으나, 그 입자의 두께는 간접적으로 추측할 수 있을 뿐이다.

한편, 간접측정법을 이용하면 입자의 총부피, 총질량, 총표면적 또는 입자의 역학적 거동(운동)을 측정할 수 있다. 역학적 운동은 중력, 원심력, 또는 정전기력과 같은 어떤 힘이 입자에 작용함으로써 일어난다. 이러한 운동특성을 비롯하여 입자의 광산란(또는 회절) 현상 또는 입자의 부피 등의 물리량으로부터 입자의 특성 즉, 입도를 간접적으로 결정할 수 있다.

이와 같이 간접측정법은 입자가 가지고 있는 어떤 특성이 그 입자의 크기와 어떤 의미로든지 관련되어 있기 때문에 가능하다.

'크기'를 나타내는 수치는 입자의 어떤 '상당거동(equivalent behavior)' 즉, 어떤 비슷한 조건하에서 구형입자의 거동에 근거하여 결정된다. 예를 들면, 공기중에서 중력을 받는 불규칙입자의 침강속도를 측정한 후, 측정된 속도와 동일한 속도로 침강하는 구형입자(밀도는 같음)의 지름을 이론적으로 계산하여 그 값을 그 불규칙 입자의 수치적 '크기' 또는 '입도'라고 지정한다. 이와 같이, 입자의 거동이나 물리적 현상으로부터 계산된 입자의 크기를 그 불규칙한 입자의 '상당입도(equivalent diameter)'라고 부른다.

이러한 개념을 바탕으로 분립체의 입도를 나타내는데 흔히 쓰이는 상당입도의 정의를 정리하면 다음과 같다.

1) **체분석 입도** : 입도측정에 사용한 표준체의 체구멍 크기로 결정한 입도. (직접측정에 의한 입도이므로 엄밀히 말하면 상당입도는 아니다.)

2) **구상당 입도** : 입자의 부피와 같은 부피를 가진 구의 지름.

3) **Stokes 입도** : 어떤 유체내에서 입자의 침강속도와 같은 침강속도를 나타내는 동일 밀도의 구의 지름.

4) **공기역학적 직경** : 공기속에서 침강하는 입자의 침강속도와 같은 침강속도를 가지는 단위밀도(1 g/㎤)의 구의 지름.

5) **저항력 입도** : 입자가 점도가 동일한 어떤 유체속에서 동일한 속도로 움직일 때, 그 입자와 동일한 운동저항(저항력)을 가지는 구형입자의 지름.

6) 기타 : 현미경에서 관찰되는 입자의 영상을 영상해석장치(컴퓨터 프로그램 포함)를 통하여 분석하는 경우에 정의되는 정방향경(현미경 입도라고도 함)을 〈그림 2-2〉로 설명한다[13].

① **정방향 절선경**(Feret's diameter) : 현미경 화면의 이동방향과 평행인 선(수직 또는 수평선)에 의하여 접하는 투영상의 양단 사이의 길이.

② **정방향 면적등분경**(Martin's diameter) : 입자의 투영면이 현미경 화면의 이동방향과 평행인 선(수직 또는 수평선)에 의하여 면적이 2등분되는 그 선분의 길이.

③ **정방향 최대경**(Krummbein's diameter) : 현미경 화면의 이동방향과 평행인 선(수직 또는 수평선)에 의하여 생기는 선분의 최대길이.

④ **투영면적원 상당경**(Heywood's diameter) : 현미경으로 투영된 입자의 영상면적과 동일 면적을 갖는 원의 직경.(엄밀히 정방향경은 아니다.)

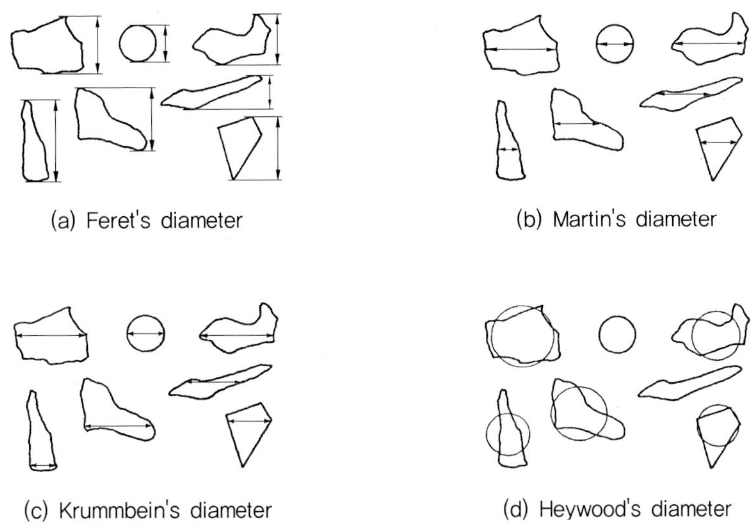

〈그림 2-2〉 입자의 투영상에 기초를 둔 여러 가지 정방향 상당입도

예제 2-2

밀도가 4 g/㎤인 입자의 종말침강속도가 0.22 ㎝/s이다. 다음에 주어진 Stokes 법칙(4장에서 설명함)을 이용하여 이 입자의 Stokes 입도(d_s)와 공기역학적 입도(d_a)를 계산하라. 또한 Stokes 입도와 공기역학적 입도공기역의 관계를 구하라.

Stokes법칙 : $v_t = \dfrac{(\rho_p - \rho_f) g d_p^2}{18\mu}$

여기서, ρ_p : 입자의 밀도, ρ_f : 유체(공기)의 밀도, g : 중력가속도, d_p : 입도, μ : 유체(공기)의 점도이며, 공기의 점도는 20℃, 1 기압에서 1.81×10^{-4} dyne·s/㎠이다.

〈풀이〉

입자의 밀도에 비해 공기의 밀도가 지극히 작은 경우, 공기 밀도의 항을 무시할 수 있으며, 이 경우 Stokes 법칙을 입도에 대해 정리하여 계산하면,

Stokes 입도 : $d_s = \sqrt{\frac{18\mu}{\rho_p\ g} v_t}$ =

$$\sqrt{\frac{18 \times 1.81 \times 10^{-4}\ g/cm \cdot s\ \times\ 0.22\ cm/s}{4\ g/cm^3 \times 980\ cm/s^2}}$$

$$= 0.43 \times 10^{-3}\ cm = 4.3\ \mu m$$

공기역학적 입도는 Stokes 입도의 계산식에 입자의 밀도 항에 단위밀도 $\rho_p = 1\ g/cm^3$를 대입함으로써 얻어진다.

공기역학적 입도 :

$$d_a = \sqrt{\frac{18\mu}{\rho_p\ g} v_t} = \sqrt{\frac{18 \times 1.81 \times 10^{-4}\ g/cm \cdot s\ \times\ 0.22\ cm/s}{1\ g/cm^3 \times 980\ cm/s^2}}$$

$$= 0.86 \times 10^{-3}\ cm = 8.6\ \mu m$$

Stokes 입도와 공기역학적 입도 사이의 관계 : $d_a = d_s \sqrt{\rho_p}$

비구형 입자의 크기를 Stokes 입도로 나타낼 때와 공기역학적 입도로 나타낼 때의 입도를 그림으로 비교하면 다음 〈그림 2-3〉과 같다[11].

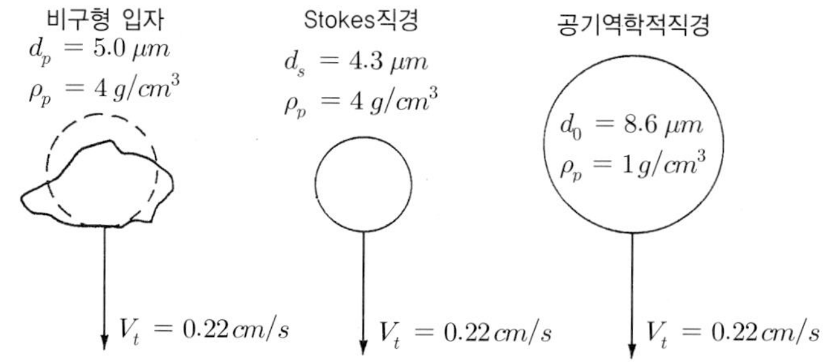

〈그림 2-3〉 비구형 입자의 Stokes 입도와 공기역학적 입도

여러 가지로 정의되는 상당입도 중에 어떤 입도를 적용할 것인가는 그 입자의 거동이 고려되어야 할 용도에 따라서 결정된다.

또한, 각기 다른 원리 및 방법으로 측정된 입도측정치를 이용함에 있어서는 깊은 주의를 필요로 한다. 왜냐하면, 각기 다른 원리와 방법으로 측정한 입도측정치가 동일한 수치를 나타내었다 하더라도 반드시 실제 입자의 크기가 동일하지 않을 수 있기 때문이다. 다시 말하면, 동일 크기의 분체시료를 갖고 각기 다른 원리의 입도측정기로 측정하면 서로 다른 입도측정 결과, 즉 서로 다른 상당입도가 얻어지게 된다. 따라서 입도측정치를 나타낼 때는 반드시 사용한 입도측정장치와 측정방법을 명시하여야 할 것이다.

2.4 입도측정법

앞 절에서 기술한 바와 같이 여러 가지로 정의된 상당입도를 측정하는 원리와 이에 따른 입도측정법은 매우 다양하게 개발되어 사용되고 있다. 그런데 이들 입도측정법들은 각기 입도측정 범위가 제한되어 있으며 장단점을 가지고 있다.

따라서 현장에서 입도를 측정하고자 할 경우, 어떠한 측정법과 측정장치를 사용하여 측정할 것인가를 결정하는 일은 매우 중요한 일이나, 각 측정장치의 특징을 알지 못하고 측정대상 분체의 특성과 측정목적에 맞는 장치를 선택하는 것은 매우 어려운 일이다.

책 제2부의 각 입도측정법의 소개에서 상세히 기술될 것이나, 여기서는 각 측정법의 여러 가지 원리를 이용한 입도측정법과 각 측정법의 측정범위 및 장단점을 비교 · 정리하여 〈표 2-3〉에 소개한다[4,9,12,19,22,23].

〈표 2-3〉 여러 가지 원리를 이용한 입도측정법[19,23]

측정 법			입자경의 물리적 의미	측정범위 (㎛)	dynamic range	측정량	영향인자	특 징	과 제
체분석			체 구멍의 크기	10^1~10^4	–	중량	시료량, 진탕시간	표준체 사용	망 막힘 제거
기하학적		영상해석법	기하학경	10^{-3}~10^2	–	투영상의 면적, 주변 길이, 길이	샘플수, 입자형상, 시료 조정	수 nm까지 측정가	영상해석기 및 소프트웨어
		전기적 검지대법	체적상당경	10^{-1}~10^3	<30	전압변동	없음	다성분계 측정가, 입자체적 측정가	Dynamic range의 확대, 측정하한의 확대
동력학적	침강법	중량법	스톡스경	10^{-1}~10^1	<100	중량, 압력, 농도	천칭, 차압, 비중	저렴, 미세입자 측정 곤란	간섭침강 고려
		원심침강 광투과법				투과광량	입자밀도, 굴절율	저렴, 0.1 ㎛이하 측정가	흡광계수보정
		X선투과법				투과X선량	입자밀도	흡수계수 보정불요	현탁액농도 저하, 측정시간 단축
	기상법	관성법	공기역학경	10^{-1}~10^1	–	중량, 산란광량	입자밀도, 입자농도	관성충돌로 포집 감압시nm 측정가	감압
		정전법				개수 (전기량,산란광량)	역변환처리, 대전량 분포, 입자농도	미립자 측정	벽면침착 방지
		확산법				개수(산란광량)	역변환처리, 입자농도	미립자,나노 입자 측정	샘플링시의 확산침착 유의
	FFF법		스톡스경	10^{-2}~10^2	<100	투과광량	입자밀도, 굴절율	0.1 ㎛ 이하 측정가	분해능 향상, 측정시간 단축
	HDC법		스톡스경	10^{-2}~10^0	80	투과광량	입자굴절율	0.1 ㎛ 이하 측정가	측정대상물의 확대
광학적	차광법		기하학경	10^{-1}~10^3	<150	투과시간, 차광량	없음	다성분계 측정가	측정하한의 확대
	회절산란법		광산란상당경	10^{-1}~10^2	<8000	회절·산란Pattern, 산란강도	입자굴절율	신속, 재현성, 조작성 양호	입자굴절율의 취급, 機差의 해소
	광자상관법		스톡스경	10^{-3}~10^0	<10	광자수 변동, 산란광강도 변동	입자굴절율	0.1 ㎛ 이하 측정가	Dynamic range의 확대

체분석은 규격화된 체망의 구멍 크기에 대한 입자의 통과 여부로 입도를 측정하는 방법으로, 개개의 입자가 직접 체 구멍과 접촉하여 대조함으로써 통과 여부가 결정되기 때문에 직접측정방식에 속한다. 규격화된 체 구멍의 크기로 제작된 것을 표준체라고 하는데 우리나라에서는 한국공업규격 KS A 5101에 제정되어 있으며 각국 마다 체 규격을 정해서 사용하고 있다[21]. ISO표준체의 체 구멍의 크기는 5 ㎛에서부터 45000 ㎛(4.5 ㎝)까지 규정되어 있어, 저렴하게 넓은 입도범위의 분체를 측정할 수 있으나, 측정이 번거롭고 많은 시료량을 필요로 하며, 측정시간이 오래 걸리는 단점이 있다. 44 ㎛ 이하의 입자를 체분석 할 때에는 습식법을 채택하게 된다.

영상해석법은 현미경으로 측정한 입자의 2차원 영상을 Image analyzer로 해석하여 앞절에서 기술한 정방향 상당경으로 표시하는 측정법이다. 일반적인 광학현미경을 사용하면 1~100 ㎛의 측정범위를 갖게 되며, 전자현미경을 사용하면 약 0.001 ㎛까지 측정할 수 있다. 이 방법을 채택할 때는 충분한 샘플수가 요구되며 입자가 응집하거나 겹쳐지지 않도록 시료 조정에 세심한 배려를 해야 한다.

현재 가장 널리 사용되고 있는 입도측정법은 광회절산란법으로, 빛의 회절 또는 산란패턴이 입도에 따라 다르게 나타나는 원리를 이용한 것이다[16]. 이 방법은 측정이 신속하고 조작이 간단할 뿐만 아니라 재현성이 뛰어난 장점이 있다. 최근에 40 ㎚까지 측정가능한 장치가 개발되어 있으나, 일반적으로는 0.1 ㎛에서 수백 ㎛의 측정범위를 가지고 있으며, Dynamic range(여기서 Dynamic range라 함은 어떤 장치가 측정 range를 변환하지 않고 측정할 수 있는 최대 입도와 최소 입도의 비를 일컫는다)는 수천에 이르는 장치가 개발되어 있어 범용성이 가장 뛰어난 측정법이다. 다만, 가시광을 사용하기 때문에 수 ㎛ 이하의 미립자를 측정할 때는 빛의 산란패턴이 입자의 굴절율에 의해서 변하기 때문에 미립자를 측정할 시에는 미리 입자의 굴절율을 알고 있어야 정확한 측정결과를 얻을 수 있다. 또한 서브미크론 영역의 측정에 있어서는 장치의 기종간의 차이가 무시할 수 없는 단점이 있어 앞으로 해결해야 할 과제이기도 하다.

다음으로 널리 사용되고 있는 것은 액상침강법이다. 측정원리는 입자의 크기에 따라 침강속도가 다르기 때문에 현탁액의 농도가 시간적으로나 공간적으로 변화하는 것을 이용한다. 입자의 침강속도는 입자밀도에 영향을 받으므로 미리 밀도를 측정해 두어야 한다. 원심침강광투과법은 신속성, 조작성, 재현성의 면에서 광회절산란법에는 미치지 못하나 장치가 저렴하여 널리 이용되고 있으며, 최근에는 회전수가 10000 rpm이 넘는 장치가 개발되어 수십 ㎚의 입자도 측정할 수 있게 되었다. 다만, 입자가 수 ㎛ 이하의 미립자가 되면 입도와 굴절율에 따라 흡광계수가 변하기 때문에 보정이 필요하다. 여기서 입자경보다 충분히 짧은 전자파를 이용하면 흡광계수의 보정이 불필요하다. X선투과법은 흡광계수 보정의 불편함을 해소하기 위하여 개발된 측정법으로, 재현성이 좋고 질량기준의 분포를 얻을 수 있는 장점이 있으나 경원소화합물의 측정이 어렵고 0.1 ㎛까지 측정하려면 상당한 시간이 소요되는 단점이 있다.

관성법은 기체 중의 입자가 오리피스를 통해 충돌판에 부딪히면 기체는 유선이 바뀌고 입자는 관성충돌에 의해 충돌판 위에 포집되는 원리를 이용하여 입도를 측정하는 방식이다. 입도가 작아질수록 관성력이 떨어지므로 통상의 Cascade Impactor로는 측정한계가 0.3 ㎛이다. 그러나, 감압하면 주변의 유체가 자유분자의 흐름이 되어 Cunningham 보정계수가 커지게 됨으로써 유체의 저항이 작아져 입자의 분리가 용이해진다. 한계 오리피스에 0.2기압까지 감압하여 기류를 통과시키면 측정하한을 50 ㎚까지 낮출 수 있다[10].

정전기법[7]은 집진극과 반대전하로 대전시킨 입자를 통과시키면 입도에 따라 궤적이 달라지는 원리를 이용하여 입도를 측정하는 방법으로, Mobility Analyzer라고도 한다. 입자가 미세할수록 전기적인 이동속도가 커지므로 미립자의 입도측정에 유리하나 나노입자의 경우는 확산에 의한 벽면 침착을 무시할 수 없게 되므로 유의해야 한다.

확산법은 미립자가 확산배터리라고하는 모세관군, 평행평판군, 스크린 등을 통과할 때 확산계수에 따라 확산배터리의 벽면에 침착하게 되며, 확산침착성이 입도에 의존하는 것을 이용한 측정법이다.

전기적 검지대법은 일명 Coulter법이라고도 하는데, 입자가 전해액 중의 세공을 통과할 때 입자의 체적에 따라 저항의 변화가 생기는 것을 검지하여 입도를 측정하는 방법이다. 이 방법은 등체적경을 측정하기 때문에 입자의 형상이나 밀도의 영향을 받지 않을 뿐 아니라 혼합시료의 측정이 가능한 장점이 있으나 Dynamic range가 지극히 좁아 입도범위가 좁은 시료 밖에 사용할 수 없는 단점이 있다.

차광법은 대체로 전기적 검지대법과 비슷한 특징을 가지나, 측정하한이 0.5 ㎛로 비교적 큰 단점이 있다.

광자상관법은 측정범위는 ㎚에서부터 ㎛까지 매우 넓으나, Dynamic range가 10이하로 매우 좁아 거의 단분산에 가까운 시료에만 사용할 있다는 점에 유의하여야 한다.

모세관 중에 형성된 액체의 속도구배에 의한 체류시간의 차이를 이용하여 입도를 측정하는 HDC(Hydro-Dynamic Chromatography)법[6,17]도 측정범위가 ㎚에서부터 ㎛까지 매우 넓고, Dynamic range 또한 비교적 넓은 편으로, ㎚영역에서도 입도분포의 측정이 가능하지만 현재 측정 대상 물질은 라텍스입자와 카본입자에 한정되어 있는 실정이다. 한편, 액체 중에 분산된 입자를 외력에 의해 침강시킨 후 층류를 흘려 보내 입자의 배출시간의 차이를 이용해 입도를 측정하는 FFF(Field Flow Fractionation)법[17,20]은 장치가 개발되어 있지만, 측정시간과 분해능 등의 장치상의 문제점이 있어 본격적으로 보급되기까지는 시간이 걸릴 것으로 생각된다.

〈표 2-3〉에 실은 측정법 이외에도 초음파를 이용한 초음파감쇄분광법과 전기음향분광(ESA : Electrokinetic Sonic Amplitude))법 등이 있다[14,18].

이상에서 살펴본 바와 같이, 현재 개발되어 상용화되어 있는 입도측정장치는 매우 다양하고, 그 특성도 천차만별일 뿐만 아니라 최근에 개발된 장치들은 가격이 매우 비싼 편이다.

그러므로 고가의 장비를 구입하거나, 목적에 맞게 입도측정을 성공적으로 수행하기 위해서는 측정장치의 특성과 장단점에 대해 충분히 이해하고 있어야 할 것이다.

참고문헌

[1] Waddell, H., *Geology,* 40: 443 (1932).
[2] Lauer, O., "Feinheitmessungen an technischen Staeuben", Alpine AG, 1963.
[3] Taggart, A. F., "Handbook of Mineral Dressing", 10th ed., John Wiley, 1967.
[4] Kunii, D., and O. Levenspiel, "Fluidization Engineering", Wiley, New York, p.65, 1969.
[5] 三輪茂雄, "粉粒体工學", 朝倉書店, 東京, 1972.
[6] Small, H., *J. of Colloid Interface Science,* 48, 149 (1974).
[7] Kuntson, E. O. and K. T. Whitby, "Accurate Measurement of Aerosol ElectricMobility Moment", *J. Aerosol Sci.,* 6, 453 (1975).
[8] McCrone, W. C. and J. G. Deely, "The Paryicle Atlas", Ann Arbor Science, Ann Arbor, 3rd ed. 1977.
[9] Stockham, J. D. and E. G. Fochtman, "Particle Size Analysis", Ann Arbor Science, Ann Arbor, 1977.
[10] Hering, S. V., "Design and Evaluation of a New Low Pressure Impactor", *Environ. Sci. and Technol.* 13, 184 (1979).
[11] Hinds, W. C., "Aerosol Technology", John Wiley & Sons, 1982.
[12] Beddow, J. K., "Particle Characterization in Technology: Vol. I, Applications and Microanalysis", CRC Press Inc., Boca Raton, 1984.
[13] 日本粉體工學會, 日本粉體工業技術協會, "粉体物性圖說", 日經技術圖書, 東京, 1985.
[14] 日高重助, 下坂厚子, 三輪茂雄, "粒子衝突音の諸量と粒子特性について", *粉体工学会誌*, 24, 655(1987).
[15] DIN e. V., "DIN Taschenbuch 133; Partikelmesstechnik;Normen", Beuth-Bauverlag, Berlin, 1987.
[16] 林茂, "回折散乱パターンを利用した粒度測定について", *粉体工学会誌*, 27, (1990).
[17] 森康維, クロマトグラフィー技術の粒度分布測定への応用-FFF法とHDC法-, 1990.
[18] 日高重助, 伊藤秀明, 下坂厚子, 三輪茂雄, "粒子衝突音の諸量と粒子特性について", *粉体工学会誌,* 28, 78(1991).
[19] 神保元二 外, "粉体-その機能と応用", 日本規格協会, 1991.
[20] Giddings, J. C., "Field Flow Fractionation: Analysis of Macromolecular, Colloidal and Particulate Materials", *Science,* 260, 1456 (1993).
[21] 강석호, "분체공학", 제2판, 희중당, 서울, 1995.
[22] Allen, T., "Particle Size Measurement", Chapman and Hall, London, 5th ed., 1997.
[23] 粉体工學會, "粉体の基礎物性", 日刊工業新聞社, 2010.

제3장 입도분포와 평균입도

분체는 다양한 입도를 갖는 입자들로 구성되어 있는 입자 집합체로서 앞에서 소개한 여러 가지 측정법으로 측정한 입도분석 결과는 입도분포를 갖게 된다. 이들 입자 집합체의 입도에 관한 특징은 입도분포와 평균입도로 표현하게 된다.

어떤 경우는 측정결과를 이용하여 인위적으로 입도구간별 빈도를 표나 그래프로 작성하여 입도분포와 평균입도를 나타낼 수도 있다. 대개의 경우 고가의 장비가 되겠으나 장치내의 연산프로그램을 이용하여 측정 즉시 결과를 입도분포와 평균입도로 표시해 주는 경우도 있다. 여기서는 전자의 경우에 있어서 입도분석을 통하여 얻어진 분석자료를 정리하는 방법과 여러 가지 평균입도의 표시법에 대해 설명한다.

3.1 입도측정 자료의 정리방법

분진입자의 크기를 측정하기 위하여 현미경으로 1,000개 입자의 크기를 측정한 결과로부터 분석한 자료를 정리한 예[1-3,6,7]를 소개한다.

〈표 3-1〉은 1,000개의 입도분석 자료를 12개의 입도구간으로 나누어 표로 작성

한 것이다. 일반적으로 입도구간은 12~20개가 되는 것이 바람직하다. 입도구간 12개의 각 폭은 $\sqrt{2}$배 또는 2배 등 기하급수적으로 변하게 되어 있는데, 각 구간의 간격을 이와 같이 정하는 데는 근본적인 중요성이 있다. 즉, 입도구간을 구간 내의 평균입도로 나눈 값을 '해상도(resolution)'라고 정의하여 그 값이 전체 구간에 걸쳐서 일정하게 하기 위함이다.

전체 입도구간의 구간평균입도는 산술평균하는 것이 일반적이나, 구간을 구분할 때는 기하급수적으로 구간을 설정하는 것이 보통이다. 이렇게 함으로써 각 구간에 대한 해상도는 약 0.34로 일정하게 된다. 만일 구간의 오차를 1 ㎛이라고 하면 이 오차의 영향은 전체 구간에 걸쳐서 입도에 관계없이 일정하게 되고, 그렇지 않은 경우(산술급수적 구간을 설정한 경우)에는 작은 입도에서 큰 오차가 발생하게 된다. 이 표를 이용하여 분포상황을 쉽게 파악할 수 있는 그림을 그릴 수 있는데, 막대그림(히스토그램)은 가장 간단한 도식화 방법이다.

〈표 3-1〉 현미경 입도분석 자료의 예

입도구간 (㎛)	구간 크기 dx (㎛)	구간 평균입도 x (㎛)	구간 개수 dN(개수기준)	구간 개수% dØ(=dN/N)	빈도(%/㎛) dØ/dx	$\frac{d\emptyset}{dlog\chi}$
1.4~2.0	0.6	1.7	1	0.1	0.2	1
2.0~2.8	0.8	2.4	4	0.4	0.5	3
2.8~4.0	1.2	3.4	22	2.2	1.8	15
4.0~5.6	1.6	4.8	69	6.9	4.3	46
5.6~8.0	2.4	6.8	134	13.4	5.6	89
8.0~11.2	3.2	9.6	249	24.9	7.8	167
11.2~16.0	4.8	13.6	259	25.9	5.7	173
16.0~22.4	6.4	19.2	160	16.0	2.5	107
22.4~32.0	9.6	27.2	73	7.3	0.8	49
32.0~44.8	12.8	38.4	21	2.1	0.2	14
44.8~64.0	19.2	54.4	6	0.6	0.0	4
64.0~89.6	25.6	76.8	2	0.2	—	1
			N=1,000	100 %		

〈표 3-1〉을 막대그림으로 나타내는 방법에는 네 가지가 있다. 〈그림 3-1〉의 (a)는 막대의 길이가 해당구간 내의 입자수에 비례하도록 그려져 있다. 〈그림 3-1〉의 (b)는 막대그림의 네모기둥의 면적이 해당구간 내의 입자수에 비례하도록 그려짐

으로써 구간의 빈도를 %로 나타낸 것이다. 즉, 막대의 각 넓이는 바로 해당 입도구간에 들어 있는 입자수의 %가 된다. 따라서 막대그림의 아래에 들어오는 모든 면적이 헤아려진 입자수와 같아지게 되며 %로는 100이 된다. 만약, 측정입자의 수가 충분히 많으면 막대그림으로부터 완만한 빈도분포곡선을 얻을 수 있다.

이렇게 하여 얻어진 빈도분포곡선은 정규분포의 형태를 취하지 않고 큰 입자 쪽으로 꼬리가 긴 형태의 분포곡선을 갖는다. 이러한 형태의 분포곡선은 횡축 즉, 입자의 크기를 대수값(log)을 취하면 〈그림 3-1〉의 (c)와 같이 분포곡선의 좌우가 대칭인 정규분포의 형태가 되어 수학적 해석이 편리하다. 이와 관련된 내용 뒤에서 자세히 설명할 것이다.

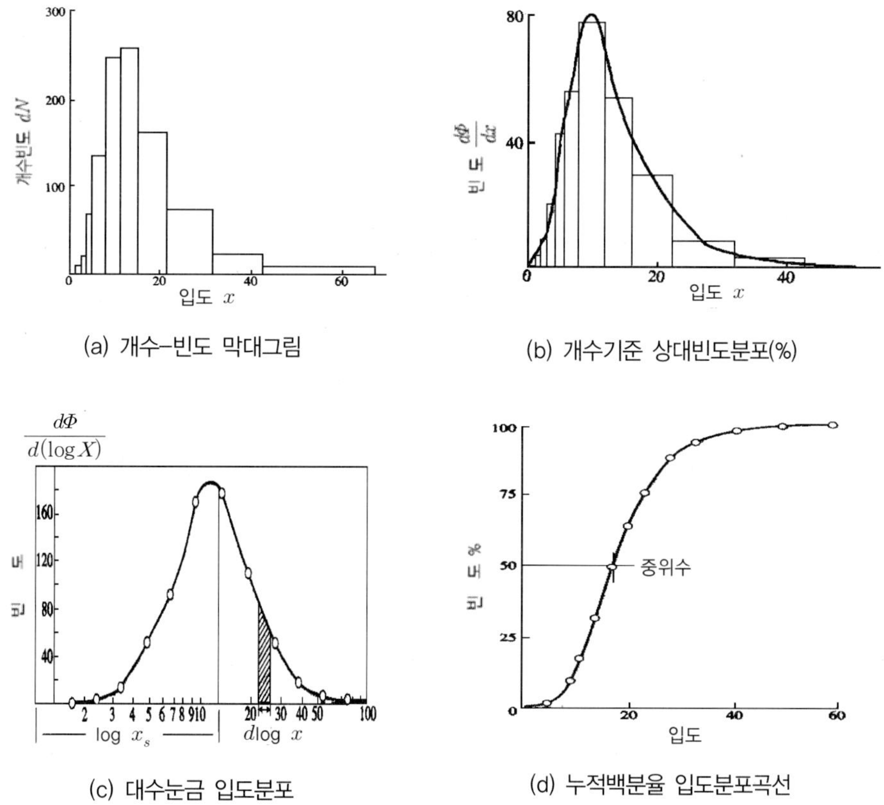

(a) 개수–빈도 막대그림

(b) 개수기준 상대빈도분포(%)

(c) 대수눈금 입도분포

(d) 누적백분율 입도분포곡선

〈그림 3–1〉 입도분포곡선의 네 가지 예

앞서 설명한 빈도분포 이외에 입도자료를 〈그림 3-1〉의 (d)와 같이 누적분포로 나타내는 것이 더욱 편리할 때가 많다. 누적분포곡선은 중위수입도를 결정하거나 어느 두 입도 내에 들어 있는 입자의 양[%]을 쉽게 읽어낼 수가 있다.

누적분포를 나타내는 방법에는 두 가지가 있는데, 하나는 횡축에 입도를 나타내고 종축에는 입도 x보다 작은 입자의 개수 %(또는 무게 %)를 나타내는 것으로 '**통과율누적분포곡선**(cumulative undersize distribution curve)'이라 하고, 또 다른 방법은 입도 x보다 큰 입도들의 입자의 개수 %(또는 무게 %)를 나타낸 것을 '**잔류율누적분포곡선**(cumulative residue distribution curve)'이라고 한다.

〈표 3-2〉에서 〈표 3-1〉의 측정결과를 이용하여 누적분포를 작성하기 위한 자료정리 방법을 설명한다.

〈표 3-2〉 입도분석 자료를 이용한 누적분포의 계산

입도구간 (㎛)	구간개수 dN(개수기준)	통과율누적분포			잔류율누적분포		
		구간 최대입도	구간최대입도보다 작은 입자의		구간 최소입도	구간최소입도보다 큰 입자의	
			누적개수	누적 %		누적개수	누적 %
1.4~2.0	1	2.0	1	0.1	1.4	1000	100.0
2.0~2.8	4	2.8	5	0.5	2.0	999	99.9
2.8~4.0	22	4.0	27	2.7	2.8	995	99.5
4.0~5.6	69	5.6	96	9.6	4.0	973	97.3
5.6~8.0	134	8.0	230	23.0	5.6	904	90.4
8.0~11.2	249	11.2	479	47.9	8.0	770	77.0
11.2~16.0	259	16.0	738	73.8	11.2	521	52.1
16.0~22.4	160	22.4	898	89.8	16.0	262	26.2
22.4~32.0	73	32.0	971	97.1	22.4	102	10.2
32.0~44.8	21	44.8	992	99.2	32.0	29	2.9
44.8~64.0	6	64.0	998	99.8	44.8	8	0.8
64.0~89.6	2	89.6	1000	100.0	64.0	2	0.2
			N=1000	100%			

〈표 3-2〉를 이용하여 다음과 같이 통과율누적분포곡선과 잔류율누적분포곡선을 그릴 수 있다. 횡축에 입도, 종축에는 누적 %를 나타내는 그래프 위에 구간 최대입도에 대한 구간 최대입도보다 작은 입자의 누적 %를 그리면 통과율누적분포곡선을 얻을 수 있으며, 구간 최소입도에 대한 구간 최소입도보다 큰 입자의 누적 %를 그리면 잔류율누적분포곡선을 얻을 수 있다. 이렇게 얻어진 누적분포곡선의 예를 〈그림 3-2〉에 실었다.

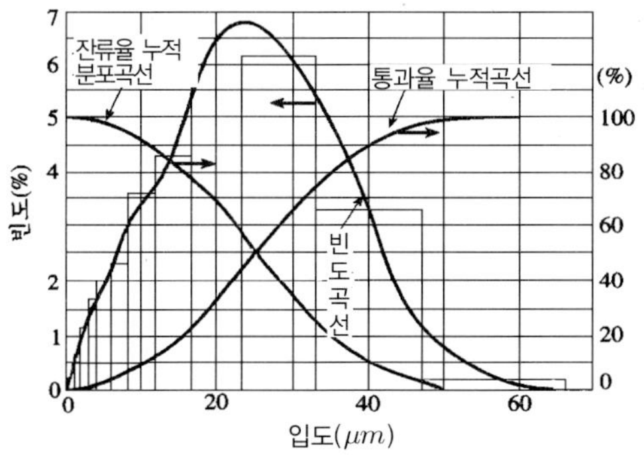

〈그림 3-2〉 통과율 및 잔류율 누적입도분포곡선

앞에서 설명한 바와 같이 입도분석자료로부터 빈도분포곡선을 그릴 수도 있지만, 입도분석자료로부터 누적분포곡선을 먼저 얻어낸 다음, 누적분포곡선의 횡축을 적당한 입도구간으로 잘라 빈도분포곡선을 얻어낼 수도 있다.

3.2 여러 가지 평균입도의 표시법

일반적으로 통계적 평균치를 구하는 목적은 개개의 값을 가진 집단을 간단하게 대표값으로 표시할 수 있도록 하여, 그 집단의 특징을 이해하기 쉽도록 하기 위한 것이다. 가장 흔히 쓰이는 집단을 대표하는 값으로는 〈그림 3-3〉에 나타낸 바와 같이 최빈수(mode), 중위수(median), 산술평균값(mean) 등이 있다.

분립체의 입도에 대한 특징을 대표하는 평균치도 매우 편리한 개념으로서 다음과 같은 대표치들이 있으나 주로 중위수 입도나 산술평균 입도가 많이 사용되고 있다.

최빈수 입도(mode size)는 최대의 빈도를 나타내는 입도로서 빈도분포곡선의 꼭지점을 지나는 입도에 해당한다.

중위수 입도(median size)는 빈도분포곡선 아래의 면적을 1/2로 나누는 지점의 입도 즉, 누적분포곡선의 50 %에 해당하는 입도로서 'd_{50}'으로 표시한다.

산술평균 입도(mean size)는 모든 측정치총합을 측정회수로 나누어서 얻어지는 값이다.

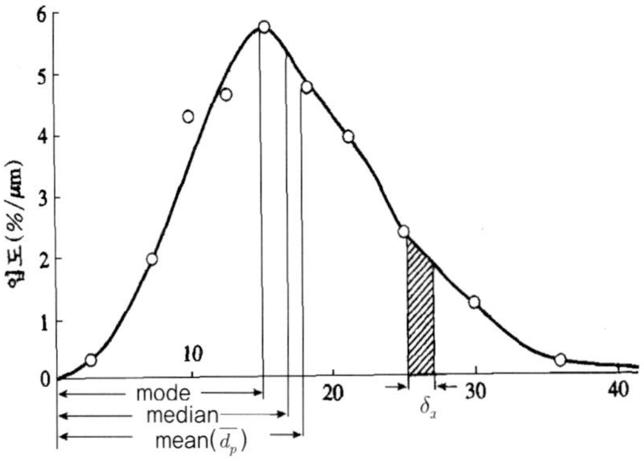

〈그림 3-3〉 집단의 여러 가지 대표치

그런데 앞에서 언급한 바와 같이 입도측정치는 측정장치에 따라 측정량이 다르기 때문에 동일 시료에 대해서도 위에서 설명한 대표값들이 다르게 측정된다.

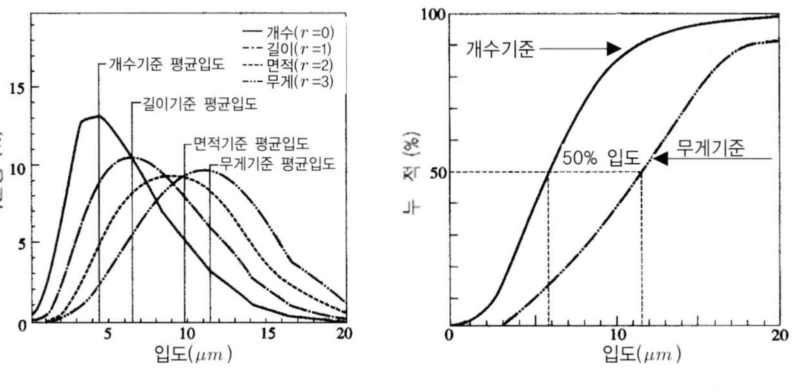

〈그림 3-4〉 동일 분체시료의 측정량 기준에 따른 입도분포

예를 들면, 현미경이나 쿨터카운터(Coulter Counter)의 경우는 입자의 개수(0차원량)를, 체분석은 입자의 질량(3차원량, 입자의 밀도 ρ_p로 나누면 부피와 같은 의미를 가진다)을 측정하게 된다. 이 외에도 측정량에는 길이(l =1차원량), 면적(s=2차원량) 등이 있어 모두 4가지의 측정량이 있을 수 있다.

이들 측정량이 다르면 〈그림 3-4〉와 같이 입도분포와 대표값 또한 달라지게 되므로 주의를 요한다[8,10].

이들 측정량 간에는 다음과 같은 관계가 성립된다. 단, 여기서 입자는 개념 이해의 편의를 위하여 한변의 길이가 d인 정육면체라 가정한다.

$$n = \frac{l}{d}, \qquad n = \frac{s}{6d^2}, \qquad n = \frac{w}{\rho_p \cdot d^3} \tag{3-1}$$

한편, 어떠한 분체특성이나 현상이 입도의 함수로 표시될 수 있다면(실제로 여러 가지 입도측정장치들은 이러한 특성이나 현상들의 입도와의 함수관계로부터 입도를 측정한다), 이들에 대응하는 평균입도를 구할 수가 있다.

입도측정장치들에서 흔히 사용되고 있는 특성이나 현상들을 정리하면 다음과 같다.

1) 입자군의 전길이 $\Sigma(n \cdot d)$
2) 입자군의 전표면적 $\Sigma(n \cdot 6 \cdot d^2)$
3) 입자군의 전체적(전질량) $\Sigma(n \cdot d^3)$ 또는 $\rho_p \cdot \Sigma(n \cdot d^3)$
4) 입자군의 비표면적 $\Sigma(n \cdot 6 \cdot d^2)/\Sigma(n \cdot d^3)$
5) 개개입자의 평균비표면적 $\Sigma(n \cdot 6/d)/\Sigma n$

이와 같은 입도와 함수관계에 있는 특성이나 현상을 측정량과 관련지으면 여러 가지로 정의되는 평균입도를 얻을 수 있으며, 〈표 3-3〉은 여러 가지로 정의되는 평균입도의 수학적 표시법을 요약한 것이다[4,8,10].

〈표 3-3〉 여러 가지 평균입도의 정의

측정량	입도와 함수관계에 있는 분체특성		평균입도	기호	일반적 호칭
입자수 Σn	전 길 이	$\Sigma(n \cdot d)$	$\frac{\Sigma(n \cdot d)}{\Sigma n}$	D1	길이평균입도
	전표면적	$\Sigma(n \cdot 6 \cdot d^2)$	$\sqrt{\frac{\Sigma(n \cdot d^2)}{\Sigma n}}$	Ds	면적평균입도
	전 체 적 (전 중 량)	$\Sigma(n \cdot d^3)$ 또는 $\rho_p \cdot \Sigma(n \cdot d^3)$	$\sqrt[3]{\frac{\Sigma(n \cdot d^3)}{\Sigma n}}$	Dv	체적평균입도
	비표면적	$\frac{\Sigma(n \cdot 6 \cdot d^2)}{\Sigma(n \cdot d^3)}$	$\frac{\Sigma(n \cdot d^3)}{\Sigma(n \cdot d^2)}$	D3	체면적평균입도
	평균비표면적	$\frac{\Sigma(n \cdot 6/d)}{\Sigma n}$	$\frac{\Sigma n}{\Sigma(n/d)}$	Dh	조화평균입도
길 이 Σl	전표면적	$\Sigma(\frac{l}{d} \cdot 6 \cdot d^2)$ $= 6\Sigma(l \cdot d)$	$\frac{\Sigma(l \cdot d)}{\Sigma l}$	D2	면적길이평균입도
	전체적 (전 중 량)	$\Sigma(\frac{l}{d} \cdot d^3)$ $= \Sigma(l \cdot d^2)$	$\sqrt{\frac{\Sigma(l \cdot d^2)}{\Sigma l}}$	Dvd	체적길이평균입도
	비표면적	$\frac{6\Sigma(l \cdot d)}{\Sigma(l \cdot d^2)}$	$\frac{\Sigma(l \cdot d^2)}{\Sigma(l \cdot d)}$	D3	체면적평균입도
	평균비표면적	$\frac{6\Sigma(l/d^2)}{\Sigma(l/d)}$	$\frac{\Sigma(l/d)}{\Sigma(l/d^2)}$	Dh	조화평균입도
면 적 Σs	전 체 적 (전 중 량)	$\Sigma(\frac{s}{d^2} \cdot d^3)$ $= \Sigma(s \cdot d)$	$\frac{\Sigma(s \cdot d)}{\Sigma s}$	D3	체면적평균입도
	비표면적	$\frac{6\Sigma s}{\Sigma(s \cdot d)}$	$\frac{\Sigma(s \cdot d)}{\Sigma s}$	D3	체면적평균입도
	평균비표면적	$\frac{6\Sigma(s/d^3)}{\Sigma(s/d^2)}$	$\frac{\Sigma(s/d^2)}{\Sigma(s/d^3)}$	Dh	조화평균입도
체적(중량) Σw	비표면적	$\frac{6\Sigma(w/d)}{\Sigma w}$	$\frac{\Sigma w}{\Sigma(w/d)}$	D3	체면적평균입도
	평균비표면적	$\frac{6\Sigma(w/d^4)}{\Sigma(w/d^3)}$	$\frac{\Sigma(w/d^3)}{\Sigma(w/d^4)}$	Dh	조화평균입도

* 동일한 조합의 경우(예를 들면, 측정량이 중량이고 측정함수가 입자수인 경우)에는 그 역의 조합(측정량이 입자수이고 측정함수가 충량)과 같아지기 때문에 표에서 생략되었다.

〈표 3-3〉에서 평균입도를 일반식으로 표시하면 다음 식으로 쓸 수 있다.

$$D = \left\{ \frac{\Sigma(n \cdot d^p)}{\Sigma(n \cdot d^q)} \right\}^{1/(p-q)} \qquad \text{(입자수)} \qquad (3\text{-}2)$$

$$= \left\{ \frac{\Sigma(l \cdot {}^{p-1})}{\Sigma(l \cdot d^{q-1})} \right\}^{1/p-q} \quad (\text{길이}) \qquad (3\text{-}3)$$

$$= \left\{ \frac{\Sigma(s \cdot d^{p-2})}{\Sigma(s \cdot d^{q-2})} \right\}^{1/p-q} \quad (\text{면적}) \qquad (3\text{-}4)$$

$$= \left\{ \frac{\Sigma(w \cdot d^{p-3})}{\Sigma(w \cdot d^{q-3})} \right\}^{1/p-q} \quad (\text{체적 또는 중량}) \qquad (3\text{-}5)$$

식(3-2)부터 식(3-5)의 관계를 이용하여 측정량에 대한 평균입도의 식을 정리하면 〈표 3-4〉와 같다.

〈표 3-4〉 여러 가지 평균입도를 구하는 식

명 칭	기호	측정량에 대응하는 평균입도의 식			
		입자수	길이	면적	중량
길이평균입도	D_1	$\frac{\Sigma(n \cdot d)}{\Sigma n}$	$\frac{\Sigma l}{\Sigma(l/d)}$	$\frac{\Sigma(s/d)}{\Sigma(s/d^2)}$	$\frac{\Sigma(w/d^2)}{\Sigma(w/d^3)}$
면적길이평균입도	D_2	$\frac{\Sigma(n \cdot d^2)}{\Sigma(n \cdot d)}$	$\frac{\Sigma(l \cdot d)}{\Sigma l}$	$\frac{\Sigma s}{\Sigma(s/d)}$	$\frac{\Sigma(w/d)}{\Sigma(w/d^2)}$
체면적평균입도	D_3	$\frac{\Sigma(n \cdot d^3)}{\Sigma(n \cdot d^2)}$	$\frac{\Sigma(l \cdot d^2)}{\Sigma(l \cdot d)}$	$\frac{\Sigma(s \cdot d)}{\Sigma s}$	$\frac{\Sigma(w)}{\Sigma(w/d)}$
중량평균입도	D_4	$\frac{\Sigma(n \cdot d^4)}{\Sigma(n \cdot d^3)}$	$\frac{\Sigma(l \cdot d^3)}{\Sigma(l \cdot d^2)}$	$\frac{\Sigma(s \cdot d^2)}{\Sigma(s \cdot d)}$	$\frac{\Sigma(w \cdot d)}{\Sigma w}$
면적평균입도	D_s	$\sqrt{\frac{\Sigma(n \cdot d^2)}{\Sigma n}}$	$\sqrt{\frac{\Sigma(l \cdot d)}{\Sigma(l/d)}}$	$\sqrt{\frac{\Sigma s}{\Sigma(s/d^2)}}$	$\sqrt{\frac{\Sigma(w/d)}{\Sigma(w/d^3)}}$
체적평균입도	D_v	$\sqrt[3]{\frac{\Sigma(n \cdot d^3)}{\Sigma n}}$	$\sqrt[3]{\frac{\Sigma(l \cdot d^2)}{\Sigma(l/d)}}$	$\sqrt[3]{\frac{\Sigma(s \cdot d)}{\Sigma(s/d^2)}}$	$\sqrt[3]{\frac{\Sigma w}{\Sigma(w/d^3)}}$
체적길이평균입도	D_{vd}	$\sqrt{\frac{\Sigma(n \cdot d^3)}{\Sigma(n \cdot d)}}$	$\sqrt{\frac{\Sigma(l \cdot d^2)}{\Sigma l}}$	$\sqrt{\frac{\Sigma(s \cdot d)}{\Sigma(s/d)}}$	$\sqrt{\frac{\Sigma w}{\Sigma(w/d^2)}}$
조화평균입도	D_h	$\frac{\Sigma n}{\Sigma(n/d)}$	$\frac{\Sigma(l/d)}{\Sigma(l/d^2)}$	$\frac{\Sigma(s/d^2)}{\Sigma(s/d^3)}$	$\frac{\Sigma(w/d^3)}{\Sigma(w/d^4)}$

여기서, 각각의 방법으로 측정한 입도의 비교에는 체면적평균입도 D_s가 주로 이용되고 있다. 그 이유는 체면적평균입도가 비표면적과 관련되어 있으며, 비표면적에 기초를 둔 입도측정치와 다른 여러 가지 입도측정치를 직접 비교해서 얻어지기

때문이다.

지금까지 기술한 바와 같이, 평균입도 표시법은 입도측정법과 관계가 있으며, 이들 각각의 평균입도는 물리적 의미가 서로 다르므로 이들의 사용에 있어 주의를 필요로 한다. 따라서 앞에서도 언급한 바와 같이 입도측정 결과를 표시할 때는 반드시 측정장치와 측정방법을 병기하는 것이 바람직하다.

예제 3-1

지름이 3 ㎝인 구, 한 변이 2 ㎝인 정육면체 및 1 ㎝×1 ㎝×4 ㎝의 정사각기둥이 각각 1개씩, 합계 3개로 이루어진 단위질량의 입자군에 대하여 〈표 3-3〉에 정의된 바와 같은 여러 가지 평균입도경을 구하라.(이 문제는 여러 가지 평균경에 대한 의미를 확실하게 이해하는데 필요하다.)

〈풀이〉

길이 평균입도 : $D_1=\Sigma(nd)/\Sigma n = (1\times3)+(1\times2)+(1\times1)/3 = 2.00$ ㎝

면적 평균입도 : $D_s=\{\Sigma(nd^2)/\Sigma n\}^{\frac{1}{2}} = \{(1\times3^2)+(1\times2^2)+(1\times1^2)/3\}^{\frac{1}{2}} = 2.16$ ㎝

체적 평균입도 : $D_v=\{\Sigma(nd^3)/\Sigma n\}^{\frac{1}{3}} = \{(1\times3^3)+(1\times2^3)+(1\times1^3)/3\}^{\frac{1}{3}} =$ 2.29 ㎝

면적길이 평균입도 : $D_2=\Sigma(l\cdot d)/\Sigma l = \Sigma(nd^2)/\Sigma(nd)$

$= (1\times3^2)+(1\times2^2)+(1\times1^2)/(1\times3)+(1\times2)+(1\times1) = 2.33$ ㎝

체면적 평균입도 : $D_3=\Sigma(n\cdot d^3)/\Sigma(n\cdot d^2)$

$= (1\times3^3)+(1\times2^3)+(1\times1^3)/(1\times3^2)+(1\times2^2)+(1\times1^2) = 2.57$ ㎝

이상의 결과로부터 $D_1 < D_s < D_v < D_2 < D_3$의 관계가 있음을 알 수 있다.

3.3 입도분포의 정규화

분립체의 입도분포가 간단히 수학적 분포함수로 표현될 수 있다면, 이 함수 특유의 변수들에 의해 분포를 표현할 수 있을 뿐 만 아니라 이들 분포함수를 이용하여 여러 가지로 정의되는 평균입도, 비표면적, 입자체적, 입자수 등의 입자특성을 해석적으로 구할 수가 있다.

그러나 자연적으로 발생하거나 분쇄, 마모, 물리적·화학적 과정 등을 거쳐 생성되는 분진입자들은 발생 메카니즘이 다양하고 복잡하기 때문에 입도분포의 범위와 형태가 매우 다양하며, 이들 분포곡선은 대개 〈그림 3-1〉의 (b)와 같이 큰 입자 쪽으로 꼬리가 길게 늘어진 형태를 갖게 된다.

이러한 형태의 입도분포는 수학적 표현이 용이하지 않기 때문에, 입도분포를 수학적 표현이 가능하도록 하기 위한 방법으로 정규분포의 형태를 취하도록 조작을 가한다. 이하에서 입도분포곡선을 정규화하는 방법을 설명하겠다.

3.3.1 정규분포

확률밀도함수 $f(x)$가 식(3-6)과 같이 표현되는 분포를 정규분포(normal distribution)라고 한다.

$$f(x) = \frac{1}{\sigma\sqrt{2\pi}} exp[-(x-x')^2/2\sigma^2] \tag{3-6}$$

여기서, x'는 확률변수 x의 평균값이며, σ는 표준편차이다.

정규분포의 횡축에 x 대신 $(x-x')/\sigma$를 취함으로써 평균값 $x'=0$, 표준편차 $\sigma=1$인 표준화된 정규분포를 얻을 수 있으며, 이러한 분포를 표준정규분포(standard normal distribution)라 한다. 식(3-7)은 표준정규분포의 확률밀도함수 $f(x)$를 나타낸 것이다.

$$f(x) = \frac{1}{\sqrt{2\pi}} exp(-x^2/2) \tag{3-7}$$

이들 정규분포 및 표준정규분포를 동일 그래프에 표시하면 〈그림 3-5〉와 같다.

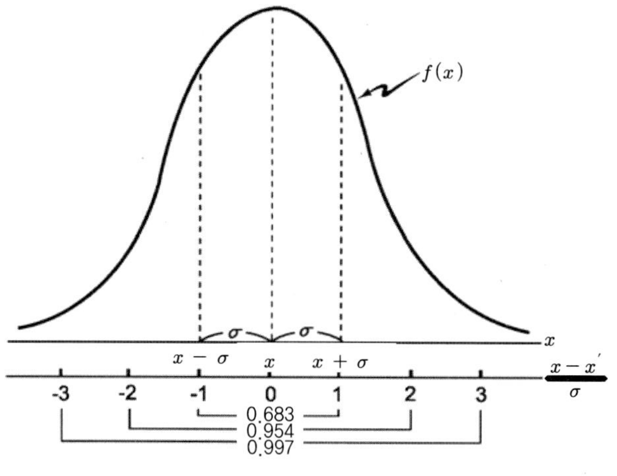

〈그림 3-5〉 표준정규분포곡선

그림에서 분포곡선의 아래 부분의 면적을 각 구간별로 적분하면 다음과 같은 값을 얻는다.

$$\int_{-1}^{+1} f(x)dx = 0.683, \qquad \int_{-2}^{+2} f(x)dx = 0.954,$$

$$\int_{-3}^{+3} f(x)dx = 0.997, \qquad \int_{-\infty}^{+\infty} f(x)dx = 1 \tag{3-8}$$

이제, 정규분포식을 입도분포에 적용해 보자. 입도를 D_p로 표시할 때 평균입도가 d_{50}, 표준편차 σ, 입자수 n인 입도분포를 갖는 분체의 경우를 식(3-6)에 적용하면 다음과 같이 쓸 수 있다.

$$\frac{dn}{dd_p} = \frac{\Sigma n}{\sigma\sqrt{2\pi}} \cdot \exp\left(-\frac{(d_p - d_{50})^2}{2\sigma^2}\right) \tag{3-9}$$

단, $d_{50} = \dfrac{\Sigma(n \cdot d_p)}{\Sigma n}$, $\quad \sigma = \sqrt{\dfrac{\Sigma[n(d_p - d_{50})^2]}{\Sigma n}}$

그런데 분체의 입도분포는 일반적으로 정규분포에 따르지 않고 〈그림 3-1〉의 (b)에서 보는 바와 같이 큰 입자 쪽으로 꼬리가 긴 분포를 갖는다. 이러한 경우, 입도를 표시하는 횡축을 대수(log) 값으로 취함으로써 〈그림 3-1〉의 (c)와 같이 정규분포의 형태를 얻을 수 있는데, 이것을 대수정규분포(log-normal distribution)라 한다.

3.3.2 대수정규분포

입도분포그래프의 횡축에 입도 d_p 대신 이들의 대수값 $\log d_p$를 취하고 표준편차 σ 대신에 $\log \sigma_g$를 대입하면, 식(3-9)는 다음 식과 같이 된다[1,3,5,9].

$$\frac{dn}{d(\log d_p)} = \frac{\Sigma n}{\log\sigma_g\sqrt{2\pi}} \cdot \exp[-\frac{(\log d_p - \log d_{50})^2}{2\log^2\sigma_g}] \qquad (3\text{-}10)$$

$$\text{단, } \log d_{50} = \frac{\Sigma(n\log d_p)}{\Sigma n}, \qquad \log\sigma_g = \sqrt{\frac{\Sigma[n(\log d_p - \log d_{50})^2]}{\Sigma n}}$$

여기서 Σn =100으로 두면 위의 식은 % 표시로 되고, d_{50}은 누적분포 50 %의 입자경을 나타낸다.

만약, 어떤 입도 d_p보다 작은 입자의 개수 %, 즉 입도 d_p 이하의 통과율 누적 %를 y라고 하면, y는 식(3-10)을 0에서 d_p까지 적분함으로써 얻을 수 있다.

$$y = \frac{100}{\log\sigma_g\sqrt{2\pi}}\int_0^{d_p}\exp[-\frac{(\log d_p - \log d_{50})^2}{2\log^2\sigma_g}] \cdot d(\log d_p) \qquad (3\text{-}11)$$

이 식에서,

$$\frac{\log d_p - \log d_{50}}{\log\sigma_g} = t \qquad (3\text{-}12)$$

라 두면, 식(3-11)은 다음과 같이 간략하게 정리되며,

$$y = \frac{100}{\sqrt{2\pi}} \int_{-\infty}^{t} \exp(-\frac{t^2}{2}) \cdot dt \qquad (3-13)$$

이 식은 식(3-7)에서 확률변수 x 대신 t를 취한 표준정규분포의 확률밀도함수를 적분식으로 나타낸 것으로, 그래프로 표시하면 〈그림 3-6〉과 같다.

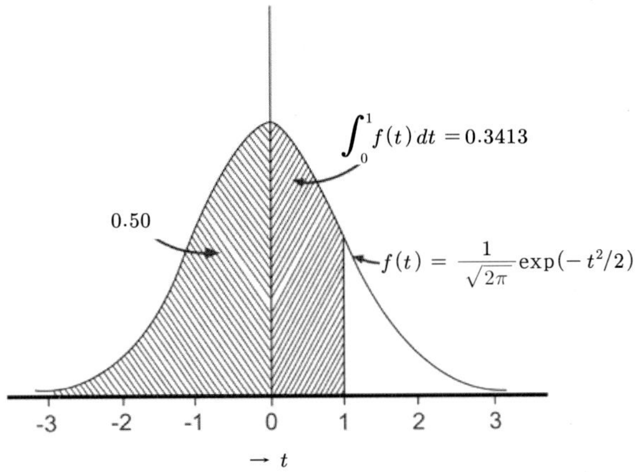

〈그림 3-6〉 표준정규분포

그림에서, 평균치는 t=0일 때이므로 식(3-12)로부터,

$$\log d_p - \log d_{50} = 0 \rightarrow d_p = d_{50} \qquad (3-14)$$

즉, 평균입도 d_p 는 누적분포 50%의 입도이다. 한편, 표준편차는 t=1일 때이므로 식(3-12)로부터,

$$\log \sigma_g = \log d_p - \log d_{50} \rightarrow \sigma_g = d_p / d_{50} \qquad (3-15)$$

여기서 식(3-15)의 d_p는 〈그림 3-6〉을 참조하면 통과율누적분포 y=84.13 %인 입도이므로 표준편차 σ_g 는,

$$\sigma_g = \frac{\text{통과율누적분포84.13 \%입도}}{d_{50}} = \frac{\text{잔류율누적분포15.87 \%입도}}{d_{50}} \qquad (3\text{-}16)$$

t=-1인 경우는 y=15.87 %이므로 다음과 같이 쓸 수도 있다.

$$\sigma_g = \frac{d_{50}}{\text{통과율누적분포15.87 \%입도}} = \frac{d_{50}}{\text{잔류율누적분포84.13 \%입도}} \qquad (3\text{-}17)$$

일반적으로 표준편차를 구할 때는 식(3-16)와 식(3-17)에서 구한 σ_g 값을 평균하여 취한다.

대수정규분포곡선을 대수정규확률지에 그리면 직선으로 나타난다. 대수정규확률지는 정규분포의 누적분포곡선을 직선화하기 위하여 〈그림 3-7〉과 같이 누적 %의 눈금의 간격을 적절히 조절해 놓은 것이다. 따라서 대수정규확률지에 입도분포를 표시하여 입도분포가 직선으로 나타나면 그 입도분포는 대수정규분포를 하고 있다고 할 수 있다.

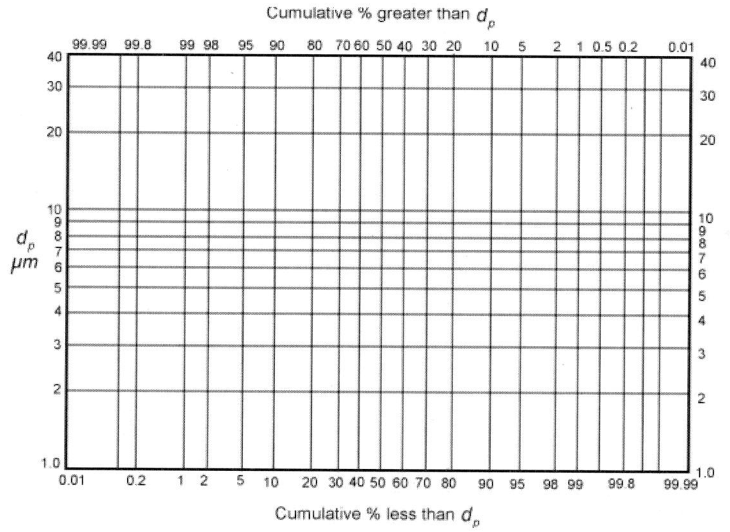

〈그림 3-7〉 대수정규확률지

예제 3-2

광학현미경 사진으로 감자전분의 Feret 입도를 측정한 결과가 다음과 같다.

입도구간 [㎛]	>60	60–50	50–40	40–30	30–20	20–15	15–10	10<
입자개수 [–]	44	59	156	335	888	558	425	282

이 결과를 대수정규확률지 상에 그리고 직선이 되는지를 확인하라.

그리고 d_{50} 및 σ_g를 구하여라.

〈풀이〉

표의 1열과 2열의 측정결과를 이용하여 표의 3~6열에 나타낸 바와 같이 계산하고, 그 결과를 대수정규확률지에 그려 직선이 되는지 확인한다. 아래 그림에서 보는 바와 같이 이들 분포는 대수정규확률지에서 직선을 나타내므로 대수정규분포를 하고 있음을 알 수 있다.

입도분포가 대수정규분포를 하고 있는 경우, d_{50} 및 σ_g는 각각 식(3-14)과 식(3-16) 및 식(3-17)로부터 구할 수 있다.

측정결과		계산결과			
입도구간 dp [㎛]	입자개수 n	log dp (하한 입도)	누적개수 Σn	잔류율누적 %	통과율누적 %
>60	44	1.778	44	1.6	98.4
60–50	59	1.700	103	3.8	96.2
50–40	156	1.602	259	9.4	90.6
40–30	335	1.477	594	21.6	78.4
30–20	888	1.301	1482	54.0	46.0
20–15	558	1.176	2040	74.2	25.8
15–10	425	1.000	2465	89.7	10.3
10<	282	–	2747	100.0	–

그림으로부터, d_{50} = 20.7 ㎛

$$\sigma_g = \frac{\text{통과율누적분포84.13 \%입도}}{d_{50}} = \frac{\text{잔류율누적분포15.87 \%입도}}{d_{50}}$$

= 34.0/20.7 = 1.64

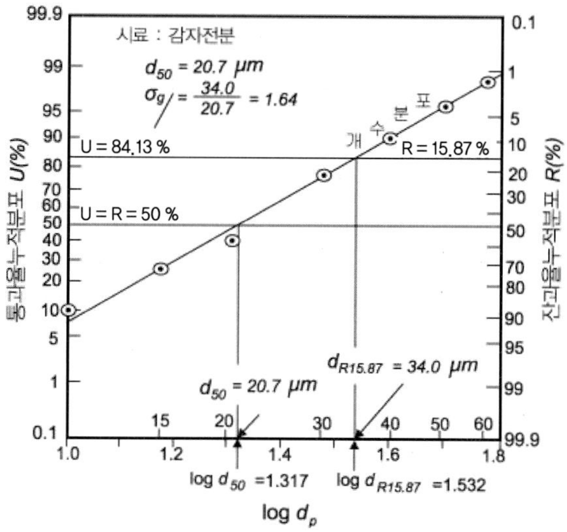

예제 3-2의 해

참고문헌

[1] Irani, R. R. and C. F. Callis, "Particle Size : Measurement, Interpretation and Application", Wiley, New York, 1963.

[2] Whitbey, K. F. and B. H. Y. Liu, "Encyclopedia of Chemical Technology" (H. F. Mark, J. J. McKetta, Jr., and D. F. Othmer, eds), Wiley Interscience, New York, 2nd ed., Vol. 7, p.430, 1965.

[3] Silverman, L. C., E. Billings, and M. W. First, "Particle Size Analysis in Industrial Hygiene", Academic Press, New York, 1971.

[4] 三輪茂雄, "粉粒体工學", 朝倉書店, 東京, 1972.

[5] Stockham, J. D. and E. G. Fochtman, "Particle Size Analysis", Ann Arbor Science, Ann Arbor, 1977.

[6] Hinds, W. C., "Aerosol Technology", John Wiley & Sons, 1982.

[7] Sparks, L. E., "Handbook of Air Pollution Technology" (S. Calvert, and H. M. Englund, eds) Wiley Interscience, New York, Chap. 31, 1984.

[8] 강석호, "분체공학", 제2판, 희중당, 서울, 1995.

[9] Allen, T., "Particle Size Measurement", Chapman and Hall, London, 5th. ed. 1997.

[10] 강석호, 안희관, 류필조, "집진기술의 이론과 응용", 영남대학교출판부, 2004.

제4장 입도분포의 환산법

입도분포가 대수정규분포를 하고 있는 경우, 즉 입도분포를 대수정규확률지에 나타내었을 때 직선으로 나타난 경우에는 입도분포 특성치인 d_{50} 과 σ_g 값을 이용하여 여러 가지로 정의되는 평균입도를 계산하거나 비표면적의 계산할 수 있을 뿐만 아니라 개수기준 입도분포를 중량기준 입도분포 등으로 상호 환산할 수 있다 [9,14,16].

4.1 각종 평균입도의 계산

입도분포가 대수정규분포에 따를 경우, 〈표 3-3〉의 개수기준의 평균입도를 계산적으로 구할 수 있다.

길이평균입도에 대하여,

$$D_1 = \frac{\Sigma(nd)}{\Sigma n} = \frac{\Sigma n}{\Sigma n \cdot \ln\sigma_g \sqrt{2\pi}} \int_0^{\infty} d \cdot \exp\left(-\frac{(\ln d - \ln d_{50})^2}{2\ln^2\sigma_g}\right) d(\ln d)$$

$$= \exp(\ln d_{50} + 0.5\ln^2\sigma_g) \qquad (4\text{-}1)$$

즉, $\ln D_1 = \ln d_{50} + 0.5\ln^2\sigma_g$ 또는 $D_1 = \exp(\ln d_{50} + 0.5\ln^2\sigma_g)$이다.

이와 같은 방법으로 구한 여러 가지 평균입도에 대한 계산식을 〈표 4-1〉에 정리하여 실었다.

〈표 4-1〉 대수정규분포를 이용한 여러 가지 평균입도의 계산식

명 칭	기호	정 의 함 수	계 산 식
길이평균입도	D_1	$\frac{\Sigma(n \cdot d)}{\Sigma n}$	$\ln D_1 = \ln d_{50} + 0.5\ln^2\sigma_g$ $(\log D_1 = \log d_{50} + 1.151 \log^2\sigma_g)$
면적평균입도	D_s	$\sqrt{\frac{\Sigma(n \cdot d^2)}{\Sigma n}}$	$\ln D_s = \ln d_{50} + 1.0 \ln^2\sigma_g$ $(\log D_s = \log d_{50} + 2.303 \log^2\sigma_g)$
체적평균입도	D_v	$\sqrt[3]{\frac{\Sigma(n \cdot d^3)}{\Sigma n}}$	$\ln D_v = \ln d_{50} + 1.5 \ln^2\sigma_g$ $(\log D_v = \log d_{50} + 3.454 \log^2\sigma_g)$
체면적평균입도	D_3	$\frac{\Sigma(n \cdot d^3)}{\Sigma(n \cdot d^2)}$	$\ln D_3 = \ln d_{50} + 2.5 \ln^2\sigma_g$ $(\log D_3 = \log d_{50} + 5.757 \log^2\sigma_g)$
중량평균입도	D_4	$\frac{\Sigma(n \cdot d^4)}{\Sigma(n \cdot d^3)}$	$\ln D_4 = \ln d_{50} + 3.5 \ln^2\sigma_g$ $(\log D_4 = \log d_{50} + 8.059 \log^2\sigma_g)$

단, 여기서 사용한 d_{50} 및 σ_g 값은 개수기준 입도분포로부터 얻어진 값을 사용하여야 하며, 중량기준 입도분포의 경우는 다음에서 설명할 식(4-3)의 변환식으로 환산하여 사용하여야 한다.

예제 4-1

예제 3-2에서 구한 d_{50} 및 σ_g 값을 이용하여 여러 가지로 정의된 평균입도를 계산하라.

〈풀이〉

d_{50} = 20.7 ㎛ → $\ln d_{50}$ =3.03, σ_g = 1.64 → $\ln^2\sigma_g$ = 0.25를 이용하여 〈표4-1〉의 관계식을 계산하면,

$\ln D_1 = \ln d_{50} + 0.5\ln^2\sigma_g$ = 3.03+0.5×0.25 = 3.15 → 길이평균입도 D_1 = 23.4 ㎛

$\ln D_s = \ln d_{50} + 1.0\ln^2\sigma_g$ = 3.03+1.0×0.25 = 3.28 → 면적평균입도 D_s = 26.6 ㎛

$\ln D_v = \ln d_{50} + 1.5\ln^2\sigma_g$ = 3.03+1.5×0.25 = 3.41 → 체적평균입도 D_v = 30.3 ㎛

$\ln D_4 = \ln d_{50} + 3.5\ln^2\sigma_g$ = 3.03+3.5×0.25 = 3.90 → 중량평균입도 D_4 = 49.4 ㎛

4.2 개수기준분포와 중량기준분포의 상호 환산

Hatch는 개수기준으로 대수정규분포를 갖는 분체는 중량기준으로도 대수정규분포를 나타내게 되며, 그 역도 또한 성립함을 밝혔다[2].

d_{50}'을 중량기준의 50 % 입자경이라 하고, σ_g'를 중량기준의 기하표준편차라고 하면, d_{50}' 및 σ_g'는 각각 개수기준의 d_{50} 및 σ_g와 다음 식과 같은 관계가 성립하며, 이 식을 Hatch의 식이라 한다.

$$\sigma_g' = \sigma_g \tag{4-2}$$

$$\ln d_{50}' = \ln d_{50} + 3\ln^2\sigma_g$$

$$\text{또는 } \log d_{50}' = \log d_{50} + 6.908\log^2\sigma_g \tag{4-3}$$

이 식은 개수분포와 중량 또는 체적분포의 상호변환에 편리하게 사용될 수 있다. 실제로 Hatch 식을 이용하여 개수분포와 중량분포를 서로 환산할 때에는 대수정규확률지를 이용하면 매우 편리하다.

만약, 개수분포가 대수정규확률지에 직선으로 나타나면 식(3-14)과 식(3- 16) 또는 식(3-17)로부터 각각 d_{50}과 σ_g를 구하고, 이 값들을 이용하여 식(4-3)으로부터 중량기준의 50 % 입도 d_{50}'를 구하여 대수정규확률지에 표시한 다음, 이 점을 지나는 개수기준분포와 평행한 직선(왜냐하면 $\sigma_g' = \sigma_g$이므로)을 작도하면 된다.

예제 4-2

예제 3-2에서 얻어진 결과를 이용하여 개수기준 분포를 질량기준 분포로 환산하여 대수정규확률지에 직접 작도하라. 단, 감자전분의 밀도는 1,400 kg/㎥이다.

〈풀이〉

1) Hatch 식으로부터 $\sigma_g' = \sigma_g$ = 1.64,

$\ln d_{50}' = \ln d_{50} + 3\ln^2\sigma_g$ = 3.03+(3×0.25) = 3.81 → d_{50}'=45.2 ㎛

이 값을 대수정규확율지에 나타내고, 이 점을 지나며 개수기준 분포와 평행한 직선을 그리면 아래 그림과 같이 중량분포를 얻을 수 있다.

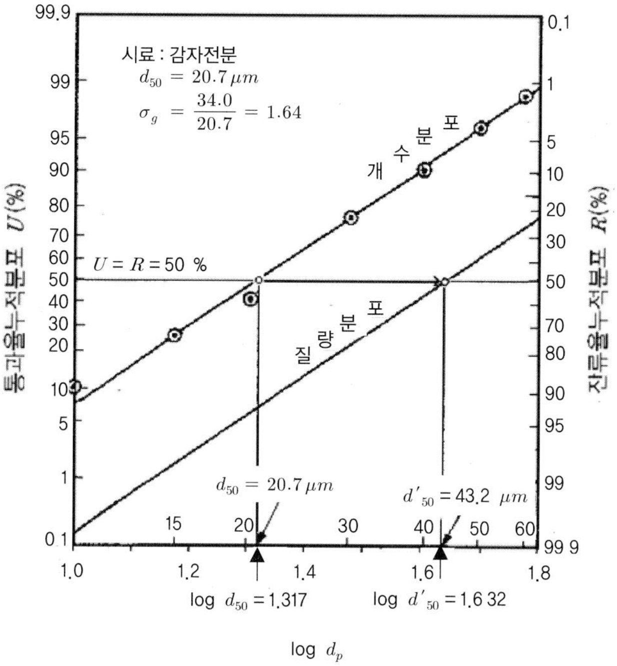

예제 4-2의 풀이

4.3 입자수 및 비표면적의 계산

입자의 체적형상계수 Φ_v [-], 입자의 밀도 ρ_p [g/㎤], 체적평균입도 D_v [cm]인 분체시료 1 g 중의 총 입자의 수를 N [g^{-1}]개라 하면, 입자 한개의 평균체적은 $\frac{1}{\rho_p \cdot N} = \Phi_v \cdot D_v^3$ 이므로, 분체시료 1 g 중의 총 입자의 수 N [g^{-1}]은 다음 식으로 구할 수 있다[1].

$$\log N = \log\left(\frac{1}{\rho_p \cdot \Phi_v}\right) - 3\log D_v \tag{4-4}$$

식(4-4)의 D_v 에 〈표 4-1〉의 $\log D_v = \log d_{50} + 3.454 \log^2 \sigma_g$ 의 관계를 대입하면 다음 식이 얻어진다.

$$\log N = \log\left(\frac{1}{\rho_p \cdot \Phi_v}\right) - 3\log d_{50} - 10.362\log^2 \sigma_g \qquad (4\text{-}5)$$

이 식에서 ρ_p , d_{50}, σ_g 및 Φ_v를 알면 입자의 개수를 계산할 수 있다.

한편, 단위질량당의 입자의 총표면적 즉, 비표면적 S_w는 다음 식으로부터 구할 수 있다.

$$S_w = \frac{\Phi_s D_s^2}{\rho_p \Phi_v D_v^3} \qquad (4\text{-}6)$$

$$\begin{aligned} \log S_w &= \log\left(\frac{\Phi_s}{\rho_p \Phi_v}\right) + 2\log D_s - 3\log D_v \\ &= \log\left(\frac{\Phi_s}{\rho_p \Phi_v}\right) - \log d_{50} - 5.757\log^2 \sigma_g \end{aligned} \qquad (4\text{-}7)$$

중량기준의 경우는 식(4-7)의 D_s, D_v를 d_{50}' 및 σ_g'에 의한 표현으로 고쳐서 사용할 수 있을 것이다.

4.4 기타의 실용적인 입도분포

분쇄된 석탄의 입도분포를 표시하는데 편리한 방법이 Rosin에 의하여 제안되고, Rammler에 의하여 수정된 이후로 여러 가지 분체에 적용되기 시작하였다. 1970년대에 달에서 채취해 온 먼지도 이 Rosin-Rammler 분포에 잘 맞는다고 알려졌는데, 결과적으로 달의 표면토질은 충격에 의한 분쇄의 결과로 형성된 것이라고 주장

되고 있다.

분쇄된 석탄의 입도분포가 체분석 결과이고, 체구멍 x보다 큰 입자의 무게 %를 R이라 하고 R과 x를 플롯하면 '잔류율누적 % 곡선'을 얻는다. Rosin과 Rammler는 확률적 이론을 도입하여 다음 식을 얻었다[3,4].

$$\frac{dR(x)}{dx} = 100nbx^{n-1}\exp(-bx^n) \tag{4-8}$$

단, n은 분석될 물질의 특성과 관계되는 상수이고, b는 시료에 존재하는 입도의 범위를 규정하는 상수임이 밝혀져 있다. 식(4-8)을 적분하면,

$$R = 100\exp(-bx^n) \tag{4-9}$$

식(4-9)를 식(4-10)과 같이 통과율누적중량 U%로 나타낼 수도 있다.

$$U = 100 - R = 100(1 - \exp(-bx^n)) \tag{4-10}$$

식(4-9)에서 $b = 1/x_m^n$라 두면, 식(4-9)는 다음과 같이 쓸 수 있다.

$$R = 100\exp(-\frac{x}{x_m})^n \tag{4-11}$$

여기서, x_m을 입도특성수(absolute size constant)라 하고 n을 균등수(distribution constant)라고 한다.

$x = x_m$일 때 R값을 구하면 $R = 100e^{-1} = 100/2.718 = 36.8\,[\%]$이 된다.

식(4-11)을 정리하여 두 번 log를 취하면,

$$\log\left(\log\frac{100}{R}\right) = n\log\left(\frac{x}{x_m}\right) + \log\cdot\log e = n\log x + C \tag{4-12}$$

이 된다. 여기서 $C = \log\cdot\log e - n\log x_m$이다.

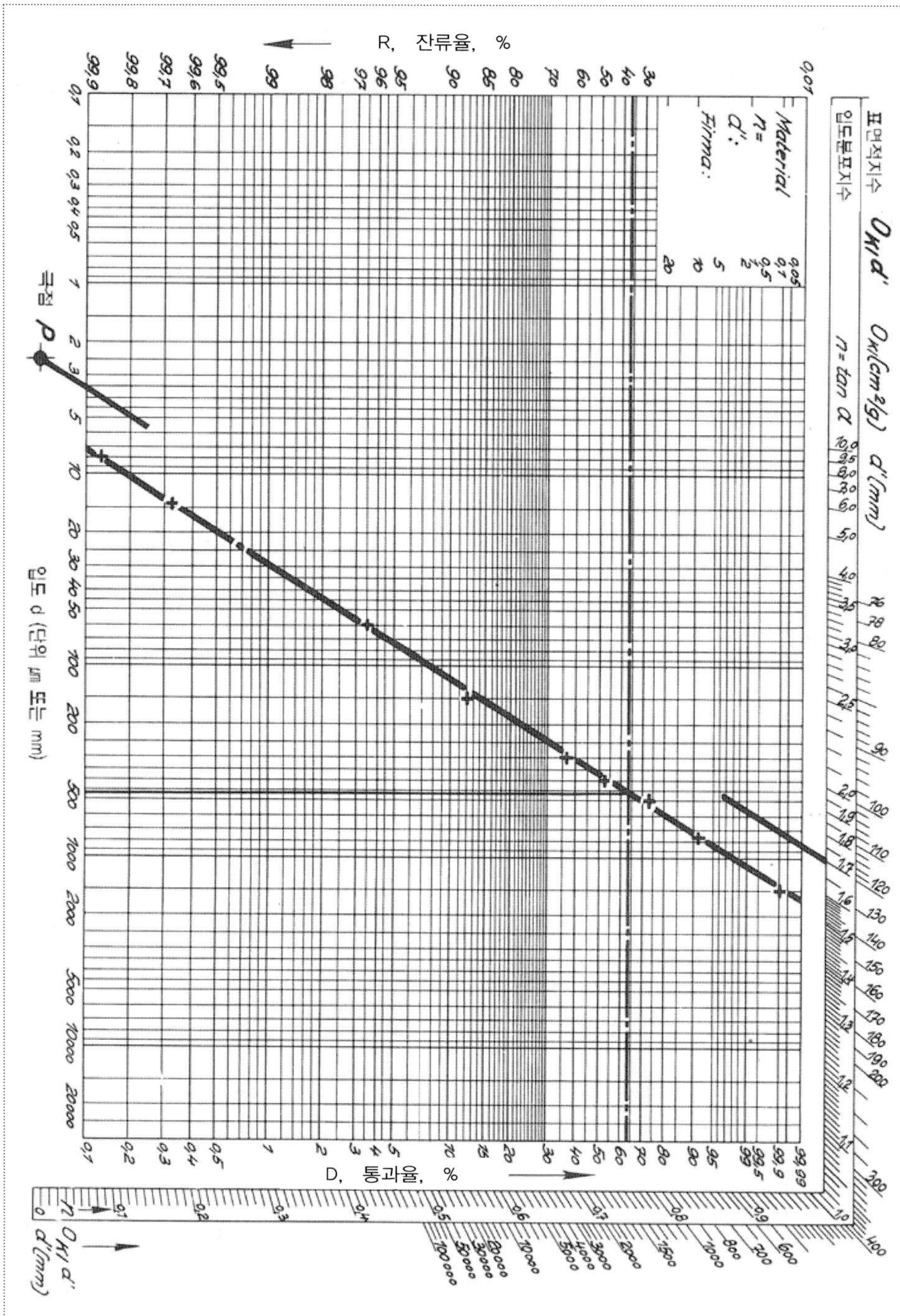

〈그림 4-1〉 Rosin-Rammler Sperling 도표

식(4-12)를 $\log\left(\log\frac{100}{R}\right)$과 $\log x$의 그래프에 나타내면 직선이 얻어지므로 기울기로부터 n값을, $R=36.8\%$에 대응하는 x값으로부터 x_m값과 b값을 얻을 수 있다. 〈그림 4-1〉에 Rosin-Rammler-Sperling 도표를 실었다.

RRS선도(또는 RRSB선도라고도 한다.)는 입도분석결과로부터 분체의 표면적을 대략적으로 신속하게 추산하는 목적에도 사용된다.

예를 들어, 유리가루(밀도 : ρ = 2.57 g/㎤, 입자형상계수 : ϕ = 1.9)를 체분석한 입도분포를 입도(㎛, ㎜, ㎝단위)와 누적율(R : %, 분율) 또는 통과율(D : %, 분율)로 그래프상에 표시하면 대개의 경우에 직선을 얻을 수 있다. 이 직선과 R = 36.8 % = 0.368 또는 D = 63.2 % = 0.632선이 만나는 점에 해당하는 평균입도 d = 520(㎛)를 읽을 수 있다.

다음 단계로, 분포직선을 평행이동하여 그 연장선이 극점(pole) P와 만날 때, 분포직선의 다른쪽 끝에서, 입도분포지수인 기울기 n = 1.7을 읽을 수 있다(n이 클수록 입도분포폭이 좁고, n이 작을수록 입도분포가 넓다는 뜻이다.). 동시에 질량기준 표면적 지수 $O_{k1}d'$ = 120을 읽을 수 있는데, 표면적지수에는 입자형상계수(ϕ = 1)와 입자밀도(ρ = 1 g/㎤)가 반영되어 있지않다. 이 값을 반영하면,

$$\text{질량기준표면적}\ O_{k1} = 120\frac{\phi}{d'} = \frac{120\,[cm^2/g\cdot mm]\cdot\phi[-]}{520\,[\mu m]}$$

$$= \frac{120}{520}\times 10^4\,cm^2/g = 2{,}307\ cm^2/g \qquad (4\text{-}13)$$

입자형상을 고려한 부피기준 표면적은 다음과 같다.

$$O_v = [2{,}307cm^2/g]\,[\frac{1}{1.9}]\,[2.57g/cm^3] = 3{,}120cm^2/cm^3 \qquad (4\text{-}14)$$

이러한 RRS선도는 분쇄공정에서 분쇄의 정도를 예측하는 목적에도 편리하게 사용된다. 그러나 RRS선도는 직선으로 표시되는 구간이 매우 짧거나 곡선을 나타내는 경우도 있으므로 주의가 필요하다.

참고문헌

[1] Hatch, T. and S. P. Choate, *J. Franklin Inst.,* **207**, 369 (1928).
[2] Hatch, T., *J. Franklin Inst.,* **215**, 27 (1933).
[3] Rosin, P. and E. Rammler, *J. Inst. Fuel,* 7 29 (1933).
[4] Rosin, P. and E. Rammler, *Koll. Zeitschrift,* **67**: 16 (1934).
[5] Svensson, J., *Acta Polytech. Scand.* **167**, 53(1955).
[6] Rumpf, H. and S. Debbas, *Chem. Eng. Sci.* **21**: 583 (1966).
[7] Austin, A. R. and R. R. Klimpel, *Trans. Soc. Mech. Engrs.,* 219 (1968).
[8] Harris, C. C., *Trans AIME,* **244**, 187 (1969).
[9] 三輪茂雄, "粉粒体工學", 朝倉書店, 東京, 1972.
[10] Leschonski, K., W. Alex and B. Koglin, *Chem. Ing. Tech.,* **46**(3): 23 (1974).
[11] Smirnow, S., "Kritische Betrachtungen von Anwendung des RRSB-Netzes", *Aufber.-Tech.,* 31(4): 191(1980).
[12] Kaye, B.H., "Direct Characterization of Fine Particles", John Wiley, New York, 1981.
[13] Williams, P.C., "A new estimation method for the log-normal distribution", *Air Poll. Contr. Assoc.,* 32(10): 1071 (1982).
[14] 강석호, "분체공학", 제2판, 희중당, 서울, 1995.
[15] 이세일, 한현각, 이철수, "뭉침과 깨어짐 현상을 동반한 탄산칼슘 침전계의 입도분포 추정", 화학공학, **40**(5): 588 (2002).
[16] 강석호, 안희관, 류필조, "집진기술의 이론과 응용", 영남대학교출판부, 2004.

제5장 분체 시료 채취 및 조제법

앞 절에서. 다양한 입도측정 장치들을 소개하였으나, 이들 측정 장치의 가격은 작게는 수 만원에서부터 많게는 수 억원에 이르기까지 천차만별이다. 그렇다고 해서 고가의 장치가 반드시 정도가 좋고 더 많은 정보를 제공하는 것도 아니기 때문에 장치의 선정에 세심한 주의를 기울여야 한다.

입도측정에는 측정장치의 문제에 앞서 시료채취와 축분, 입자의 분산방법, 측정결과의 평가방법 등의 기술적인 면이 선행되어야 성공적인 측정결과를 얻어낼 수 있기 때문에 시료의 채취와 조제에 충분한 검토가 필요하다.

본 장에서는 다양한 분체시료의 적절한 채취법과 채취한 시료를 분석에 적절하도록 조제하는 방법에 대해 기술하고자 한다.

5.1 분체 시료 채취법

5.1.1 시료 채취의 통계학적 이론

기체나 액체의 분석을 위하여 시료를 채취하는 일은 그리 어려운 일이 아니다.

왜냐하면, 한번 채취된 시료는 모집단의 물성을 충분히 대표하기 때문이다. 그러나 고체 특히 분말상 고체시료를 채취한 경우에는 시료가 모집단의 물성을 그대로 지니도록 시료의 화학적 성분조성이 모집단의 것과 같고 그 입도분포가 같도록 합리적인 시료채취방법을 선택하여 가능한한 시료의 물리적, 화학적 특성이 모집단의 특성을 대표할 수 있도록 해야 한다.

합리적인 시료채취 방법이란 통계학적 이론에 맞고 그러한 이론에 가까운 시료채취가 가능한 채취장치의 형태와 사용법을 포함한다. 그러므로 아래에서는 시료채취에 필요한 통계학적 이론과 실제로 쓰이는 시료채취 장치에 대하여 나누어 설명하겠다[8].

시료채취과정은 10^n kg 정도의 물질을 취급하는 공정에서 kg 단위의 총시료(gross sample)를 취하고 실험실에서 다시 수 g 단위로 줄이지만, 실제로 측정에 사용되는 시료량은 mg 단위에 불과하다. 이 과정을 거치는 동안에 물질의 양이 줄어들고 한 가지 성분이나 한 가지 입도가 시료에 편중될 위험이 있으며, 이것은 최종 분석결과에 큰 영향을 미치게 된다. 모집단을 대표할 수 있는 시료채취방법을 완전시료채취법이라고 한다면, 시료와 모집단 사이의 개수의 차이는 통계학적 기준에서 기대할 수 있는 차이에 의한 것이다.

시료의 대상이 되는 분체가 A, B성분으로 구성되어 있다고 하자. 모집단 속에 있는 A의 개수분율 p가 완전시료의 해당 성분조성 p_i로 표시될 수 있는 확률은 모집단과 시료 속에 들어있는 A, B성분 입자의 수 N과 n으로 계산될 수 있다.

$$Var(p_i) = \frac{p(1-p)}{n}\left(1-\frac{n}{N}\right) = \sigma^2 \tag{5-1}$$

이론적인 표준편차 σ_i는 분산치 σ^2의 제곱근과 같으므로 분산치가 정규분포라고 가정하고, 모집단에서 대표시료가 채취될 때 시료의 68.26 %는 A성분의 참된 개수분율과 표준편차의 1배 이내에서 놓여야겠고, 시료의 95.4 %는 평균치를 중심으로 2배부터 정해지는 값인데(참조 〈그림 3-5〉 및 식(3-8)), 어느 통계학 책에서도 참조할 수 있다.

이 %값 또는 분포곡선 아래의 면적은 어떤 한 사건이 일어날 확률정보를 제공하는데 정규확률식(5-2)를 적분함으로써 결정된다.

$$d\Phi = \frac{d(p-p')}{\sqrt{2\pi}\cdot\sigma_i} exp\left(-\frac{(p-p')^2}{2\sigma_i^2}\right) \qquad (5\text{-}2)$$

단, p'는 50 % 확률수준, 즉 중위수이다. 분포곡선에서 $p=p'$와 $p=p'+\sigma_i$ 사이의 면적은 0.3413이고, 따라서 시료 중의 68.26 %는 평균치로부터 표준편차의 ±1배 이내의 범위에 놓여야 한다.

시료의 개수를 표시하는 대신에 시료와 모집단의 조성을 성분의 무게분율 P와 P_i로 표시하면 더욱 편리한 경우가 있는데, 이때는 다음 식이 주어진다.

$$Var(P_i) = \frac{P(1-P)}{w}\left[P\,w_A + (1-P)\,w_B\right]\left(1-\frac{w}{W}\right) \qquad (5\text{-}3)$$

단, W와 w는 모집단과 시료의 무게이고, w_A와 w_B는 A와 B성분입자 각각의 무게이다. 다음의 예제로서 시료채취 문제를 더 자세히 설명하겠다.

예제 5-1

단일입자의 무게가 각각 0.05 g, 0.10 g인 두 가지 분체를 동일한 무게만큼 섞은 2성분 혼합분체가 있다고 하자. 800 g의 모집단에서 50 g의 시료를 채취할 때 기대되는 분산치 $Var(P_i)$를 계산하라. 완전시료채취를 가정한다.

〈풀이〉

식(5-3)을 이용하면,

$$\sigma_i^2 = var(P_i) = \frac{(0.5)(0.5)}{50}[(0.50)(0.10)+(0.50)(0.05)]\left(1-\frac{50}{800}\right)$$

$$=3.52\times10^{-4}$$

$\sigma_i =$ 1.88 %(무게기준)

한편, 식(5-1)을 이용하면,

$$p = \frac{\frac{400}{0.05}}{\frac{400}{0.05}+\frac{400}{0.1}} = \frac{8000}{8000+4000} = \frac{2}{3}$$

$$n = \frac{25}{0.05} + \frac{25}{0.10} = 500 + 250 = 750$$

으로부터

$$Var(P_i) = \frac{1}{750}\left(\frac{1}{3} \times \frac{2}{3}\right)\left(1 - \frac{750}{12,000}\right) = 2.78 \times 10^{-4}$$

이다. 따라서 σ_i=1.67 %(개수기준)

위의 계산으로부터 다음과 같은 결론을 얻을 수 있다. 질량기준으로 계산하면 각 성분(A 또는 B)이 3개의 확률수준에 들어올 수 있는 질량(g)은 각각 25±0.94 [=25±(50)(1.88/100)] g ≡ [66.7±1.88] %, 25±1.88, 25±2.82이다.

한편, 개수기준으로 계산하면 0.05 g짜리 작은 입자가 3개의 확률수준에 들어올 수 있는 입자 개수는 각각 500±12.5[=500±(750)(1.67/100)]개 ≡[66.7±1.67] %, 500±37.5이다.

이러한 방정식은 실제로 사용되는 시료채취장치의 효율을 평가하는 기준으로 사용될 수 있다. 이 경우에 시료의 실제분산 $Var(P_n)$은 이론치 $Var(P_i)$보다 큰 값이 되는데, 장치가 이상적이지 못하거나 모집단이 균일하지 못함이 원인이다.

위의 현상을 비교하기 위해서 다음 식이 쓰인다.

$$C = \frac{Var(P_i)}{Var(P_n)} \qquad (5\text{-}4)$$

여기서 C가 1에 가까울수록 시료채취오차는 낮다는 것을 의미하며, 시료분산 $Var(P_n)$은 다음의 실험 결과치로부터 계산될 수 있다.

$$Var(P_n)=\sigma_n^2=\frac{\sum_{n=1}^{\infty}(x_i-x')^2}{n} \text{ 또는 } \frac{\sum_{n=1}^{\infty}(x_i-x')^2}{n-1} \tag{5-5}$$

단, σ_n은 시료의 표준편차로서 시료분산의 제곱근과 같다. x'는 A, B혼합물 중에 들어 있는 A나 B의 참된 질량 %이고, x_i는 i번째 시료 속에 들어 있는 해당 성분의 질량 %, n은 시험에 제공된 시료의 개수이다. 만일 x'를 모른다면 다음 식을 사용해서 근사치를 얻을 수 있다.

$$x'=\frac{\sum_{i=1}^{n}x_i}{n} \tag{5-6}$$

이 경우에 식(5-5)의 분모는 $(n-1)$로 대치되어야 하다. 또한 이론적 오차와 실험적 오차는 다음 식과 같이 분리될 수 있다.

$$\sigma^2=\sigma_n^2-\sigma_i^2 \tag{5-7}$$

최대의 시료오차 E는 전체 분석량(bulk assay)의 %로 표시될 수 잇다.

$$E=\pm\frac{2\sigma_n}{P}\times 100 \tag{5-8}$$

주의할 점은, 시료의 분산치는 채취될 분체의 입도분포에 관계가 있을 것이므로 어떤 시료채취법의 절대적 효율을 결정하는 일은 불가능하다. 그러나 시료채취오차는 다음 두 가지 종류라고 할 수 있다. 즉, 시료채취법을 잘못 설계함으로써 생기는 '항구적 치우침'(constant bias, 常項的 偏倚)과 '우연적 변동폭'(nonconstant bias, 變項的 偏倚)으로 나눌 수 있다.

예제 5-2

어떤 분체가 어떤 입도보다 큰 부분과 작은 부분의 두 성분으로 구성되어 있다고 하자. 시료채취를 하는 동안 모집단의 1/16을 시료량으로 하고, w_A = 0.10 g, w_B = 0.05 g, w = 50 g이 되도록 시료를 채취하면 식(5-3)은 아래와 같이 된다.

〈풀이〉

$$Var(P_i) = \frac{3}{160} w_B (P^3 - 3P^2 + 2P)$$

윗식을 미분하여 0으로 두면 분산치의 최대치를 결정할 수 있는데, $P = 1 - \frac{1}{\sqrt{3}}$ 에서 $Var(P_i)_{\max} = 0.000361$이고, $\sigma = 1.90$ %가 된다. 이것을 바꾸어 설명하면 800 g의 모집단으로부터 50 g씩 시료를 계속 채취하고 실험 후에 모집단에 되돌려 섞어 주면 최대의 표준편차는 시료 치우침이 없는 한 1.9 %이거나 그 이하이다.

명백한 사실은 시료량이 많을수록 편차는 작아진다는 것이다. 실제로, 실험실에서 분석되는 시료의 양은 모집단 전체에 비하면 극히 적은 양이므로 실험실 시료량 그 자체는 비현실적으로 매우 큰 분산치 범위에 속하게 될 수도 있다. 이러한 분산을 줄이는 방법에는 두 가지가 있는데 하나는 시료량을 계속 증가시켜서 모집단 시료를 보충한 후 실험용 시료량만큼 소량으로 다시 나누는 방법이고, 다른 하나는 시료를 취할 때마다 분석 후에 모집단으로 되돌려 보내서 잘 섞이게 하고, 이러한 작업의 되풀이 횟수를 많게 하는 방법이다.

시료를 채취해야 할 가능한 상황은 아주 흔하지만, 시료채취 때마다 우수한 시료채취법이 꼭 채택될 수 없다. 그러나 어떤 원칙을 정한다는 것이 필요하겠고, 가능한한 항상 아래의 두 가지 원칙을 지키는 것이 필요하다.

제 1원칙 : 분체 시료는 항상 **움직이는 상태**(in-motion)에서 채취되어야 한다.

제 2원칙 : 이동 중인 분체흐름에서 시료를 취할 때는 **짧은 시간 동안에 흐름의 전량이 채취**되는 것이 좋고 반면에 흐름 도중에 긴 시간 동안 계속적으로 소량의 시료를 채취하는 것은 좋지 않다.

이러한 원칙을 지키지 않고 시료를 채취하면 결과적으로 오차가 더 많이 생기게 됨을 상상 명심하고, 동시에 시료채취에서 발생하는 여러 가지 오차의 이론적 근거를 이해하여야 한다.

5.1.2 분체 시료의 채취방법과 기구

분체가 취급되는 예는 저장 또는 수송 중이거나, 분체가 액체 또는 기체에 낮은 농도로 분산되어 있는 이상유체상태로 있는 경우 등으로 나누어 설명할 수 있다.

곡물이 가마니나 포대 등에 저장되어 있는 경우에는 각 가마니로부터 일정량의 시료를 채취하여 입도측정, 기타 물성조사를 하게 된다. 이와 같이 용기 내에 저장된 시료를 모집단의 대표성을 갖도록 채취하는 것은 매우 어렵다. 왜냐하면 이동 또는 저장 시에 분체시료는 이미 편석(segregation)이 일어나기 때문이다.

퇴적시료로부터 시료를 채취할 때는 각기 다른 장소에서 여러 횟수에 걸쳐 동일한 확률로 시료채취(random sampling이라 함)를 행해야 한다.

시료채취기구의 한 예로 〈그림 5-1〉과 같은 시료작살을 사용할 수 있다[11]. 이 기구는 시료의 입도분포가 넓을 때 미세입자가 과량으로 채취될 염려가 있고, 분쇄가 쉽게 일어나는 시료에서는 시료의 파쇄가 일어날 염려도 있다.

채취기의 크기가 너무 작으면 큰 입자가 채취되지 않을 우려가 있기 때문에 채취기의 크기가 문제가 된다. 채취기의 적절한 크기는 잔류율누적분포의 5%에 해당하는 입자의 체적의 100배 정도의 용량을 채취할 수 있는 크기가 바람직하나 10배 정도면 문제가 없는 것으로 알려져 있다[10].

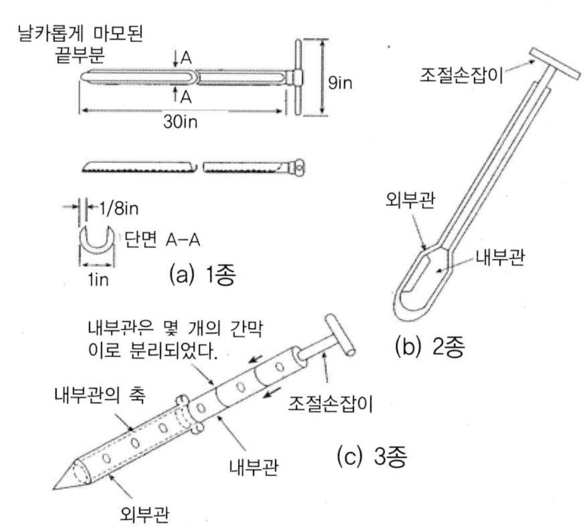

〈그림 5-1〉 시료 작살의 몇 가지

1) 사분법(cone and quartering)

모집단을 이루는 대량의 분체에서 채취한 시료를 분석하기 전에 필요한 분석시료를 장만하기 위해서는 사분법, 축분기, 회전식 축분기 등을 사용한다. 사분법은 원뿔형으로 시료를 쌓아서 사분하기 좋도록 평탄하게 모양을 바꾼 뒤에 4등분하고, 대각선의 두 몫을 합해서 새로운 원뿔을 만들고, 다시 평평하게 해서 4등분하고 다시 대각선의 두 몫을 합치는 작업을 연속적으로 실행해서, 얻어지는 시료량이 분석목적에 적합한 양이 될 때까지 반복 시행하는 것이다.

〈그림 5-2〉에 이것을 설명하는 과정을 나타내었다. 일반적으로 사분법은 종이 위에서 쉽게 행할 수 있는 방법이지만 상당한 시간이 걸리는 단점이 있다.

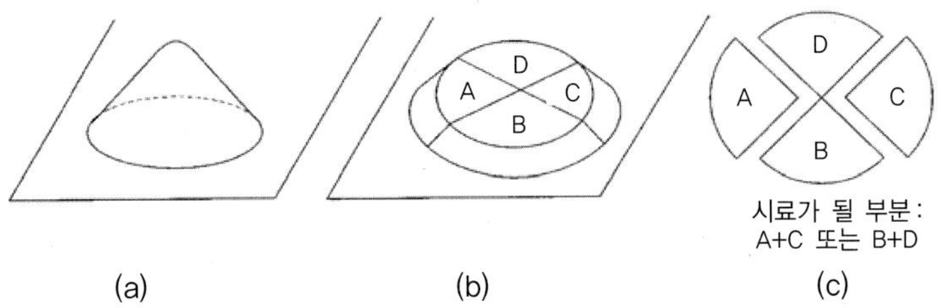

〈그림 5-2〉 사분법의 시료채취 순서

2) 축소분할법

사분법은 시간과 노력이 많이 필요한 작업이므로 이러한 번거로움을 줄이기 위한 몇 가지 방법이 있는데, 〈그림 5-3〉와 〈그림 5-4〉는 짧은 시간에 필요한 양의 시료를 채취할 수 있는 장치이다.

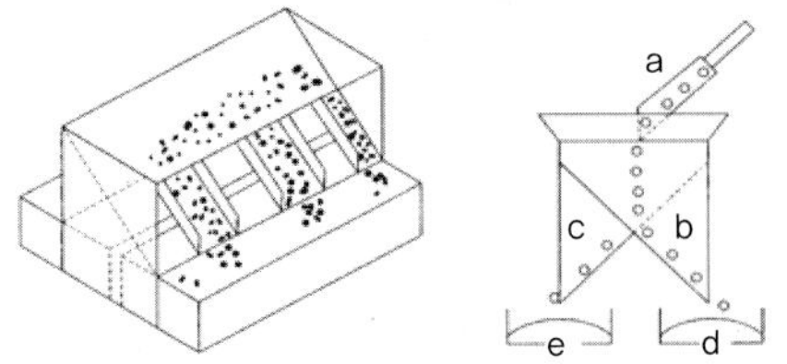

〈그림 5-3〉 축분기(riffling splitter)

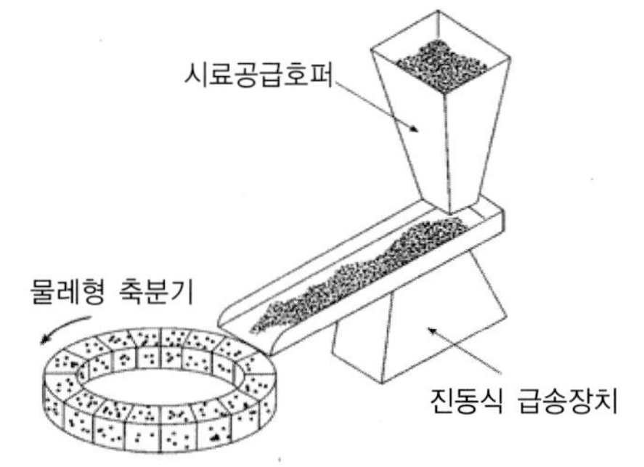

〈그림 5-4〉회전식 축분기(spinning riffler)

3) 벨트컨베이어에서의 시료채취법

이동 중인 분체에서 시료를 채취할 때는 편석(segregation)이 일어나지 않도록 주의해야 한다. 예를 들면 컨베이어에 의하여 수송되는 분체의 시료는 컨베이어의 끝에서 시료가 떨어질 때 채취하는 것이 가장 좋다. 그런데 이때 편석현상이 심하게 노출되므로 시료를 취하는 방법은 〈그림 5-5〉에서와 같이 세심한 주의가 필요하다. 왜냐하면 이때는 미분입자가 벨트의 중앙에 집중되는 편석현상이 일어나기 때문이다.

위에서 서술한 시료채취법은 분체를 취급하는 공장에서 채택되는 일반적인 방법이다, 규모의 대소를 막론하고 시료채취 기술은 매우 엄격하게 규정되어야 한다.

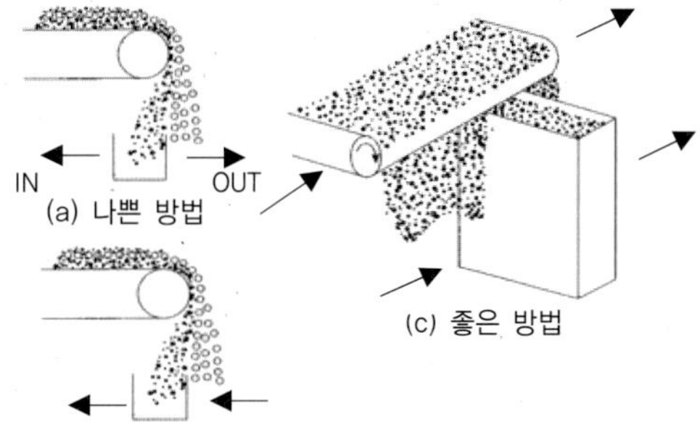

〈그림 5-5〉 이동중인 분체의 시료채취법

예제 5-3

1968년 Khan[7]은 4개의 시료채취법에 대한 효율을 연구하였다. 시료는 큰 입자와 작은 입자가 60 : 40(p=0.6)으로 섞여 있는 2성분 혼합분체 모래를 사용하였다. 실험을 통하여 얻어진 시료 사이에서의 표준편차와 이론치 분산이 다음 표와 같이 얻어질 때 시료채취법에서의 시료분산 $Var(P_n)$, 최대시료오차 E, 그리고 효율 C를 계산하라.

시료채취법	사분법	작살법	축분법	회전식 축분법
표준편차 σ_n(%)	6.81	5.14	1.01	0.125
분산 $Var(P_i)$(%)^2	0.6032	0.5808	0.5712	0.5808

〈풀이〉

식(5-5)로부터 시료분산 $Var(P_n)$은 다음과 같다

사분법: $Var(P_n)$=46.4, 작살법: $Var(P_n)$=26.4, 축분법: $Var(P_n)$=1.02,

회전식 축분법: $Var(P_n)$=0.016

식(5-8)로부터 최대시료오차 E는 다음과 같다.

사분법: E=2(6.81)/0.6=22.6(%), 작살법: E=2(5.14)/0.6=17.1(%),

축분법: E=2(1.01)/0.6=3.4(%), 회전식 축분법: E=2(0.125)/0.6=0.42(%)

식(5-4)로부터 시료채취 효율 C는 다음과 같이 구할 수 있다.

사분법: C=0.6032/46.4=0.013(%), 작살법: C=0.5808/26.4=0.022(%),

축분법: C=0.5712/1.02=0.56(%), 회전식 축분법: C=0.5712/1.06=36.3(%)

위의 결과로부터 사분법, 작살법 및 축분법보다 회전식 축분법이 시료채취 효율에 있어서 월등히 우수함을 알 수 있고 이 방법은 현재 ASTM 표준 방법[6]으로 채택되어 있다.

4) 공정 내에서의 시료채취법

〈그림 5-6〉은 철광석의 시료채취 순서와 설비를 표시한 전형적인 예이다. 취급되는 철광석의 평균 입도는 45 mm이고, 철광석 취급광물이 5천 톤 미만인 경우에 채택되는 표준 시료채취법이라 하겠다. 시험용에 적합한 양의 시료를 채취하기 위해서는 3600 톤의 모집단으로부터 1차로 2.4~7.2 톤의 1차 시료가 채취되고, 2차 시료채취에서 40 kg의 시료가 채취된다. 철광석의 수분함량측정용 시료는 20 kg이면 되겠으나, 화학분석용 시료는 다시 3차 시료채취를 통하여 4 kg으로 줄어져서 필요한 화학분석에 제공된다.

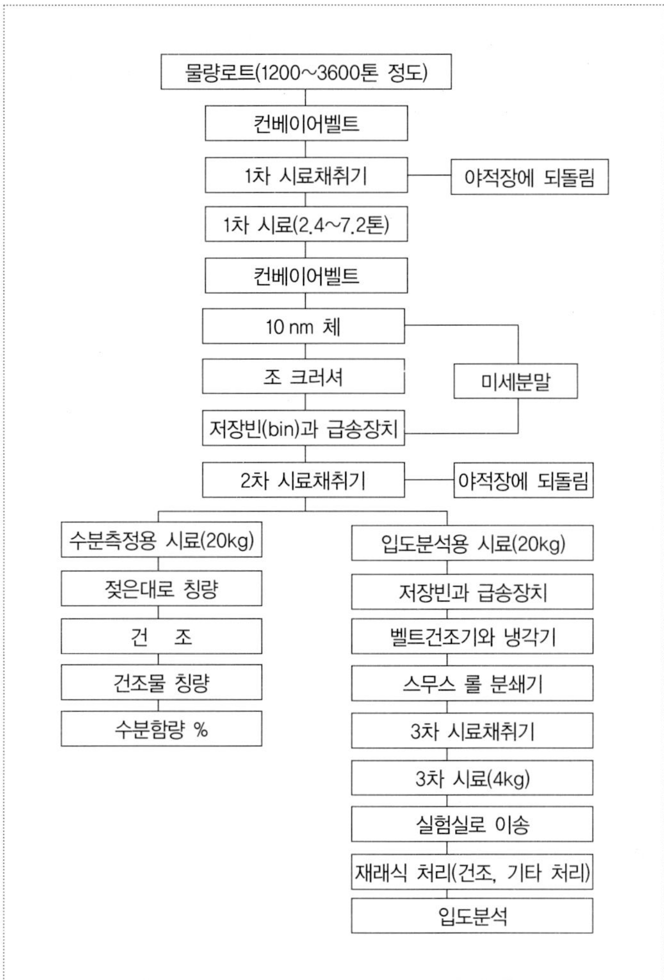

〈그림 5-6〉 철광석 시료채취 설비의 공정도

5) 현탁액으로부터의 시료채취법

분체입자가 액체 속에 현탁되어 있는 경우에 입자의 시료채취는 더욱 주의를 요한다. 현탁액 중에 들어 있는 분체시료를 채취하는 일은 분체를 현탁시키는 공정, 현탁액을 수송하는 과정 등에서 매우 중요한 분체자료를 제공한다. 〈그림 5-7〉에 제시한 3가지 시료채취장치는 현탁된 분체 시료 채취장치의 대표적인 것이다.

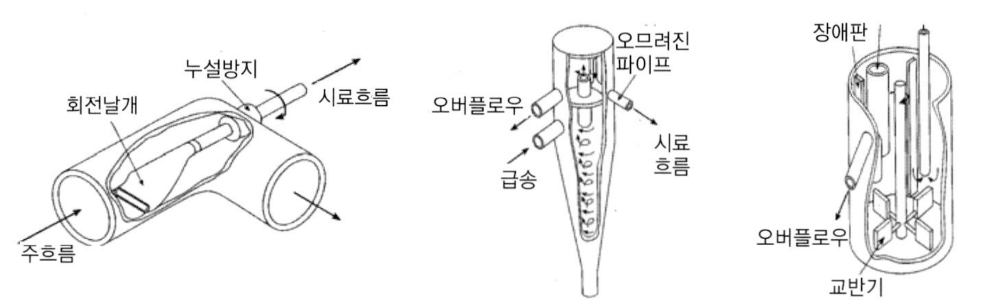

(a) Osborne 회전슬롯　　(b) Cross의 슬롯 파이프　　(c) Osborne의 시료채취탱크

〈그림 5-7〉 현탁액의 시료채취 장치[1,3]

6) 기체 속에 있는 비산입자의 시료채취법

공기 중에 미세입자로 부유되어 있는 분진의 물성이나 입도를 측정하기 위해서 시료를 채취할 때는 특히 주의를 요한다. 부유분진 또는 에어로졸은 공기 중에서 또는 연돌 내에서 연소가스와 함께 존재하며, 가스유속과 같거나 보다 낮은 속도로 움직이고 있으므로, 이들 분진이나 에어로졸을 채취할 때는 채취장치의 흡입속도가 중요한 영향을 미친다[2,5,9].

〈그림 5-8〉의 (b)는 흡입속도가 공기 유속보다 낮아서 관성력으로 운동하고 있는 큰 입자가 과하게 흡입되는 경우이고, (c)는 흡입속도가 높아서 큰 입자가 적게 채취되는 경우이다. 이들 (b), (c)의 경우는 모두 시료분진의 입도분포나 농도가 공기 중에 실재하는 분진의 입도분포나 농도와 다르게 되므로, (a)와 같이 등속시료채취(isokinetic sampling)조건에 맞도록 분진시료채취장치를 운전해야 한다.

그러나 정지유체로부터 시료를 채취할 때는 속도차를 줄이기 위해 가급적 천전히 시료를 채취하는 것보다는 오히려 빠른 속도로 채취하여 점흡인이 되도록하여 오차를 줄이는 것이 바람직하다.

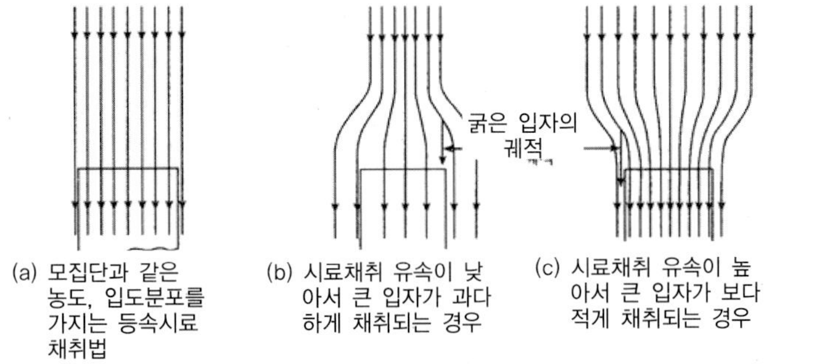

〈그림 5-8〉 기체 속에 비산된 분체시료의 시료채취법

5.2 분체 시료 조제법

현미경 측정법, 액상침강법, 전기적 검지대법 등에 의한 입도측정에서는 액체 중에 입자를 잘 분산시키는 일은 매우 중요한 일이다.

분산에 사용되는 액체를 분산매(dispersion medium)라고 하는데, 분산매는 다음과 같은 조건을 만족하는 것을 선택하여야 한다.

첫째, 입자표면과의 젖음성이 좋을 것.

둘째, 입자가 용해되거나 입자와의 화학반응을 일으키지 않을 것.

셋째, 적당한 침강속도를 유지할 것.

넷째, 유독하지 않을 것.

다섯째, 구입하기 용이할 것.

여섯째, 저렴할 것.

분산매 중에 입자를 잘 분산시키기 위해서는 순수한 액체만으로는 쉽지 않기 때문에 분산을 용이하게 하기 위하여 어떤 물질을 첨가하게 되는데 이를 분산제(dispersing agent)라고 한다. 분산제는 액체의 표면장력을 저하시켜 입자표면과의 젖음성을 향상시키는 작용을 한다.

여러 가지 분체에 대한 분산매와 분산제의 예를 수많은 연구자들의 자료를 바탕으로 정리하여 〈표 5-1〉에 제시하였다[4].

<표 5-1> 여러 가지 분체에 대한 분산매와 분산제의 예*

분 체	분산매(+분산제)	분 체	분산매(+분산제)
아연분말	Butanol	니 켈 분	Cyclohexanol
알루미나	물+NaHMP, 사염화탄소	황 철 광	Ethylene Glycol
알루미늄분	Cyclohexanol	페니시린	Isooctane, Heptane
청 동 분	Cyclohexanol	프라스틱분	물+cation활성제
전 분	Isobutanol	티타니아	물+NaHMP
동 분	Acetone	설 탕	Isobutanol, Isoamyl alcohol
돌로마이트분	물+NaHMP	생석회(CaO)	Ethylene Glycol
토 양	물+NaHMP	석 탄	Ethanol
유리가루	물+NaHMP, Butanol	석 회 석	물+NaHMP
흑 연 분	물+0.05%타닌산	석 고	Glycol+구연산코발트
형 석 분	물+NaHMP, 물+0.02%초산	시 멘 트	Ethylene Glycol, Ethanol+0.5%CaCl2, 백등유+올레인산
석 면	물+Glycerol(4:1)		
카 본	Cyclohexanol		
카 오 린	물+NaHMP		
규 사	물+NaHMP	셀루로즈	Benzyne
규 조 토	물+NaHMP	실리콘카바이드 (SiC)	물+NaHMP
곡물가루	Ethanol, Isobutanol	탄산바륨	Methanol
코 코 아	Octyl alcohol	철 분	Acetone+대두유의 1:1혼합물
분 유	Octyl alcohol	텅 스 텐	물, Methanol, Acetone
밀 가 루	Isobutanol	텅스텐카바이드	물+NaHMP

* NaHMP : 헥사메타린산나트륨(농도표시 생략됐음.)
* 더 자세한 자료는 독일공업규격 DIN 66161을 참조할 수 있다.

참고문헌

[1] Cross, H. E., Automatic Mill Control System, Parts I and II, *Mining Congress Journal, S. A.,* 62 (1967).
[2] David, C. N., "The Entry of Aerosols into Sampling Tubes and Heads", *Brit. J. Appl. Phys.(J. Phys. D), Ser.* 2, 1, 921 (1968)
[3] Osborne, B. F., *CIM Bull.,* 65, 97 (1972).
[4] 三輪茂雄, "粉粒体工學", 朝倉書店, 東京, 1972.
[5] 吉田英人, 大杉健, 增田弘昭, 湯晋一, 井伊谷鋼一, "エアロゾルの非等速吸引誤差", *化学工学論文集*, 2, 336 (1976)
[6] ASTM F577B-78
[7] Allen T., "Particle Size Measurement", Chapman and Hall, London, 4th. ed. 1990.
[8] 강석호, "분체공학", 제2판, 희중당, 서울, 1995.
[9] 粉体工学会編、"粉体工学便覧"、第2版、日刊工業新聞社、1998.
[10] JIS Z8816 (2001): "粉体試料サンプリング方法通則"
[11] Allen, T., "Powder Sampling and Particle Size Determination", Elsevier, 2003.

입도 측정법 각론

제2부

제6장 표준체 분석법

6.1 체분리의 기초

6.1.1 체

체는 분체의 입도분리를 위해서 산업용으로도 많이 쓰이며, 분체의 입도관리가 목적이기 때문에 입도분석용으로도 특별히 제작되어 쓰인다. 체는 금속이나 섬유로 된 망을 사용하며, 그 굵기와 망의 간격은 엄격히 규격화되어 있다. 규격화된 체를 표준체라 하고, 각국은 공업규격으로 1~2종의 규격을 제정하여 그 사용을 권장하거나 요구하고 있으며, 국제규격도 몇 가지로 정해져 있다. 우리나라의 표준체는 한국공업규격으로 KS A 5101이 제정되어 있고, 국제규격으로서는 ISO규격이 있다.

〈표 6-1〉에는 각국의 공업규격에 정해진 표준체의 규격내용을 요약하였다. 체에 사용되는 철사 사이의 공간을 체구멍(screen aperture) 또는 체눈이라고 하며, 흔히 사용되는 mesh라는 용어는 길이 1 inch당 체구멍의 수를 뜻한다. 예를 들면, 10 mesh체는 길이 1 inch에 10개의 구멍이 나란히 있음을 뜻하며, 따라서 그 구멍크기는 0.1 inch에서 철사의 굵기를 뺀 값이다. 그러므로 mesh란 말은 구멍크기가

다른 체의 호칭일 뿐이고, 만일 체 제작자가 철사의 굵기 등을 표시하지 않으면 정확한 체구멍 크기를 계산하는 일은 의미가 없다. 특히 독일의 Maschen은 CGS단위에 기준을 두어서 cm^2당 구멍수로 표시하였다. 따라서 규격화가 꼭 필요하게 된다. 그러나 한 세트 체의 구멍크기는 2배수 또는 21/2 또는 21/4배수로 만들어지는 것이 보통이다.

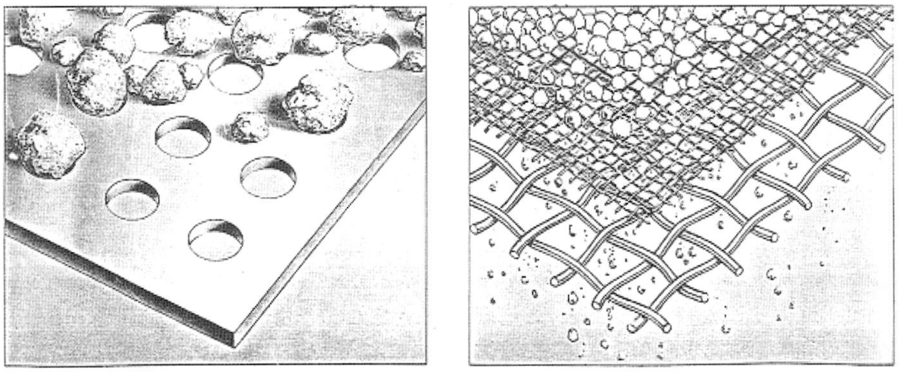

(a) 판공체　　(b) 망체

〈그림 6-1〉 판공체와 망체

현재 통용되고 있는 체는 눈이 125 mm에서 20 ㎛까지 되어 있는 것들이 상용되고 있으며, 체틀의 직경은 300, 200, 150, 75 mm 등의 여러 종류가 있고, 틀의 높이 역시 다양하다. 시험용 체는 섬유를 짜듯이 직조된 망으로 되어 있으므로, 세밀하게 할수록 눈이 부정확하게 된다. 이것에 대하여 원도를 사진 제판기술로 축소하여 전착법으로 제조한 전성 체는 5 ㎛까지 작성하는 것이 가능하다. 체는 눈이 미세하게 될수록 막 두께도 엷어져, 기계적 강도가 저하되기 때문에 취급에 주의가 필요하다. 그리고 〈표 6-2〉에는 현재 국내에서 사용되고 있는 표준체의 제품을 소개하였다.

〈표 6-1〉 각국의 표준체 규격

KS A 5101		JIS Z 8801 표준망체		Tyler mesh 표준체(미국)			
호칭번호	체눈치수 [mm]	체구멍크기 [μm]	철사굵기 [mm]	mesh 번호		구멍크기 [μm]	철사굵기 [mm]
				$\sqrt{2}$ 계열	$\sqrt[4]{2}$ 계열		
–	–	–	–	400	400	37	0.025
325	0.044	44	0.035	–	325	44	0.036
270	0.053	53	0.040	270	270	53	0.041
230	0.062	62	0.045	–	250	63	0.041
200	0.074	74	0.050	200	200	74	0.053
170	0.088	88	0.055	–	170	88	0.061
140	0.105	105	0.070	150	150	104	0.066
120	0.125	125	0.080	–	115	124	0.097
100	0.149	149	0.100	100	100	147	0.107
80	0.177	177	0.120	–	80	175	0.142
70	0.210	210	0.140	65	65	208	0.183
60	0.250	250	0.160	–	60	246	0.178
50	0.297	297	0.180	48	48	295	0.234
45	0.350	350	0.230	–	42	351	0.254
40	0.420	420	0.260	35	35	417	0.310
35	0.500	500	0.290	–	32	495	0.300
30	0.590	590	0.320	28	28	589	0.318
25	0.710	710	0.350	–	24	701	0.358
20	0.840	840	0.400	20	20	833	0.437
18	1.00	1000	0.500	–	16	991	0.597
16	1.19	1190	0.550	14	14	1168	0.635
14	1.41	1410	0.600	–	12	1397	0.711
12	1.68	1690	0.700	10	10	1651	0.889
10	2.00	2000	0.800	–	9	1981	0.838
8	2.38	2380	0.800	8	8	2362	0.813
7	2.83	2830	0.900	–	7	2794	0.833
6	3.36	3360	1.000	6	6	3327	0.914
5	4.00	4000	1.200	–	5	3962	1.118
4	4.76	4760	1.400	4	4	4699	1.651
$3\,^1/_2$	5.66	5660	1.600	–	$3\,^1/_2$	5613	1.651
1976 제정		1966					

U.S. A.S.T.M. E-11-61		DIN 4185 표준체				ISO 표준체
체번호	호칭구멍크기 [μm]	체번호 [구멍수/cm]	Maschen [구멍수/cm²]	구멍크기 [μm]	철사굵기 [mm]	주된 크기 [μm]
325	44	100	10000	60	0.040	5
270	53	80	6400	75	0.050	6.3
250	61	70	4900	88	0.055	8
200	74	60	3600	102	0.065	10
–	–	50	2500	120	0.080	12.5
140	104	40	1600	150	0.10	16
120	125	–	–	–	–	20
100	150	30	900	200	0.13	25
80	177	24	576	250	0.17	32
70	210	20	400	300	0.20	45
60	250	16	256	385	0.24	63
50	297	14	196	430	0.28	90
45	350	12	144	490	0.34	125
40	420	11	121	540	0.37	180
35	500	10	100	600	0.40	250
30	590	8	64	750	0.50	355
25	710	6	36	1020	0.65	500
20	840	5	25	1200	0.80	710
18	1000	4	16	1500	1.00	1000
16	1190					1400
14	1410					2000
12	1680					2800
10	2000					4000
8	2380					5600
7	2839					8000
6	3360					11200
5	4000					16000
4	4760					22400
						31500
						45000
						ISO 565-1983

〈표 6-2〉 국내외에서 사용되는 표준체

제조회사	Model 명
유한회사 IMP	piezo-auto Screen
청계상공사	한국공업규격망체
Siebtechnik	Lavib 86
Haver & Boecker	독일공업규격망체

국내에서 현재 가장 많이 통용되고 있는 표준체는 규격화된 망을 지름 20 cm 또는 12.5 cm, 테두리 높이 2~5 cm의 모양으로 만든 것으로써 체번호가 큰 순서대로 채 진탕기에 올려놓고, 일정한 진동형태와 진동시간에 분체시료가 체구멍을 통과하는 무게를 측정하여 분체의 입도를 측정한다. 체가 진탕되는 동안은 분체입자들의 마모로 인한 분쇄가 일어나서는 안 되며, 각 체 위에 남는 시료의 무게가 진탕시간에 관계없이 일정한 함량(또는 일정량 이하의 감량)이 될 때 체진탕을 끝낸다.

6.1.2 체 분리

눈금이 알려진 대소 2 종류의 체에 의해서 분체를 체 분리하면, 미세한 쪽의 체망 위에 잔류한 입자군은 2가지의 체의 눈금의 산술 또는 기하평균과 같은 입도라고 생각된다. 따라서 상부일수록 눈이 큰 체를 쌓아 올리고 최상부에 시료를 넣어 수동 또는 진탕기에 의해서 전체를 진동하면 각 체의 눈에 대응하는 크기의 입자군이 분배되므로 그 각각의 양을 달아보면 입자분포가 구해진다. 입도의 상한과 하한의 사이를 5~6 단으로 나누는 것이 보통이다.

체분리 법은 건조분체를 이용한 '건식법'과 적당한 액체에 시료를 분산시켜 행하는 '습식법'이 있다. 시료 분체량은 체 분리 조작 후의 각 체 위에 잔류한 시료의 측정 정밀도에 영향을 주지 않을 정도로 적은 쪽이 좋다. 체 분리 시간은 체를 통과한 입자군의 질량이 1분간 당 삽입 시료 질량의 0.1 % 이하로 될 때까지의 시간으로 정의되고 있다. 일반적으로는 5~15 분 정도가 좋고, 너무 긴 시간을 걸면 망 눈금의 편차의 영향을 받아 오차가 크게 된다. 그리고, 분체입자를 바람에 날려 보내서 입도별로 분리하는 방법으로써 풍체법(elutriation)이라는 것이 있고, 이는 우리말로는 풍석질이라고도 한다. 공기 중에 부유하는 날아가는 입자의 속도는 침강속도와 마찬가지로 입도의 제곱에 관계가 있으므로 풍석질에 사용하는 공기의 유속을 조절하면 분체를 입도별로 분리할 수 있다. 공기사이클론 분급기(classifier) 등은 결국 이 원리에 의한 분리장치이다.

습식법이 적당한 것은 45 ㎛ 이하의 입자가 많이 함유하고 있는 분체, 습한 분체, 부착 응집성이 높은 분체, 건조 중에 고착하거나 변질하는 분체, 또는 체 분리 중에 정전기를 띠고 부착 응집성이 높아지는 분체이다. 습식법에 이용되는 분산매로서는 순수한 물이나, 적당한 분산제를 포함한 물, 알코올 등이 있으며 초음파 등으로 분산시킨 시료 현탁액을 체에 통과한다. 그리고 공기 대신에 물을 사용하는 수력분급기(hydraulic classifier)와 수력사이클론은 더 미세한 입자의 입도분리에 사용되지만, 체공정보다 분리효율은 예민하지 못하다. 예민한 분리효율이란 다음 절에 서술되는 부분분리효율로서 설명될 수 있다. 또 중력에 의한, 또는 중력을 거슬러 반대방향으로 작용하는 힘에 의한 분리 외에 원심력을 이용한 분리공정은 매우 자주 사용된다. 따라서 여러 가지 기계적 분리방법 중에서 적당한 입도분리장치를 선택하는 데에는 장치특성 외에도 건식 또는 습식, 부식성 또는 마모성 입자, 장치의 설치 및 운전비용 등의 변수가 참작되어야 한다.

건식 체분리와 습식 체분리의 실험방법은 다음과 같다.

1) 건식 체분리

① 표준체를 크기 순서데로 7개 정도를 포개 놓는다.

② 시료 공급량 W gr을 결정하여 저울로 정확하게 칭량하여 맨 위쪽 체에 담고 체 뚜껑을 닫는다.

③ 분체의 시료 량 W는 가장 큰 입도의 4배에 해당하는 부피가 되도록 권장되며, 다음과 같이 결정한다. W[g]=(가장 큰 입도[cm])×4×(체의 면적 [cm^2])×(시료의 겉보기밀도[g/cm^3])

④ 체의 진탕시간은 각 체 위에 잔류하는 분체 량이 항량(불변하는 무게)이 될 때까지 이다. 항량을 정하기 위해서는 각 체 위의 시료 무게를 측정하여야 하며, 적당한 시간 간격마다 칭량을 되풀이 해야 한다.

⑤ 향량이 되면(각 체마다 향량에 도달하는 시간이 다를 수 있다) 각 체위의 시료의 무게를 확정한다.

⑥ 포개진 각체 눈의 크기를 평균입도 삼고, 확정된 항량을 표에 기록하고

⑦ 표를 기준으로 여러 가지 형태의 입도 그래프를 작성할 수 있다.

2) 습식 체분석

일반적인 망 체를 이용한 체분석은 분체의 입도가 대략 37~19,100 ㎛의 범위에 있을 때 적당하다. 공기 중에서 건식 체분석을 행한다. 그러나 분체의 입도가 2~105 ㎛ 정도가 되면 건식 체 시험 중에 입자들이 공기 중의 습기를 흡수하여 응집되기 때문에, 건식 분석이 거의 불가능하다. 이와 같이 미세한 분체를 체 분석하기 위해서는 망 체를 사용할 수가 없으므로 micromesh체를 사용한다. 일명 판공체라고 부르는 micromesh체는 금속판에 구멍을 뚫은 체 판이다. 판공체를 사용할 때는 분석할 분체 시료(대략 1 g 이하의 소량)를 적당한 분산매(물, 기타 액체)에 완전히 분산시켜서 입자의 응집이 없음을 현미경 관찰로 확인한 후에 체분석을 한다. 체의 진탕 방법도 건식 체분리와는 다르게 초음파 진동이나 진공 흡입 방식을 이용한다. 체분리가 완료된 뒤에는 각체에 잔류하는 모든 슬러리를 건조 접시에 옮겨서 건조한 후 미세 저울로 칭량하여 입도 구간별 잔류량을 결정하고, 분석표를 작성하는 순서로 측정을 완료한다. 〈그림 6- 1〉에 판공체와 망체의 그림을 보인다.

또한 넓은 입도 분포를 가지는 시료에 대해서는 미리 몇 개의 입도 범위에 체 분리하는 것(예비 체 분리)을 하면 좋다. 22.4 mm를 초과하고 4~22.4 mm, 1~4 mm, 1 mm 이하의 범위로 분할하는 것이 좋다고 알려져 있다.

체분석의 간단한 원리는 〈그림 6-2〉에 입도분포곡선의 대략적 모양과 함께 나타내었고, 〈그림 6-3〉에는 진탕기의 일례를 보였다.

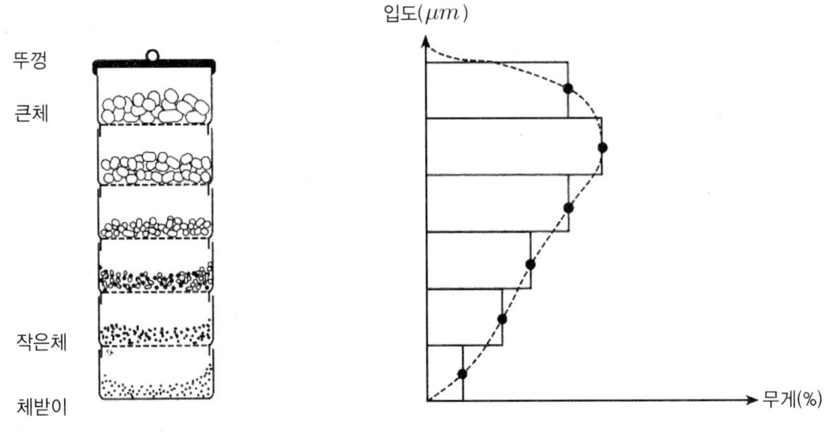

〈그림 6-2〉 체분석의 원리와 입도분포

〈그림 6-3〉 표준체 진탕기

표준체 중에는 전기화학적 침식법으로 1 μm의 구멍이 뚫린 마이크로메시체(micromesh sieve)도 있다. 이 체는 금속판 위에 일정한 크기의 구멍을 전기분해법(etching)으로 뚫어서 만든다. 이 체는 보통 습식법에 체분석이 사용되는데, 체도 매우 비싸며 극히 미세한 분체의 정밀입도 분석법의 한 수단으로 쓰인다.

참고문헌

[1] Capenter, F. G. and V. R. Deita, *U. S. National Bureau of Standards*, **47**(3), 139 (1951).
[2] Lauer, O., *Staub*, **18**(10), 306 (1958).
[3] Whitby, K. J., *Am. Soc. for Testing M.*, **234**, 3 (1958).
[4] Whitby, K. J., *Ind. Eng. Chem.*, **51**(3), 32 (1959).
[5] Whitby, K. J., *Aufbereitungstechnik*, **1**(11), 492 (1960).
[6] Kaiser, F., *Stanb. R. d. Luft*, **27**(1), 39 (1967).
[7] Wessel, J. *Aufber,-Tech* **8**(4,8), 167, 417 (1967).
[8] Schmidt, P., *Chem. -Ing. -Tech.* **41**(56), 348 (1969).
[9] Giersiepen, G., *Chem. -Ing. -Tech.*, **42**(23), 1425 (1970).
[10] Kanzleiter, T., *Chem. -Ing. -Tech.* **42**(5), 255 (1970).
[11] Kato, Ebinuma, and Ito, *JCE JAQ*, **9**(3), 226 (1976).
[12] Konowalchuk, H., A. G. Naylor and B.H. Kaye, *Powder Tech.*, **13**, 97 (1976).
[13] Laapas, H. and K. Heiskanen, *Particle Size Analysis*, **218** (1978).
[14] Kaye, B. H., *Powder Tech.*, **19**, 121 (1978).
[15] Stone, L. H., *Chem. Eng* **86**(2), 125 (1978).
[16] Hidaka, J., and S. Miwa, *Powder Tech.*, **24**, 159 (1979).
[17] Orr, C., D. K. David, and R. W. Camp., *Powder Tech.*, **24**, 143 (1979).
[18] Mandrella, H., *Mining Magazine*, **142**(3), 241 (1980).
[19] Beddow, J. K., *Chem. -Eng*, **71** (1981).
[20] Bäcker, J., *Aufber,-Tech*, 392 (1987).
[21] Singh ,B. K., *Aufber,-Tech*, 397 (1987).
[22] Güttinger, M., *Aufber,-Tech*, 266 (1987).
[23] 山口賢治, 紫田俊春, 仲山伸二, *粉體工學會誌*, **25**(9), 615 (1988).
[24] Beenken, W., *Aufber,-Tech*, 727 (1989).
[25] Güttinger, M. and L.Schlebusch, *Aufber,-Tech*, 397 (1989).
[26] Subasinghe, G. K. N. and W. Schaap, *Powder Tech.*, **59**(1), 37 (1989).
[27] Wolff, K., *Aufber,-Tech*, **30**(1), 45 (1989).
[28] 粉體工學會編, "粒子徑計測技術", 日刊工業新聞社, 1994.
[29] 강석호, "분체공학", 제2판, 희중당, 서울, 1995.
[30] 粉體工學會編, "粉體工學便覽 第2版", 日刊工業新聞社, 1998.
[31] 椿淳一郎, 早川修, "粒子徑計測技術", 日刊工業新聞社, 2001.
[32] Theisen A., Chem.-Ing.-Tech.-*plus*, **11**(6), 23 (2008).

제7장 현미경 입도 분석법(화상해석법)

7.1 현미경분석법의 원리

7.1.1 현미경분석법이란?

광학 현미경이 가장 요긴하게 사용되는 분야는 아마도 생물학, 의학 분야일 것이다. 동 식물의 조직의 미세구조를 관찰하거나, 세포, 바이러스와 병원균을 조사하는데 사용도기 시작한 후에, 분체의 입도 측정에도 사용되기 시작하였다. 광학현미경은 가시광선(파장 0.4~0.7 ㎛)을 사용하기 때문에 사용되는 파장 보다 큰 입자의 크기를 측정하는데 만 사용될 수 있다. 즉, 광학 현미경의 측정능력(해상력; resolution)은 1 ㎛ 이하의 입자에 대해서는 불가능하다. 투과 광학 현미경은 주로 생물의 얇은 세포막을 관찰하는 용도로 사용되고, 반사현미경은 금속 시편과 같은 불투명한 시료의 표면을 관찰하는데 사용된다. 편광현미경은 금속의 구성 성분 등을 분석하는 목적으로 많이 사용된다.

전자현미경은 가시광선 보다 파장이 짧은 (0.1 ㎛ 이하)전자파를 진공 장치 내에서 발생시켜, 관찰할 물체에 투과(transmitting)시키거나 반사(조사; scanning)시켜서 영상을 획득하여 입도를 측정할 수 있다. 보통의 광학현미경으로서는 1~100 ㎛의 분체입도를 측정하는데, 주사전자현미경을 사용하면 약 0.001 ㎛까지 측정이 가능하다. 원자현미경은 물체의 표면을 원자 수준에서 영상화할 수 있는 현미경이다. 1981년 스위스 츄리히의 IBM연구소에서 발명된 이 현미경은 양자 터널 효과(quantum tunneling effect) 효과를 이용하여 물질 표면의 원자크기정도를 탐사할 수 있는 전기 전도 팁으로 물체 표면의 요철을 영상화한다. STM의 해상력은 0.1~0.05(수소원자의 크기)~0.01 nm이며, 반도체의 불량 표면을 조사하는 목적에 사용되기도 한다.

1970년대까지만 하더라도 광학 현미경으로 관찰된 입자의 영상을 사진으로 찍은 후에, 그 영상을 눈금자를 이용하여 직접 눈으로 그 입도를 측정하고 입도 분포를 계산하였다. 1980년경에 컴퓨터를 현미경에 연계시켜 소위 영상 해석 장치(image analyser)가 붙은 영상 해석 현미경이 사용되기 시작하였다.

따라서, 입자를 직접 눈으로 관찰하여 각종의 기하학적인 정보를 얻을 수 있는 현미경분석법은 가장 기본적인 입도 측정기술이다. 입자의 화상(투영상)을 직접 관찰하여 크기나 형상을 해석하는 현미경 분석법은 화상해석법이라고도 하며, 오래 전부터 검토되어온 방법이지만, 최근 고해상도의 전자현미경의 보급에 의해 서브미크론(sub-micron) 이하의 해석이 가능하게 되었다. 또 이전은 대부분 수작업에 의지하였기 때문에 시간과 노력이 많이 들었지만, 직접 화상을 잡고 해석하는 장치가 개발이 되어 해석의 신속화가 나아지고 있다. 특히 최근의 화상처리기술의 컴퓨터 처리 성능의 진보는 종래 통계적으로 신뢰할 수 있는 샘플 수를 얻는 점에 있어 미흡한 면이 없지 않았던 화상해석법을 일반적인 입도측정법으로 인식시키고 있다. 그러나 화상해석법에서는 샘플 제작성상의 주의나 통계적인 편차에 대한 배려 등이 필요하고, 3차원 형상이나 상 처리법 등에 대해서도 고려해야 할 문제가 많다.

즉, 샘플의 조제법, 측정개수의 문제, 표본(잡은 화상)의 모집단에서의 치우침, 화상의 수차 등 문제는 여러 가지가 있지만 미세한 입자의 형상이나 분산 상태를 직접 관찰할 수 있다는 이점이 있으며, 다른 원리의 측정 장치의 검증 기준이 될 수도 있을 것이다. 〈표 7-1〉에는 입도측정용 현미경에 대해서 분류하여 설명하였다.

〈표 7-1〉 입도측정용 현미경의 분류

광학현미경		전자현미경	
투과현미경	투명물체에 광을 투사하는 원리	투과식 전자현미경	전자빔이 투과하는 물질용
반사현미경	불투명한 금속편등의 표면 관찰용, 불투명 입자용	주사식 전자현미경	전자빔의 반사광 영상을 관찰함
편광현미경	특정 파장의 광선을 이용한 물체표면 관찰	원자현미경	1981, Scanning tunneling M., Atomic Force M

7.2 현미경을 이용한 입도측정방법

7.2.1 현미경 측정을 위한 시료체취법

화상해석용 샘플은 ① 응집체의 분산·해쇄, ② 입자의 중첩 ③ 입자의 배향 등에 유의해서 작성할 필요가 있다. ①, ②의 문제에는 1차 입자까지 완전히 분산하는 것이 화상처리상 매우 유리하지만, 분산의 정도는 대상으로 하는 분체의 성질, 분체조작과의 관계에 의존한다. 최근의 화상처리기에서는 상의 분할 software가 구비되어 있고, 1차 입자를 '구' 등으로 가정하여 자동적으로 응집체를 분할하는 것도 가능하다. 그러나 가정되는 입자의 형상이 제한되는 것이나 입자의 숨은 부분을 기계적으로 처리하는 등 문제도 있다[21].

현미경분석법은 다른 입도측정법에 비해서 샘플량이 극히 작기 때문에 시료의 샘플링에 있어서 주의가 필요하다. 특히 분포 폭이 넓은 시료의 경우에는 편석이 없도록 충분히 유의해야 한다.

화상해석용 샘플은 응집체의 분산 및 해쇄, 입자의 겹침, 입자의 배향 등에 유의하여 제작할 필요가 있다. 일반적으로 자주 이용되는 방법에는 ① 슬라이드 글라스 등의 시료대에 시료 분체를 뿌리는 건식 뿌림법, ② 시료가 반응 또는 용해하지 않는 액체 중에 입자를 분산시켜 그 일부를 시료대에 취하여 관찰하는 습식 분산법, ③ 분체에 물이나 기름 바세린 등의 분산매를 소량 가하여 잘 혼합한 후 잘 저어 페이스트 상태로 한 것을 시료대에 붙여 매질만을 용해·세정한 페이스트법 등이 있다. 여기에서는 필터 여과법을 소개한다.

시료 중에 있어서 입자의 겹침이나 접촉의 문제는 현탁액의 입자 농도와 여과액량의 조정으로 해결할 수 있다.

입도 D_p, 입자밀도 ρ인 시료 분체를 중량 농도 C로 분산시킨 현탁액 V를 유효 여과면적 A의 필터로 여과하는 경우 $CV \langle 2A\rho D_p/3$ 의 조건을 충족시키면 입자는 서로 겹쳐지지 않는다. 예를 들면, D_p=1 ㎛, ρ=2.5 g/cm^{3}인 입자의 현탁액을 지름 3.8 cm의 필터로 여과하는 경우 $CV \langle 1.9\times10^{-3}$ g이기 때문에 CV=1 mg 이하로 되는 것이 좋다.

7.2.2 측정장치의 구성

화상처리기의 기본시스템은 화상처리·해석의 중심을 맡고 있는 메인 프로세서(main processor, 화상 메모리, 이미지 프로세서 등)와 처리를 제어 및 관리하는 주컴퓨터 및 디스플레이로 되어 있다. 그래서 광학현미경, SEM, 비디오카메라, 이미지 스캐너 등 다양한 입력형태로 대응한 화상입력 기기와 프린터, 화상의 하드카피용 비디오 프린터, 정보수록용의 광자기 디스크 등의 출력장치가 부수된다. 통상, 대량의 화상을 고속처리하기 위해서 화상처리를 주컴퓨터와 분리한 화상처리전용의 메인 프로세서에 의해 행하고 있다. 하지만, 현미경사진과 비교원을 대조하여 입도를 결정하는 작업은 매우 힘든 일이므로 현미경 사진을 통계적으로 쉽게 처리하기 위한 장치가 여러 가지 많이 개발되어왔다. Zeiss- Endter Counter의 개발이후 지금까지 영상해석장치(image analyzer)의 많은 종류가 개발, 시판되고 있다.

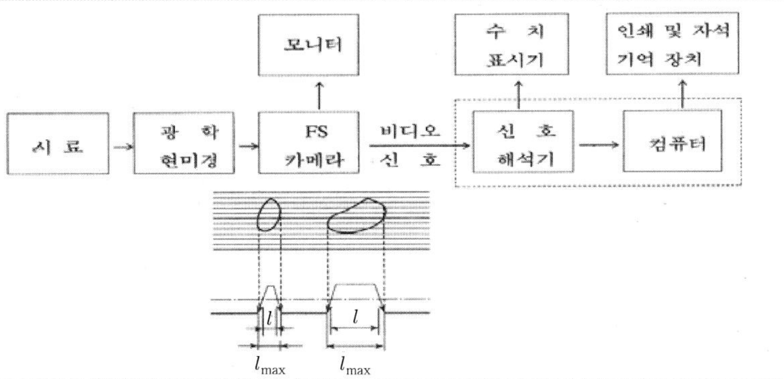

〈그림 7-1〉 영상해석장치의 간단한 원리(회로도와 신호해석)

〈그림 7-1〉은 영상 해석 장치의 원리를 간단히 소개한 것이다. 보통의 광학현미경으로서는 1~100 ㎛의 분체입도를 측정하는데, 주사전자현미경(SEM)을 사용하면 약 0.001 ㎛까지 측정이 가능하다.

그리고 〈표 7-2〉에는 시판되고 있는 영상해석 장치의 회사와 모델명 몇 가지를 소개한다.

〈표 7-2〉 시판되는 영상 해석장치

제조회사	Model 명
Galai	Laserscan
Shimadzu	Omnicon
Joyce-Loebl	Magiscan
Microtrac	Viewtrac
Leitz	Autoscope

7.2.3 측정방법

1) 화상 제작 시 유의점

현미경 사진의 종합 배율은 현미경의 배율, 카메라 길이, 확대 사진 배율로 결정되지만, 미리 동일한 배율로 표준의 마이크로 게이지(통상 1 mm의 1/100 눈금으로 새긴다)를 촬영해 두고 그것을 사용하여 종합 배율을 정하는 쪽이 정확하다. 전자 현미경의 경우는 장치의 표시하는 스케일 바를 기초로 배율을 정하고 있지만 같은 기종이라도 장치에 따라 차가 생기는 경우가 있다. 단분산의 구형입자를 세 대의 SEM으로 촬영하여 화상 해석한 비교 결과로는 몇 퍼센트 이상의 차이가 나는 경우가 있다. 따라서 가능하면 표준입자를 촬영하여 스케일 바를 검정해 두면 좋다.

2) 입도의 계산 방법

시야 내의 직접 측정으로 보더라도 사진 화상의 측정으로 보더라도 이전에는 스케일을 이용하여 수작업으로 해석하였지만 최근에는 화상 해석 장치에 도입된 각종 소프트웨어로 신속하게 측정할 수 있도록 되었다. 이치화 처리, 입자의 분리가 측정 정밀도에 영향을 주지만, 측정자와 대화하면서, 그리고 인간의 눈을 병용하면서 처리할 수 있도록 되어 있다. 정방향경이나 면적 원상당경 등의 각종 입도(분포)가 얻어진다.

3) 표본의 크기와 통계적 치우침

신뢰할 수 있는 입도 분포를 구하기 위해서는 가능한 한 다수의 입자를 해석할 필요가 있다. 분포의 넓이에 의해서는 10,000 개 이상 측정할 필요가 있는 경우가 있다. 어느 정도의 계측수가 필요한가는 여러 가지 통계적으로 검토가 되고 있다.

7.2.4 데이터 처리 방법

광학현미경을 이용하면 입자의 2차원의 투영면적을 관찰할 수 있는데, 실제 조작상의 문제 때문에 편의상 〈그림 7-2〉에서와 같이 여러 가지로 정의되는 단일입도를 얻게 된다.

현미경의 화면이 움직이는 단일방향을 기준으로 삼으면 d_M은 Martin입도라 하며 투영면적을 반으로 나누는 성분의 길이이고, d_F는 Feret 입도라고 하며 투영면저의 가장자리에 접하는 가장 긴 선분이다. 그리고 $l_{\max}$는 최장입도로서 투영면적 내의 가능한 가장 긴 선분의 길이이며, d_A는 넓이상당입도로서 투영면적과 동일한 넓이를 가지는 원의 지름에 상당한다.(Heywood 입도라고도 한다).

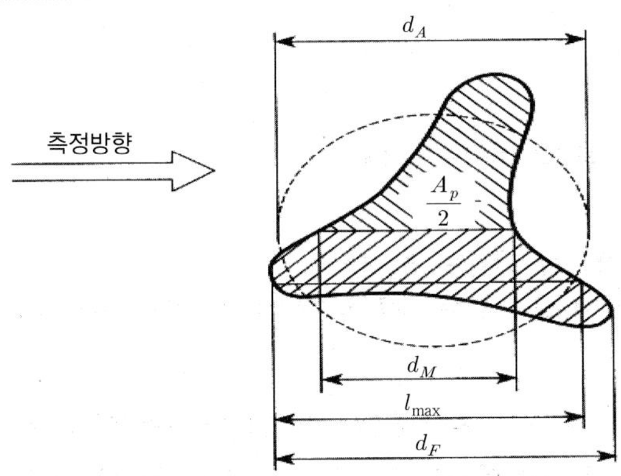

〈그림 7-2〉 단일입자의 현미경 투영 면적에서 정의되는 여러 가지 입도

통계적으로 볼 때 $d_F > d_A > d_M$의 순서이다. 일반적으로 d_A를 많이 사용하는데, 왜냐하면 〈그림 7-3〉과 같은 현미경 사진을 얻는다면 분체의 입도측정은, 투영면적과 동일한 원은 면적을 비교하여 통계적 평균입도를 결정할 수 있기 때문이다. 흑색 원은 투영면적이 밝게 나타날 때, 백색 원은 투영면적이 어둡게 나타날 때 비교할 수 있는 것으로서, 분체입도 측정용 현미경을 구입할 때 별도로 주문할 수 있는 부품이다.

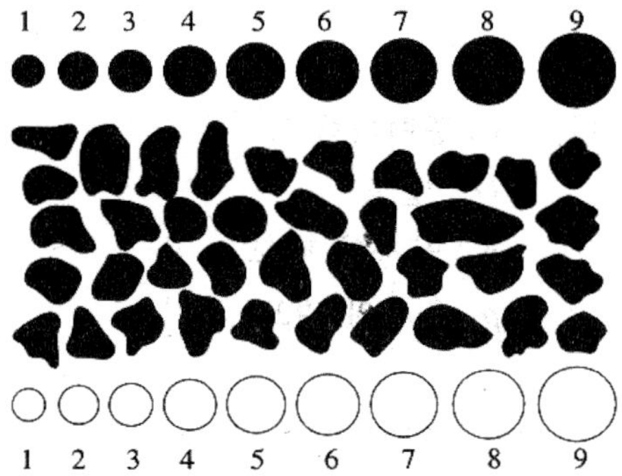

〈그림 7-3〉 입자의 현미경 사진과 비교원

1) 상처리

화상계측에 의한 입도 분포 측정 순서는 〈그림 7-4〉에 나타낸다[21]. 우선, 시료조정을 행한다. 측정대상입자에 따라 그 조정법은 다르다. 건조 입자에서는 그대로 stage 상에 분산시키는 것으로 측정시료로 하는 것이 가능하지만, 이 경우 응집체 혹은 중첩상태의 시료로 되어 그 후의 화상처리를 번잡하게 하는 것이 있다. 1차 입자의 크기를 문제로 하는 경우 에서는 상기의 습식분산 여과법이 적당하다고 생각된다. 이와 같이 작성된 시료를 입력장치에 의해 처리하는 시스템에 입력하여 얻어진 화상에 필요한 처리를 하는 특징 파라미터를 추출한다. 입력화상은 2차원 공간 내에서 표준화된 아날로그 신호를 일정 레벨로 양자화 (예를 들면, 256 개)한 디지털 화상함수 f_{ij} 로서 해석된다.

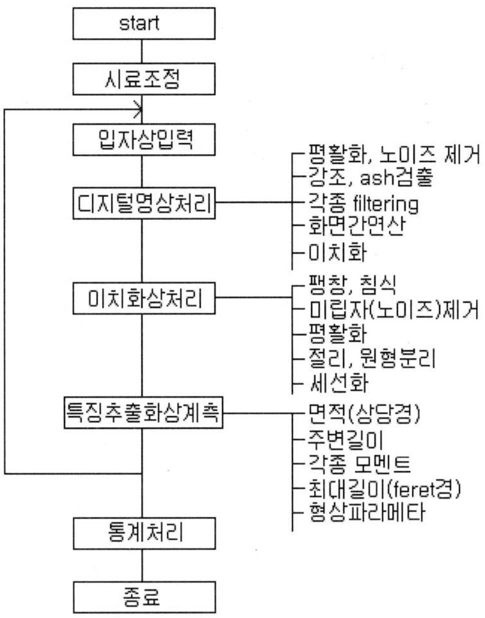

〈그림 7-4〉 화상해석의 순서

〈그림 7-5〉에는 위의 SEM 사진중의 흰 선에 따른 화소의 화상함수를 나타낸다. 대상이 되는 화상함수의 농담정보에서 조성 분석하는 경우도 있지만, 여기에서는 이치화 된 2차원 화상계측에 논을 한정한다. 이치화 처리에 도달하는 과정에서 원래화상의 질에 대한 각종 화상처리가 행해지고 있다[21].

화상계측을 부드럽게 진행하기 위해서는 우선, 대비가 좋고 노이즈가 적은 화상이 바람직하고, 이하의 상변환, 필터링 처리를 할 필요가 있다.

① 평활화 : 다음의 메디안 필터 의해 펄스상의 노이즈를 제거한다.

② 미　분 : 상의 에지 검출에 중요한 처리이고, 수식적으로 미분한다.

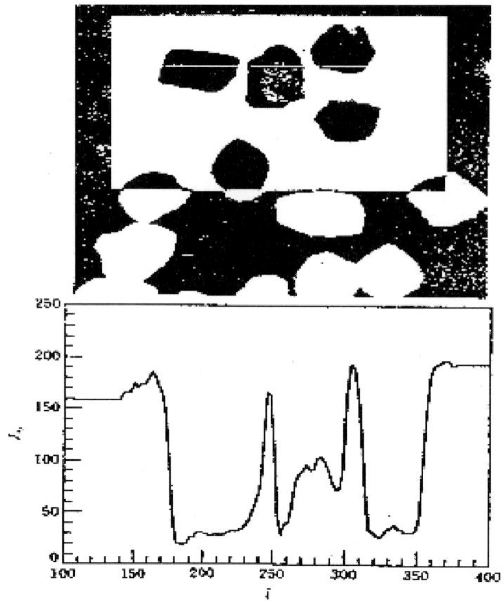

〈그림 7-5〉 입력화상과 그 휘도 레벨

〈그림 7-6〉은 〈그림 7-5〉를 계산식을 통해 미분한 상이다. 입자 윤곽부분이 잘 강조되고, 에지검출이 용이하게 된다[21].

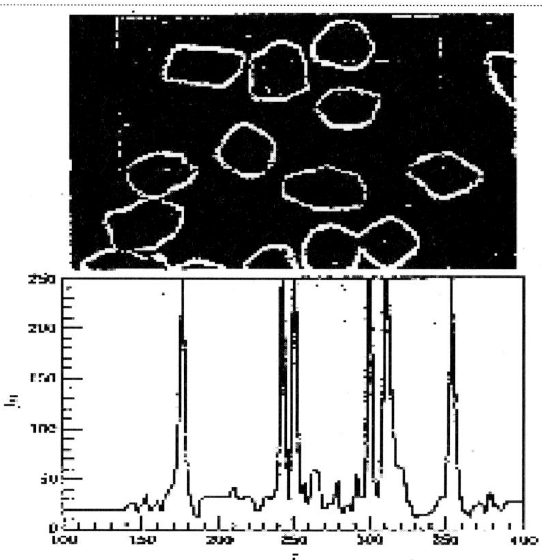

〈그림 7-6〉 미분한 화상

③ 강조 : 다음의 라프라시안에 의해 에지 혹은 진하고 옅은 정보가 강조된 화상이 얻어진다. 〈그림 7-7〉은 라프라시안에 의해 강조된 입자상이다. 라프라시안 혹은 미분 어느 것을 에지검출에 사용하는가는 원 화상의 질이나 상처리의 목적에 의존하고, 측정자의 판단에 따른다[21].

〈그림 7-7〉 라프라시안에서 얻을 수 있는 에지를 강조한 화상

그 밖에 높은 지역 또는 낮은 지역 강조 하는 방법 등이 있고, 필요에 따라서 상 변환이 가능하다.

④ 이치화(二値化) : 적당한 상 보정이 시행된 후 흑백의 이치화를 행한다.

2) 이치화상에서의 특징추출

상기의 이치화 등의 상처리를 행한 후에도 노이즈가 존재하는 경우도 있으면, 입자의 중첩이 보이는 것이 일반적이다. 그래서 ① 구멍을 메움, ② 노이즈 제거, ③ 상의 절단, ④ 상의 접속, 등의 처리가 다시 필요하게 된다. 어느 것도 화상을 보면서 측정자가 대화적인 작업을 하는 것으로 된다. ②에 대해서는 일정의 화소수 이하의 상을 제거하는 것으로 가능하다. 또, 상 윤곽 전체에 걸쳐서 1 화소분 확대(팽창, extend), 축소(침식, shrinking)하는 것으로 상 표면의 수염 상의 돌기물이나 오목한 부분의 제거도 가능하다. 또 침식→팽창, 팽창→침식에 의해 상의 분리, 접속도 가능하다. 이들에 의해서도 분리 불가능한 경우에는 디지타이져(digitizer)

등에 의한 매뉴얼 처리가 필요하게 된다. 또, 입자의 형상을 가정(예를 들면, 구, 침상 등)한 입자 (원형, 세분)분리 프로그램 등이 용의 되고 있다. 그 예를 〈그림 7-8〉에 보인다[21].

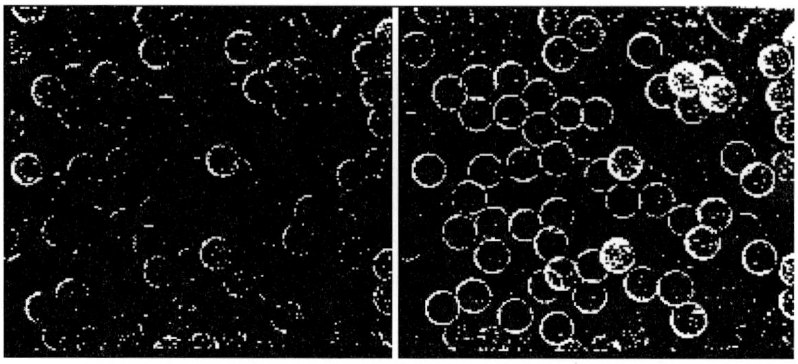

〈그림 7-8〉 cellulose filter에서 포집한 silica 입자와 원형분리한 상

카본블랙이나 라텍스 등 명확히 구형에 가까운 형상의 입자에서는 구로 간주한 처리가 가능하다. 〈그림 7-8〉과 같이 화상 강조나 에지검출에 의해 구해진 입자윤곽상의 수 점간 거리의 수 방향에 걸친 평균치를 직경으로 하는 원에 입자상을 적용시킨다[21].

참고문헌

[1] Hamilton, R. J. and B. A. Delphs, *Appl. Phys.,* 11, 186 (1956).
[2] Dallavalle, J. M. and C. Orr, "Fine Particle Measurement", MacMillan, New York, 1959.
[3] Cooper, W. D., *Kolloid-Zeitshrift und Zeitschrift fur Polymere,* 205(2), 108 (1965).
[4] Hall, C. E., "Introduction to Electron Mikroscopy" McGraw-Hill, New York, 1966.
[5] Alex, W., *Aufbereitungs-Tech.,* 13(2), 105 (1972).
[6] Glass J. S., *Chem. Eng. Progr.,* 68(1), 58 (1972).

[7] Davidson, J. A. and H. S, Haller, *Coll. and Interface Sci.,* 47(2), 459 (1974).
[8] Cruttwell, I. A., *Microscope,* 22, 27 (1974).
[9] Hougardy, H. P., *Microscope,* 24, 7 (1976).
[10] Johnson, J. E. and L. J. Rosen, *Powder Tech.,* 14, 195 (1976).
[11] Tsubaki, J. and G. Jimbo, *Powder Tech.,* 22, 171 (1979).
[12] Augustin, A. and A. Burkhola, *Chem. -Ing. -Tech.* 53(11), 875 (1981).
[13] Beer, M and R. W. Carpenter, *Chem. Eng.* 40 (1981).
[14] Huskins, "General Handbook of On-line Process Analysers", Wiley, New York, 1981.
[15] Adie, G. and Hamilton, *Air Poll. Contr, Asso.,* 32(8), 839 (1982).
[16] Barth, H. G., "Modern Methods of Particle Size Analysis", Wiley, New York, 1984.
[17] 荒川正文, *色材,* 57, (6), 324 (1984).
[18] 粉体工学会, (社)日本粉体工業技術協会, 粉体物性図説, pp.345 1985.
[19] 領木啓之, 篠原邦夫, *粉體工學會誌,* 24(4), 225 (1987).
[20] Hayakawa, O., Nakahira, K., and Tsubaki, J., *J. Soc. Powder Technol., Japan.,* 30(9), 652 (1993).
[21] 粉體工學會編, "粒子徑計測技術", 日刊工業新聞社, 1994.
[22] 강석호, "분체공학", 제2판, 희중당, 서울, 1995.
[23] Etzler, F. M. and M. S. Sanderson *Part. Part. Syst. Charact.* 12, 217 (1995).
[24] Lange, H. *Part. Part. Syst. Charact.* 12, 148 (1995).
[25] Andres, C., Reginault, P., Rochat, M. H., Chaillot, B., and Pourcelot, Y., *Int. J. Pharm,* 144, 141 (1996).
[26] Jimbo, G., 분체공학협동과정 초청 강연집, 부산대학교 (1996).
[27] Choi, W. S., Chung, H.Y., Kim, S. S., Heo, B. S. and Lee, M. R., *Pusan Bull. Pharm. Sci.,* 31(2), 51 (1997).
[28] Naito M., Hayakawa O., Nakahira K., Mori H., and Tsubaki *J. Powder Technol.* 100, 52(1998).
[29] 粉體工學會編, "粉體工學便覽 第2版", 日刊工業新聞社, 1998.
[30] Choi, W. S., Chung, H. Y., Yoon, B. R., Kang, J. H., Kim, S. S., and Kim, H. S., *Pusan Bull. Pharm. Sci.,* 33, 31 (1999).
[31] 박승빈, *화학공학,* 37(6), 904 (1999).
[32] Choi, H. K., Kwak, E. O. and Choi, W. S., *Proceeding of First Asian Particle Technology Symposium,* Bangkok, Thailand, p.42, 2000.
[33] 椿淳一郎, 早川修, "粒子徑計測技術", 日刊工業新聞社, 2001.
[34] Choi, H. K., Kwak, J. S. and Choi, W. S., *Proceeding of the 2nd Asian Aerosol Conference,* 421 (2001).
[35] Song, I. K. and M. A. Barteau, *Korean J. Chem. Eng.,* 19(4), 567 (2002).

제8장 침강원리를 이용한 입도분포 측정법

8.1 침강법의 기초

침강법은, 입자의 침강속도가 입자의 크기에 따라서 변하고, 그것에 의해 현탁액 농도가 시간적·공간적으로 변화하는 원리를 이용하는 입도측정법이다. 침강법은 입자의 침강이라고 하는 비교적 단순한 물리적 현상을 이용하기 때문에, 입도분포의 산출(계산)에 있어서도, 레이저 회절산란법과 같이 복잡한 연산처리를 필요로 하지 않고, 물리적 이미지가 명확한 입자분포를 구할 수가 있다. 또한, 또한 실제의 분체시료에는 여러 가지 크기의 입자가 섞여 있기 때문에 〈그림 8-1〉과 같이 우선 침강질량을 시간변화에 따라서 측정하고, 전체 침강량에서 작은 입도부터 각 입도별 질량 %를 결정하고, 주어진 시료의 입도분포를 결정하게 된다.

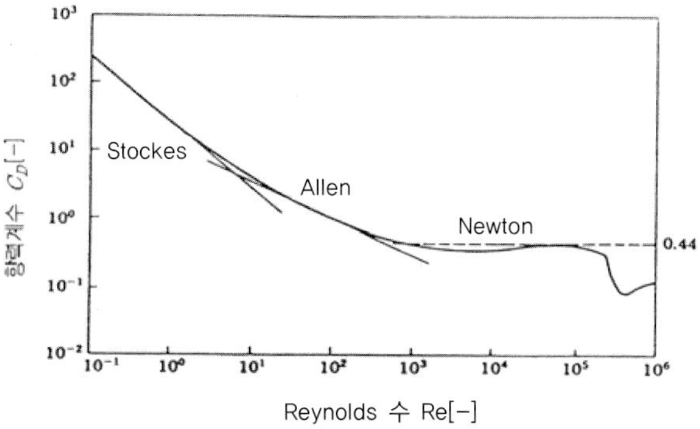

〈그림 8-2〉 구입자의 항력계수
(출전 : 일본분체공학편람, p.330)

3) Stokes법칙의 적용범위

입자가 커지면(레이놀즈수가 크게), 식(8-3)에서 구해진 항력계수는 〈그림 8-3〉에 나타낸 바와 같이 실제의 값보다 작게 된다[42]. 그래서 Stokes법칙의 적용범위는, 어디까지 오차를 허용하느냐에 따라 변하게 된다. 지금 $Re_{\max}$까지 Stokes법칙의 적용을 허용한다면, 레이놀즈수의 정의식과 식(8-4)에 의해 Stokes법칙이 적용 가능한 최대입도 $d_{p\max}$가 다음 식에 의해 구해진다.

$$d_{p\max} = (\frac{18\mu^2}{\rho(\rho_p - \rho)g} Re_{\max})^{1/3} \qquad (8\text{-}5)$$

상온의 물로 상정(想定)해서 최대입도 $d_{p\max}$, $Re_{\max}$를 파라미터로 해서 입자밀도에 대해 구한 것이 〈그림 8-4〉이다. 그림에서 물에 시료를 분산시켜 측정하는 경우는, 측정 상한이 수십 ㎛으로 되는 것을 알 수 있다[42].

입자의 유체저항은 입자형상의 영향도 받기 때문에, 〈그림 8-4〉에 나타낸 Stokes입도의 적용상한은 입자의 모양에 따라서도 다르다. 그러나 임의의 입자형상과 항력계수의 관계를 정량적으로 표현하는 일은 실제로 불가능하기 때문에, 측정입자에 대해서는 모두 구형이라는 가정이 적용된다.

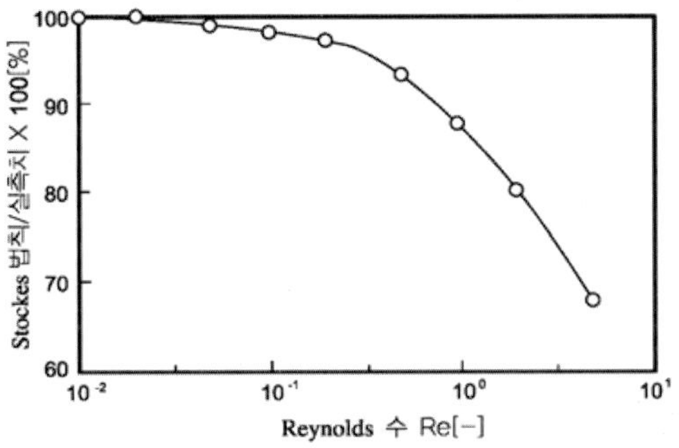

〈그림 8-3〉 Stokes법칙의 정밀도

(출전 : JIS Z 8820)

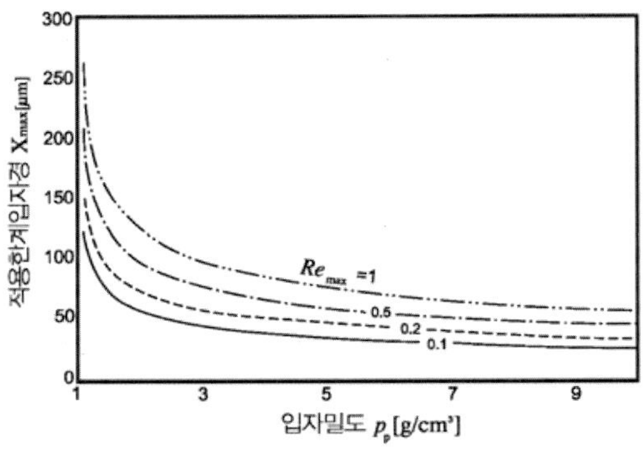

〈그림 8-4〉 Stokes법칙의 적용상한

입자가 작아지면 브라운확산에 의해서도 입자는 이동하여, 오차의 원인이 된다. 지금 깊이 h의 위치에 같은 크기의 구형입자를 일층만 늘어놓고, 침강시키는 경우를 생각한다. 브라운확산이 무시되면, 침강거리에 의존하지 않고 전입자의 존재위치(깊이)는 일치한다. 그에 대해서 브라운확산이 무시되지 않는 경우, 입자의 존재위치는 어느 폭 Δh의 중에서 가지각색의 값을 가진다. 그 결과, 입도와 입자의 위치는 일대일로 대응하지 않아, 오차의 원인으로 된다. 오차의 크기는 Δh/h로 평가되나, 침강법이 적용되는 입도범위에서는, 측정시간을 길게 할수록 작게 된다. 실제의 측정시간은 브라운확산의 영향을 무시할 수 있을 정도로 길기 때문에, 실제상은 무한소의 입자까지 측정할 수 있다고 생각하여도 좋다.

4) 입자밀도

종말침강속도를 측정해 식(8-4)로부터 Stokes입도를 산출하는 데는, 입자밀도가 필요하다. 개기공(開氣孔)을 포함하지 않는 입자의 경우는, 비중병 또는 가스 피크노메타에 의해 측정된 값을 그대로 사용하는 것이 가능하나, 작은 입자가 뭉쳐진 입자나 실타래가 엉킨 것과 같은 입자의 경우는 사용이 불가능하다. 이와 같은 입자에 있어서는, 입자 내부의 개기공에 액체(수분)를 함유, 침투된 상태에서 침강시키기 때문에, 식(8-4)에 대입하는 밀도는 개기공 내의 액체를 고려한 밀도이지 않으면 안 된다. 개기공율이 ε인 입자 내부에 액체가 완전히 포함해 있을 경우, 측정한 입자밀도로부터 계산한 입도 d_p'와 참값(정확한)입도 d_p와의 관계는 다음 식에서 실현되어진다.

$$d_p' = \sqrt{1-\epsilon}\, d_p \tag{8-6}$$

예로, ε이 0.5일 때, 입도는 3할 정도 작게 측정된다.

8.1.2 자연(중력)침강과 원심침강

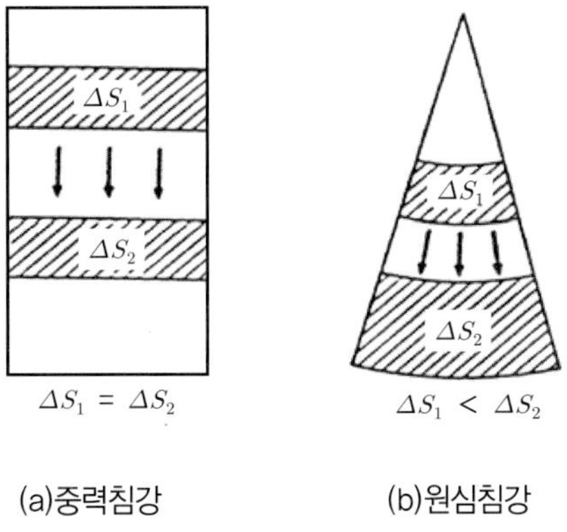

〈그림 8-5〉 원심침강 시의 희석효과

자연침강에서는 일정속도로 병행으로 침강하므로, 단분산 (균일입도)입자 현탁액의 농도는 침강 중 변화하지 않는다. 그에 대해서, 원심침강에서는 〈그림 8-5〉에 보인 바와 같이 입자가 방사상으로 침강하는 것과, 침강에 동반하여 회전반경이 크게 됨에 따라 큰 가속도를 받아서 침강속도가 크게 되는 것의 이유에서, 단분산 입자에 있어서도 현탁액의 농도는 침강에 동반해서 낮아진다. 이 농도저하는, 희석효과라고 불리어진다[42].

정상상태에서의 원심침강속도는, 침강개시시의 입자의 위치를 r_0, 각가속도를 ω 라고 하고, 다음 식으로 표현된다.

$$v = r_o \frac{\lambda_1 \lambda_2}{\lambda_2 - \lambda_1}(e^{\lambda_1 t} - e^{\lambda_2 t}) \qquad (8\text{-}7)$$

여기서,

$$\tau = \frac{(\rho_p - \rho)d_p^2}{18\mu}, \quad \lambda_1 = \frac{\sqrt{1+4\omega^2\tau^2} - 1}{2\tau}, \quad \lambda_2 = \frac{1 - \sqrt{1+4\omega^2\tau^2}}{2\tau}$$

관측시간 t가 τ(완화시간)보다도 충분히 크면, 식(8-7)은 다음 식으로 된다.

$$v = r_o \omega^2 \tau \exp(\omega^2 \tau t) \qquad (8\text{-}8)$$

입자의 위치 r은, 식(4.8)을 적분해서 다음 식으로 주어진다.

$$r = r_o \exp(\omega^2 \tau t) \qquad (8\text{-}9)$$

〈그림 8-5〉에 나타낸 2차원 cell에서, 미소면적 ΔS_1에 있었던 입자가 ΔS_2에 시간 t를 걸려 침강했을 때, 희석효과는 다음 식으로 표현된다.

$$\Delta S_1 / \Delta S_2 = \exp(-\frac{\rho_p - \rho}{9\mu} \omega^2 d_p^2 t) \qquad (8\text{-}10)$$

8.1.3 침강곡선과 입도분포

입자가 침강하는 방법에는, 측정 전에 입자를 분산매에 균일하게 분산시켜 두는 균일분산법과 측정개시에 분산매 상면으로부터 일제히 침강하는 일제침강법이 있다. 또, 입자농도의 측정에도 측정 위치를 통과해버린 입자량 또는 측정위치의 상부에 있는 입자량을 측정하는 적산법과, 측정위치에의 농도를 측정하는 증분법이 있다. 현탁액 농도의 경시변화는 침강곡선이라고 부르며, 입도분포를 구하는 1차 정보로 된다.

입자를 균일하게 분산하게 하는 적산법으로 농도를 측정하는 경우, 침강곡선은 이하와 같이 된다. 우선 간단하게 하기 위해 입도에 분포하지 않는 단분산 입자로 생각해 본다.

실제의 분체시료에는 여러 가지 크기의 입자가 섞여 있기 때문에 앞서 침강법의 기초(8.1)에서 설명한 〈그림 8-1〉과 같이 우선 침강질량을 시간변화에 따라서 측정하여 침강곡선 〈그림 8-6〉을 얻고, 전체 침강량에서 작은 입도부터 각 입도별 질량 %를 결정하고, 주어진 시료의 입도분포를 결정하게 된다.

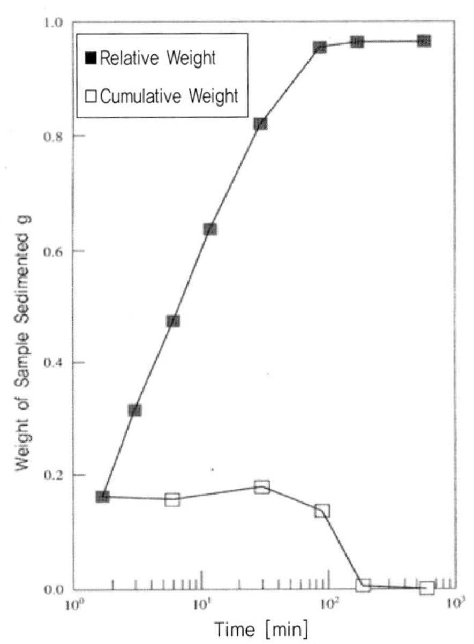

〈그림 8-6〉 침강곡선

앞서 〈그림 8-1〉에 나타내는 것처럼 측정면으로부터 위에 있는 입자량은, 입자가 일정속도로 침강하기 위해 시간 t=0에서 액표면에 있던 입자가 측정면을 통과하는 $t=t$까지, 직선적으로 감소한다. 액표면으로부터 측정 위치까지의 깊이를 h 라고 하면, 입자의 침강속도 v_t 는 h/t로 되고, 식(8-4)에 의해 입도 d_p를 다음 식으로 구할 수가 있다.

$$d_p = \sqrt{\frac{18\mu}{(\rho_p - \rho)} \frac{h}{t}} \tag{8-11}$$

다음으로 입도가 다른 단분산 입자 1, 2, 3이, 각각 질량 ω_1, ω_2, ω_3으로 분산되어 있는 현탁액을 생각한다. 〈그림 8-7〉에 나타난 바에 의하면, t=0에서 액표면에 있던 입자 1이 측정면을 통과하는 $t=t_1$까지는, 입자 1, 2, 3의 침강에 따라서 입자량은 직선적으로 감소한다.

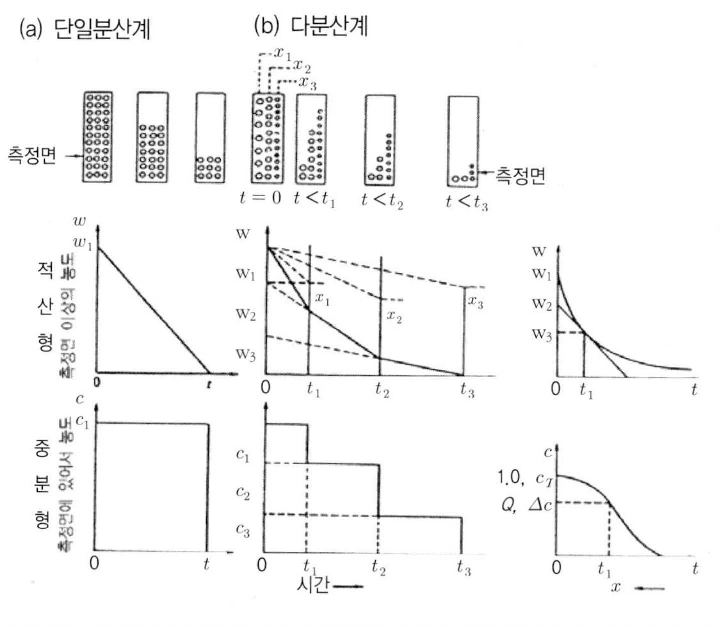

〈그림 8-7〉 균일분산법의 측정원리

(출전 : 분체공학의 기초(일간공업신문사) p.308)

t_1부터 t_2(t=0에서 액표면에 있던 입자 2가 측정면을 통과하는 시간)까지의 농도변화는, 입자 2, 3의 침강에 의해 생기는 것보다 완만하게 감소된다. t_2이후는 입자 3만 침강되기 때문에, 다시 완만하게 감소하고 t=0에서 액표면에 있던 입자 3이 측정면을 통과하는 $t=t_3$에서 농도는 제로가 된다. 이 침강시간 t_1, t_2, t_3를 측정하면, 식(8-11)에 의해 입도 x_1, x_2, x_3을 산출할 수 있다. 실제의 경우는 입도가 연속적으로 변화하기 때문에, 침강곡선에 접선을 긋고, 접점의 시간으로부터 입도를 구해서, 접선의 Y절편으로부터 그 입도보다도 작은 입자의 존재량을 구할 수가 있다.

선은, 〈그림 8-7〉에 나타나는 것에 따르면 스텝모양이 되고, t=0에서 액표면에 있던 입자가 측정면을 통과하는 $t=t$까지 일정하게 된다. 3성분의 단분산 입자의 경우는, 〈그림 8-7〉에 나타나는 것처럼 농도가 스텝을 나누어서 감소한다. t=0에서 액표면에 있던 입자 1, 2, 3이 측정면을 통과하는 것으로 농도는 감소한다. 실제의 연속분포의 경우에는, t=0에서 액표면에 있었던 최대입자가 측정면을 통과하기까지 농도는 일정하고, 그 입도분포에 따라서 농도는 감소한다. 따라서, 증분법에는 침강곡선의 시간이 입도를 주고, 농도가 그 입자보다 작은 입자의 존재량을 나타내고 있다[42].

시료를 t=0에서 액표면으로부터 동시에 침강시켜, 측정면을 통과하는 입자량을 측정한다면(적산법), 〈그림 8-8〉에 나타나는 것처럼 단분산입자에는 1단의 스텝이 되고, 3성분에는 3단의 스텝을 나눠서 증가한다. 연속분포의 경우는 매끈한 곡선이 되고, 균일분산의 증분법의 경우와 동일하게 입도분포를 구할 수가 있다[42].

t=0에서 액표면으로부터, 어느 깊이에서 농도를 측정(증분법)하면, 〈그림 8-8〉에 나타나는 것처럼 3성분의 단분산 입자의 경우는, 입자가 측정면을 통과할 때에 펄스적으로 농도가 검출된다. 연속분포의 경우는, 〈그림 8-8〉에 나타나는 것처럼 침강시간과 농도의 관계가, 입도와 그 입자의 존재량을 표시하고 있으며, 빈도분포에 대응하는 침강곡선을 얻는다.

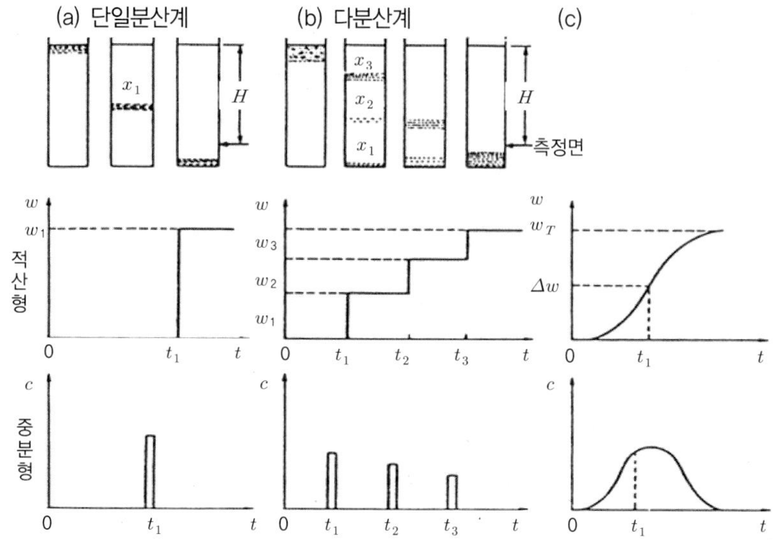

〈그림 8-8〉 일제침강의 측정원리
(출전 : 분체공학의 기초(일간공업신문사)) p.306

원심침강의 경우는 식(8-10)에 나타나는 것처럼, 단분산입자에서도 침강에 동반하는 농도가 저하하기 때문에, 단분산 입자의 침강곡선은 〈그림 8-7〉 및 〈그림 8-8〉에 나타내는 것과 같은 직선으로 되지 않고, 위로 볼록한 곡선으로 된다. 그래서 원심장에서의 침강곡선으로부터 입도분포를 구하는 경우에는, 보정이 필요하다 [42].

8.1.4 침강법의 원리적 분류와 그 특징

침강법은 앞에서 이미 기술한 것처럼, 시료의 분산방법에 따라 균일분산법과 일제침강법으로, 농도의 측정하는 방법에 따라 증분법과 적산법으로 분류된다. 그러나 일반적으로 광투과법, pipette법 등의 경우에서는 농도측정의 원리에 따라서 분류되는 경우가 많다. 〈표 8-1〉에 침강법의 분류를 정리해서 나타내었다. 〈표 8-1〉에 표시된 원리는 측정 장치가 일반적으로 입수할 수 있는 원리이며, 이 밖의 원리에 따라 측정결과의 보고 예도 있다. 이하에 〈표 8-1〉에 나타나 원리의 특징을 간단히 설명한다.

〈표 8-1〉 침강법의 분류

<table>
<tr><th colspan="2" rowspan="2"></th><th colspan="2">시료의 분산방법</th></tr>
<tr><th>균일분산</th><th>일제침강</th></tr>
<tr><td rowspan="2">침강입자
무게측정방법</td><td>증분법</td><td>광투과법
X선 투과법
pipette법
비중계법
비중천칭법</td><td>광투과법</td></tr>
<tr><td>적산법</td><td>침강질량(천칭)법
압력법</td><td></td></tr>
</table>

1) 광투과법

광투과법은, 입사광과 투과광의 강도비가 현탁액 중의 입자농도에, Lambert-Beer의 법칙에 따라서 관계되는 것을 이용하고 있다. 입자가 광의 파장보다 충분히 클 때(수 ㎛ 이상), 입사광의 감쇠는 입자 단면적에 따라서 결정되지만, 입도가 파장과 같은 정도 또는 그 이하(수 ㎛ 이하)에 있다면, 광의 감쇠는 입자 단면적만으로는 결정되지 않고 흡광계수에 따라서 보정이 필요하다. 흡광계수는 입자 굴절율과 입도의 함수로 되기 때문에, 엄밀하게는 측정시료의 굴절률에 대응하는 흡광계수와 입도의 관계가, 측정에 먼저 해서 구분되지 않으면 안 된다. 현실에서는 흡광계수의 보정을 행하지 않고, 어느 굴절률로 대신 되어진다.

Lambert-Beer의 법칙은, cell의 크기나 입도에 따라서도 다르고, 수백 wt. ppm 이하의 농도에서 성립된다. 입자농도가 낮기 때문에 광속이 작으면, 분포단의 입자가 통계적으로 충분히 개수 광속 중에 포함되지 않는 경우도 있고, 이것이 재현성이 좋지 않은 하나의 원인이 되고 있다.

판상이나 침상의 입자는 흐름에 따라 배향하기 때문에, 액이 안정하지 않은 침강 초기에는, 입자의 배향에 따라 같은 입자농도에서도, 투과광 강도가 다른 것이 있다. 이 경우 조분 측의 측정결과는 평균치에서 크게 흩어져, 재현성에 있어 지극히 좋지 않은 결과가 된다.

2) X선 투과법

X선 투과법에서도 광투과법과 마찬가지로, Lambert-Beer의 법칙을 이용해서 입자농도를 측정하지만, 광투과법과 다른 몇 가지의 특징을 가지고 있다. 첫 번째

특징은 X선의 파장이 1-2 Å으로 입도에 비해서 충분히 작기 때문에, 흡광계수의 보정이 필요하지 않다.

가시광의 경우, 광은 입자 단면적에 따라서 감쇠하기 때문에 불규칙 형상 입자에 대해서는 투과광강도가 입자의 자세에 따라 변하고, 측정결과가 입자의 형상의 영향을 받는다. 그것에 대해 X선은 투과력이 강하기 때문에, 감쇠에서는 입자의 안쪽 깊이도 관계되고, X선은 입자체적에 대하여 감쇠하고 형상의 영향을 받지 않는다. 입도분포는 대부분의 경우 체적(질량)기준의 분포로 표현하므로, 입자의 체적농도를 측정할 수 있다는 큰 이점이 있다. X선의 투과력이 강한 것으로부터 현탁액의 농도는 수 wt %로 높고, 분포의 끝의 입자에서도 충분한 개수가 X선 속(다발)에 들어오기도 하여, 재현성이 좋은 측정결과를 얻을 수 있다. 하지만 현탁액농도가 높기 때문에, 침강한 입자체적에 따른 액의 상승류를 무시할 수 없게 되어, 입도가 작게 측정되는 경우가 있다. 또, X선에 투명한 플라스틱이나 경원소 화합물을 측정할 수 없다는 약점을 가지고 있다.

3) Pipette 법

〈그림 8-9〉에 나타나는 Andreasen pipette은, JIS Z 8821에 예시된 대표적 장치이다. 본 방법의 특징은, 침강관이 길어 침강시간이 길게 되기 때문에, 액의 흩어짐의 영향을 받지 않으며, 수십 ㎛의 입자로부터 측정이 가능하고, 또 농도를 광이나 X의 감쇠량으로부터 구하는 간접적 측정이 아니고, 입자질량을 직접적으로 구하는 것이다, 물리적 의미의 명확한 Stokes입도에 따라서 입도를 표현하고, 그 입도의 존재 비율이 어떤 가정과 보정도 없이 구해지기 때문에, 가장 엄밀한 측정법이라고 할 수 있다. 그러나 이들 장점은 동시에 단점이기도 하다. 침강광이 길어서 서브미크론 영역까지 측정하려면, 주간 길이의 시간이 필요하고, 농도 측정에는 현탁액의 건조 칭량과 많은 노력을 필요로 한다[42].

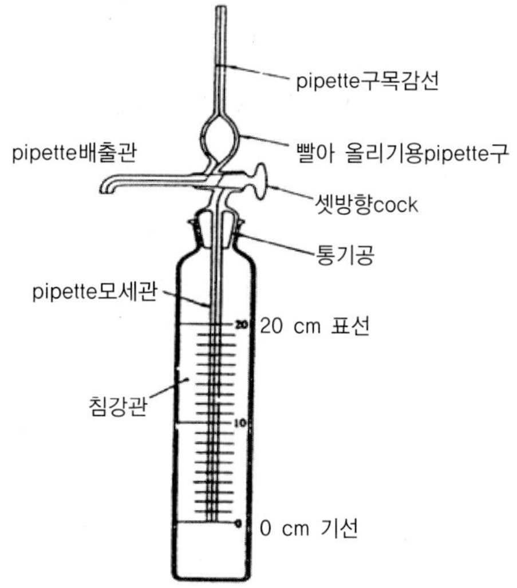

〈그림 8-9〉 표준적인 Andreasen pipette
(출전 : JIS Z 8821)

4) 침강질량법

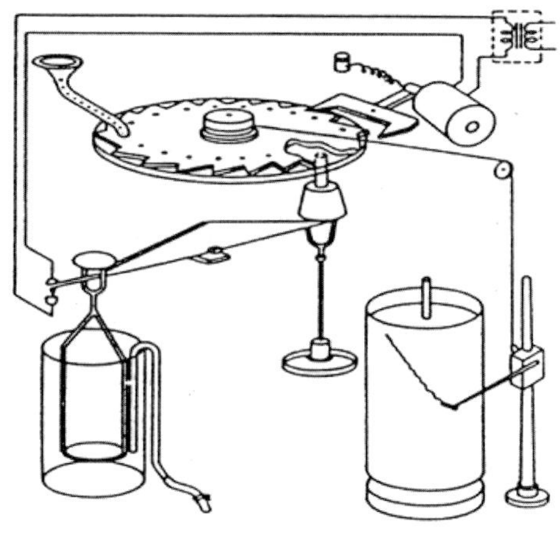

〈그림 8-10〉 질량침강법의 장치예
(출전 : 분체공학편람, p.33)

〈그림 8-10〉에 나타난 침강저울이 침강질량법의 대표적인 장치이고, 침강천칭법이라고도 부른다, 이 방법도 pipette법과 동일하게, 입자농도를 직접 측정하는 것이 큰 장점이다. 입자의 침강이 칭량 접시에 의해 분단되기 때문에, 칭량 접시 아래의 입자농도는 주위의 농도보다 낮게 되어, 밀도차가 생긴다. 이 밀도차에 의해 대류가 발생되고, 칭량접시의 침강입자량이 감소하기 때문에, 침강입자량을 구할 때 보정이 필요하다[42].

5) **비중계법, 비중천칭법, 압력법, 기타**

비중계법은 가장 간편하고 값이 싼 방법으로 비중계와 매스실린더가 있으면 측정이 가능하다〈그림 8-11〉[42].

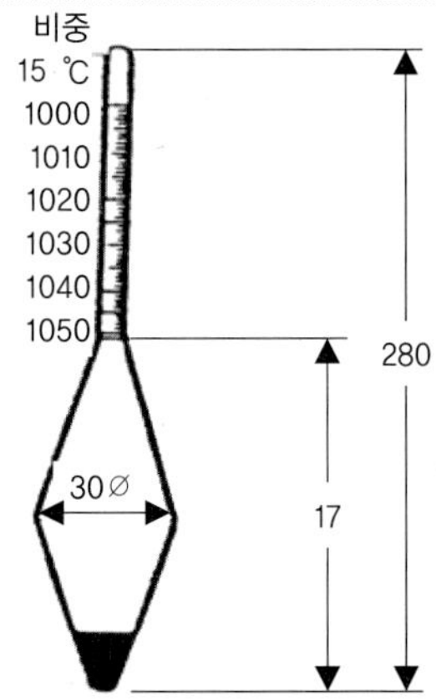

〈그림 8-11〉 JIS A 1204의 비중계

(출전 : 분체공학편람, p.34)

비중천칭법에서는 〈그림 8-12〉에 나타내는 것처럼, 현탁액과 분산매 중에 따로따로 달려있는 침추가 받는 부력차로부터 현탁액의 농도를 측정한다. 입도는 침추의 위치와 침강시간으로부터 구하게 된다. 다른 증분법에는, 어느 일정 깊이에서의 농도의 경시변화로부터, 입도분포를 구하고 있지만, 비중천칭법에는 측정 깊이도 변화시키면서 측정하기 때문에 측정시간을 단축할 수 있는 이점이 있다.

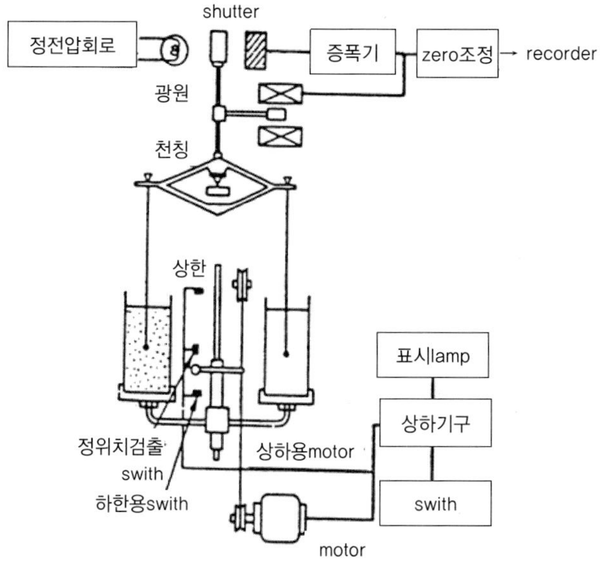

〈그림 8-12〉 비중천칭법의 장치예
(출전: 분체공학편람, p.34)

대표적인 압력법인 Wigner관을 〈그림 8-13〉에 나타내었다. 이 방법도, 입자농도를 압력으로서 직접적으로 측정하는 방법이지만, 압력차를 얻기 위해서는 입자농도를 높게 해야 하는 단점도 있다[42].

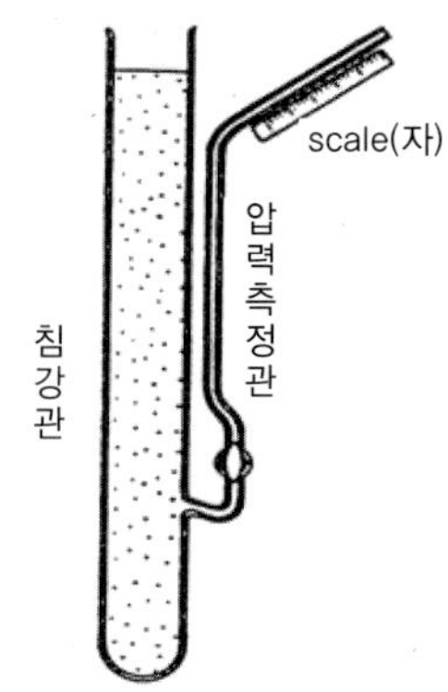

〈그림 8-13〉 Wigner관
(출전 : 분체공학편람, p.34)

다른 원리로서는 넓은 의미에서는 비중계법의 일종인 부자법, unbalance법, 원심차압법 등이 시도되고 있다.

8.1.5 침강법에서의 유의점

이것은 침강법에 한하지 않고, 다른 측정원리에도 공통적인 유의점이나, 측정범위를 넘는 입자를 측정하지 않는다는 것이다. 측정범위를 넘는 조대한 입자가 첫 번째의 오차의 원인이 된다. 그 일례를 〈그림 8-14〉와 〈그림 8-15〉에 보였다. 양 그림의 시료는 모두 연마제 용 알루미나 입자이나, 〈그림 8-14〉의 #2000의 시료는 측정자에 상관없이 거의 일정한 것에 대해, 〈그림 8-15〉의 혼합 시료에서는 1자리 수 가까운 흩어짐을 나타내고 있다. 양 시료의 50 %입도와 측정개시 입자를 플롯한 것이 〈그림 8-16〉, 〈그림 8-17〉이나, 혼합시료에서는 측정개시 입도와 함께 50 %입도는 크게 되어 있다. 이것은 측정개시 입도보다도 큰 입자가, 시료 중에 포함되어 있을 때에 일어나는 현상으로, 제 1회 째의 농도측정 시(측정개시 입도)에 이미 조대한 입자가 측정면을 통과한 것을 나타내고 있다. 침강천칭의 경우와 같은 적산법으로는 문제가 되는 것은 적지만, 광투과법이나 X선투과법 등의 증분법에는 적지 않게 보여지는 오차이다. 하지만 침강곡선을 주의 깊게 본다면 측정입도가 충분한지 아닌지의 여부의 판단을 할 수 있다[42]. 앞서 〈그림 8-5〉에서 측정면에 따른 농도는, 침강개시 시에 액표면에 있던 최대입자가 측정면을 통과하기까지는 일정하다. 그러므로 측정을 개시해서부터 일정시간 농도변화가 없다면, 최대입자가 측정면을 통과해서 끝나기 전에 측정을 개시한 것을 의미하고, 시료 중의 최대입도보다 큰 입도에서 측정을 개시했다고 판단해도 좋다.

미분측의 측정에서, 문제가 되는 것은 대류이다. 특별히 측정시간이 긴 pipette법이나, cell벽과 대기의 마찰열에 의해 cell벽이 가온되는 원심침강법에서는 주의를 필요로 한다. 대류가 발생하면, 적산입도분포는 미분측에서 zero가 되지 않거나, 왼쪽 오름의 곡선으로 되기도 한다. 측정이 장시간에 미치는 경우는, 침강관을 항온조에 넣는 등 현탁액과 외부에 온도차가 생기지 않도록 주의하지 않으면 안 된다.

측정개시 직후는, 측정cell이나 침강관내의 현탁액은 흐트러져 있는 경우가 많다. 이 액의 흐트러짐이 조립 측의 오차의 원인이 되므로, 액의 흐트러짐이 억제되도록 장치 산 궁리를 하거나 침강거리를 가능한 한 길게 하여 교란이 가라앉을 때부터 측정을 시작하게 한다.

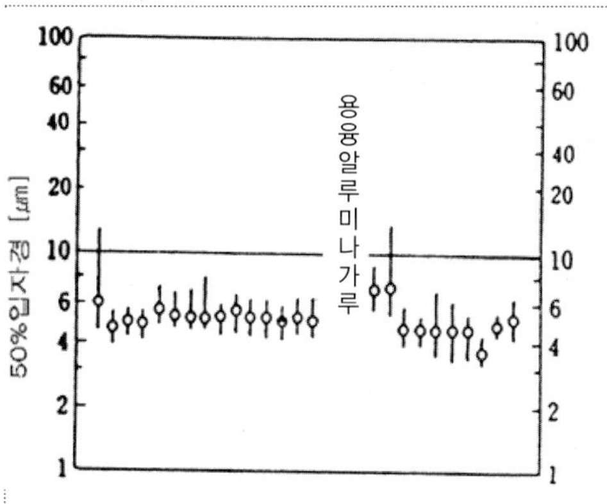

〈그림 8-14〉 원심침강 광투과에 의한 측정 예 (용융 알루미나 가루 #2000)

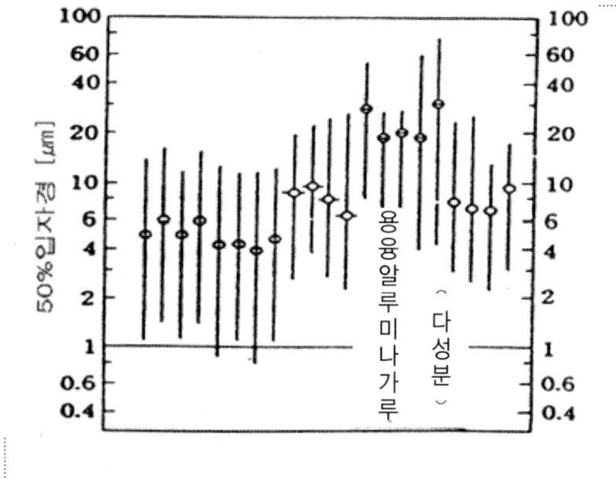

〈그림 8-15〉 원심 침강광투괍법에 의한 측정 예(용융 알루미나 가루 혼합시료)

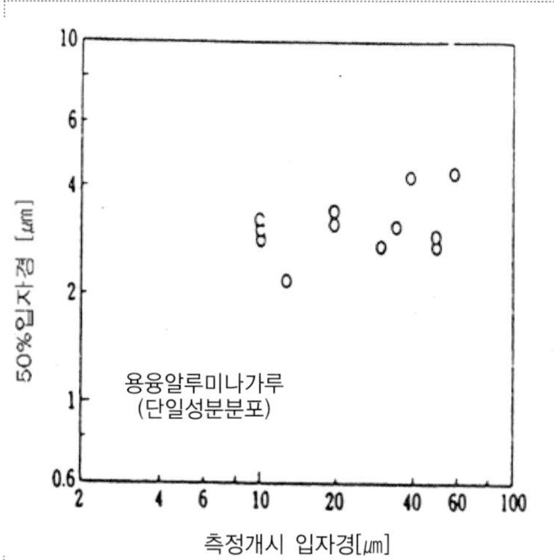

〈그림 8-16〉 측정개시입도가 매우 큰 경우의 50 %입도

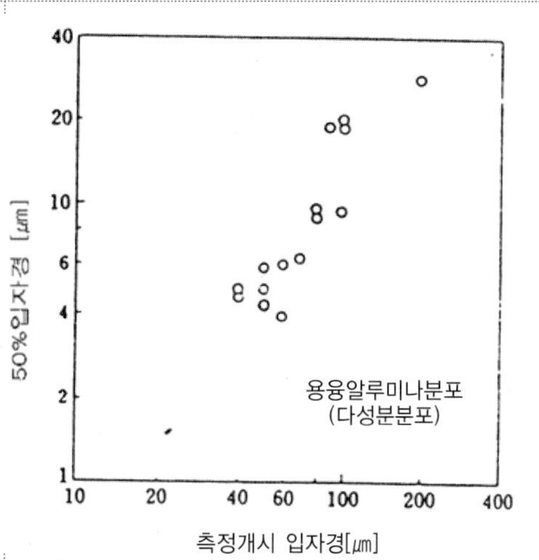

〈그림 8-17〉 측정개시입도가 작은 경우의 50 %입도

기초로 되는 식(8-1)은 무한매체 중에서 1개의 입자의 운동을 기술하는 식이다. 입자농도가 상승한다면, 이 가정은 무너져서 입자상호의 간섭을 고려하지 않으면 안 된다. 그러므로, 이론적으로 입자농도는 가능한 한 엷은 것이 바람직하고, 검출감도, 재현성 등의 문제가 있으며, 적정농도는 측정원리장치에 따라서 다르다. 원

심침강광투과법의 경우는 Lambert-Beer의 법칙이 성립하는 범위에서 가능한 한 농도를 높게 하고, 8.4.1항에도 기술한 바와 같이 재현성이 좋은 데이터가 얻어진다. 그것에 대해 X선 투과법에서는 검출감도의 허용범위에서 농도를 낮게 하면, 간섭침강의 영향을 작게 할 수 있다.

입자의 확산계수는 대단히 작기 때문에 입자농도를 균일하게 하기 위해 충분한 교반이 필요하다. 흡입pump 등에서 액을 순환시키면서 균일화를 도모할 때에는 순환시간이 부족하면 농도가 균일하지 않은 경우가 생길 수 있으므로 주의해야한다.

시료의 분산·교반 시에는 특히 젖음성이 좋지 않은 입자에서는 기포를 끌어안기 쉽기 때문에 가정용 중성세제를 방울방울 떨어뜨려 젖음성을 좋게 하거나, 감압하는 등의 방법을 이용하여 탈포할 필요가 있다. 또 액온의 상승에 의해 측정 중에 기포를 발생하는 경우도 있다. X선투과법은 기포의 영향을 받기 쉬운 구성요소로 되어 있으므로, 분산매로 물을 사용하는 경우는 측정전에 끓어 탈기해 두면 좋다.

8.1.6 침강법의 실례

가장 넓게 사용되고 있는 원심침강광투과법과 X선투과법은 다음 절에서 자세히 기술되기 때문에 증분법에서 직접 입자질량을 측정하는 Andreasen pipette 법과 적산법에서 입자질량을 압력으로서 측정하는 압력법을, 대표 예로 해서 입도분포를 구하는 순서를 설명한다.

1) Andreasen법

장치개략도는 앞서 〈그림 8-9〉에 나타내었다. 측정은 입도 x에 대응하는 일정한 침강시간 t가 경과한 다음, 기선으로부터 액면까지의 높이 h를 기록하고, pipette의 삼방코크를 조작해서 소정의 액량 v를 빨아 올려서 시료받침접시에 취하고, 건조한 후 입자량 m을 칭량한다. 이 순서을 측정을 희망하는 입도 범위에서 반복한다.

입도 x는 액면의 높이 h와 침강시간 t에 식(8-11)에 따라서 관계된다. 침강시간 t는 t=0에서 액표면에 있던 입도 x의 입자가 깊이 h를 침강하는데 필요한 시간이다. 이 입도보다 큰 입자는, 보다 빨리 침강하기 때문에 t=t에서는 측정면 보다 위에는 존재할 수 없다. 따라서 식(8-11)에서 구한 입도는 침강시간 t에 있어서 측정면에 존재하는 최대입도를 표시하고 있다. 또 입도 x보다 큰 입자가 침강해버린 분, 측정면에 있어서 농도는 저하한다. 입도 x보다 큰 입자의 분율 1-Q는 입자의 초기농도를 C_0, 측정된 농도 C로부터 다음 식에 따라서 구해진다.

$$1 - Q = \frac{C_0 - C}{C_0} \tag{8-12}$$

사입 현탁액량, 시료질량을 각각 V, M이라 하면, $C_0 = M/V$로 된다. 또 $C = M/V$에서 식(8-12)는 다음 식으로 고쳐 쓸 수 있다.

$$Q = \frac{m}{M}\frac{V}{v} \tag{8-13}$$

식(8-11)로부터 입도 x가 구해지고, 식(8-13)으로부터 입도 x보다 작은 입자의 존재분율 Q가 구해지며, 입도분포가 측정되게 된다.

pipette법에서는 액을 빨아들인 액 깊이는 차츰 낮게 되기 때문에, 측정의 형편에 따라 액면의 높이를 기록하지 않으면 안 된다[42].

2) 압력법

시료입자를 균일 분산시켜 깊이 H의 위치에서 압력의 경시변화를 측정하면, 일반적으로 〈그림 8-18〉의 결과를 얻는다[42].

이 압력의 경시변화로부터 입도분포를 구하기 위해서는 먼저 착목 입자가 측정면을 통과하는 침강시간 t를 식(8-11)에서 구하고, t에 있어서 압력경시 변화곡선(침강곡선)에 접선을 긋고, Y축 절편의 $P_0(t)$를 구한다. 이 $P_0(t)$는 앞에서 서술했던 바와 같이, 시료 중의 착목 입자보다 작은 입자가 균일하게 분산했을 때의 압력이다. 그 때의 현탁액 밀도를 ρ_s라고 하면, 다음 식이 성립한다.

$$P_0(t) = \rho_s g H \tag{8-14}$$

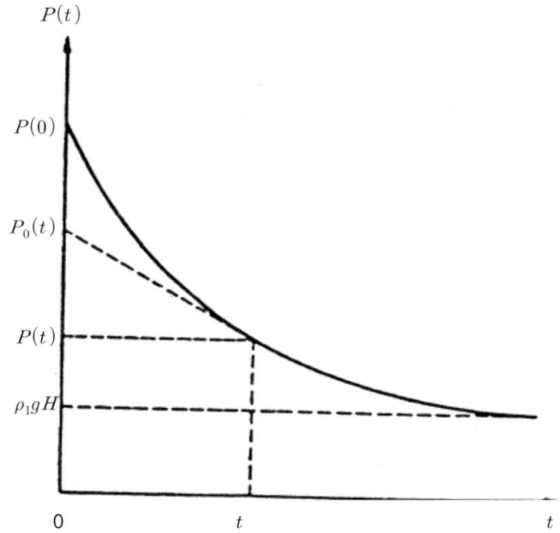

〈그림 8-18〉 입자의 침강에 동반하는 압력의 경시변화
(출전 : 분체공학의 기초, p.306)

현탁액 중 입자중량 농도 C와 현탁액 밀도 ρ_s의 관계는 다음 식으로 주어진다.

$$\rho_s = \rho + (1 - \frac{\rho}{\rho_p})C \tag{8-15}$$

굵은 입자가 분율로 1-Q 만큼 침강해 버린 즉, 초기의 입자농도 C_o는 C까지 희박하게 되며, 그 관계식은 식(8-12)으로 표현된다. 식(8-14)에 식(8-15), (8-12)를 대입하면,

$$P_0(t) = \rho g H + (1 - \frac{\rho}{\rho_p})C_0 Q_g H \tag{8-16}$$

을 얻는다. 현탁액 조제 시의 밀도를 ρ_{s0}라 하고, 식(8-15)을 이용하여 변형하면 다음 식을 얻는다.

$$P_0(t) - \rho g H = (\rho_{s0} - \rho) g H Q \quad (8\text{-}17)$$

이것을 $(\rho_{so} - \rho)gH$로 무차원화하면 질량기준의 적산 입도분포 Q는 다음 식으로 주어지게 된다[42].

$$Q = \frac{P_0(t) - \rho g H}{(\rho_{s0} - \rho) g H} \quad (8\text{-}18)$$

8.2 원심침강 광투과법

원심침강광투과법은 가장 간편하여 넓게 이용되고 있는 방법이다. 침강법으로 측정되는 입도는, 앞 장에서 상세히 서술했듯이, 침강속도 상당입도이다. 임의의 형상의 입자가 유체 중에서 운동하려고 할 때에 받는 저항력이 똑같이 될 때의 구형입자 직경이라는 물리적인 의미를 가지고 있다. 입자의 유체 중에서의 거동(운동)을 이해하려고 하는 경우에는, 다른 측정원리(예를 들면, 체적상당입도이나 광산란상당입도 등)로는 얻을 수 없는 유용한 입도(분포)를 측정하는 것으로 된다.

8.2.1 원심침강 광투과법의 원리와 특징(입자농도와 투과광량, 흡광계수)

1) 침강속도상당입도

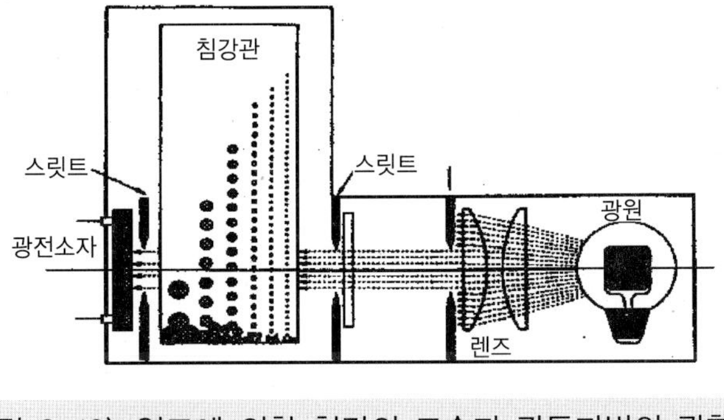

〈그림 8-19〉 입도에 의한 침강의 모습과 광투과법의 광학계

입도의 측정원리에 대해서, 지금 한 번 더 간단하게 서술한다. 적당한 매질 중에 분산된 분체입자는, 중력 또는 원심력을 받으면, 입자의 크기에 따라 일정속도로 침강한다. 〈그림 8-19〉에서 자연침강에 있어서의 입도에 따른 침강의 상태를 나타낸다[42]. 이 현상의 기초가 되는 것은 잘 알려져 있는 Stokes식이다. 정지 액체 중 단일 미립자의 침강속도는 침강하기 시작하면 단시간에 종말속도(terminal velocity)에 거의 가까운 속도로 된다고 생각하여도 좋으므로, 중력장에서는 그 침강속도 v_t는 Stokes법칙이 적용되는 범위로, (8-4)식으로 표현되고, 침강속도상당 입도 d_p(Stokes입도라고도 한다)는 (8-11)식으로 표시된다. 원심력장에서는 입자의 속도, 위치는 각각 (8-8), (8-9)식으로 표시된다. 직경 d_p의 구형입자가 정상 회전을 하고 있는 정지 유체 내에 입자는 유체의 회전 중심에서 r의 점에 있으며, 중력의 영향은 무시할 수 있고, 동시에 회전축 방향의 운동은 없는, 즉 2차원 운동이라고 하여, 일반적으로 원심침강에 쓰이는 조건 (구체적 예로써 d_p = 3 ㎛, ρ_p = 3 g/cm^3, ρ = 1 g/cm^3, μ = 1 cP, f = 500 rpm을 적용하면, 을 적용)으로 하면, $4\,w^2\,\tau^2$ ($\simeq 1.1\times10^{-8}$) < < 1이 되어 식(8-8)은 충분한 근사로 된다[42].

〈표 8-2〉 침강법에 따른 입도분포측정법

침강법에 따른 측정법	측정량	처리	시료 농도	형식	장**
광투과법	광*의 투과법	Lambert-Beer의 법칙 및 Rose의 식	희박	증분	중·원
X선투과법	X선의 투과량	상동	농	증분	중·원
침강천칭법	입자의 중량	천칭으로 중량(부력보정)	농	적분	중
비중계법	밀도	특수비중계에 의한 비중	농	적분	중
비중천칭법	밀도	천칭으로 부력을 측정	농	적분·증분	중
압력법	밀도	밀도에 따른 압력	농	적분	중
차압법	밀도	밀도에 따른 차압	농	증분	중
Unbalance법	중심이동	중심이동에 따른 unbalance량	농	증분	중
pipette법	중량	천칭으로 건조중량	농	증준	중·원

* 백색광, LED, 레이저광 등, ** 중 : 중력장, 원 : 원심력장

$$v_{te} = \frac{(\rho_p - \rho)\, d_p^2 \omega^2\, r}{18\,\mu} \qquad (8\text{-}19)$$

ρ_p, ρ는 각각 입자 및 액체의 밀도, μ는 액체의 점도, ω는 회전각속도이다.

(8-19)식에 나타나듯이, 원심기 내에서 종말속도는 회전반경 r에 비례하고, 따라서, 침강함에 따라 속도가 증가하는 것을 나타내고 있다. 침강높이를 결정해 입도를 측정하는 경우에는 침강개시면과 측정면의 회전반경을 각각 r, $r+h$ 로서 침강시간을 결정하면,

$$t = \int_{r}^{r+h} \frac{dr}{v_{te}} \tag{8-20}$$

이기 때문에, (8-19)식을 대입하면

$$t = \frac{18\,\mu}{(\rho_p - \rho)\,d_p^2 \omega^2} \int_{r}^{r+h} \frac{dr}{v_{te}} = \frac{18\,\mu}{(\rho_p - \rho)\,d_p^2 \omega^2}\ \ln \frac{r+h}{r} \tag{8-21}$$

로 된다. 측정원리에서 액체는 정지하고 있고, 혼탁액 내의 입자군은 충분한 분산상태에 있으며, 또한 침강 중의 각 입자는 서로 그 운동과 광학적인 간섭을 하지 않는 정도의 간격을 가지고 분산해 있는 희박농도이지 않으면 안 된다.

침강법은 입자체적(중량)농도를 측정하는 방법으로, 간편화, 자동화를 목적으로 많은 장치가 개발되어 왔다. 크게 분류하면, 일정 깊이 이상(또는 이하)의 전농도의 변화를 측정하는 적분형과 일정 깊이에 있어서의 농도변화를 측정하는 증분형의 두 가지 방법이 있으며, 광투과방법은 후자의 증분형으로 분류되고, 일정 깊이(수 개소에서 측정점을 가지는 형식이나 측정점의 깊이를 이동하는 스캔방식도 생각되어지고 있다)에 있어서의 입자농도를 액을 넣은 침강관에 측면에서 광을 비추어, 입자의 침강에 따른 액의 농도변화를 투과광의 강도에서 측정하여 입도분포를 결정하는 방법이다. 현재까지 개발된 침강법에 따른 입도분포 측정법의 원리적인 차이를 〈표 8-2〉에 정리하여 표시한다. 광투과법의 최대 특징은 시료농도가 희박하고, 시료의 양이 적더라도 측정할 수 있는 점에 있다. 이것은 반대로 시료채취에 충분한 주의를 하지 않으면, 측정시료의 정확한 분포를 얻을 수 없는 위험을 내포하고 있다[42].

2) 입자농도의 측정

광투과법은 현탁액을 넣은 침강관의 설정한(침강거리)위치에 측면에서 광의 빔을 비추어 입자의 침강에 따른 농도(현탁)의 변화를 투과광의 강도에서 입자농도를 측정하는 방법이다. 단분산 입자군에서 현탁액의 광의 투과에 관해서는 일반적으로 다음의 Lambert-Beer의 법칙이 성립한다.

$$\log \frac{I_0}{I} = KAcl \qquad (8\text{-}22)$$

여기서, I_0, I는 입사광 및 투과광의 강도이고, A는 광속 중에 존재하는 단위질량당 입자의 투영면적, c는 입자농도, l은 액중의 광로길이고, K는 광학계에 포함된 계수이다. 실제의 분체에서 볼 수 있는 입도분포를 가진 다분산계에 대해 Rose는 다음 식을 주었다.

$$\log \frac{I_0}{I_i} = Kcl \sum_{i=1}^{i} K_{Ri}\, n_i\, d_{pi}^2 \qquad (8\text{-}23)$$

여기서, K는 정수, n_i는 분체단위질량 중에 포함된 입도 x_i의 입자수, x_i는 시료 중에 포함된 최대입도이다. K_{Ri}는 Rose의 흡광계수라 불리며, 입도, 입자 및 분산매의 굴절율, 광의 입사각 등의 함수이다. 일반적으로 입도가 광의 파장에 비교해 충분히 크고, 불투명하면, $K_{Ri} \simeq 1$로 두어도 좋다. x선은 파장이 짧기 때문에 이 조건을 만족한다. 그렇지만 광투과법에서는 텅스텐광원에 의한 백색광이나 LED광원, 레이져광원 등의 가시영역 파장의 광이 사용되어지고, 원심침강으로 측정하는 수 μm 이하의 입자를 측정대상으로 하는 경우는 입도가 광의 파장에 비교해 충분히 크다는 조건을 만족하지는 않는다. 따라서 흡광계수가 입도분포측정의 결과에 대해 큰 영향을 주는 것이 일반적이다.

얻어진 투과광량곡선에서 분포를 결정하는 것은 다음과 같다. 다분산계 현탁액 중에 포함된 $d_{pi-1} \sim d_{pi}$($d_{pi-1} < d_{pi}$)의 입도 범위를 생각한다(〈그림 8-5〉 참조). 입도범위 $0 \sim d_{pi}$의 입자군으로 가려진 광량은 전술의 (8-23)식으로 표시되고, 한편 $0 \sim d_{pi-1}$의 범위에 있는 입자군으로서 가려진 광량은,

$$\log \frac{I_0}{I_{i-1}} \quad kcl\sum_{i=1}^{i-1} K_{Ri}\, n_i\, d_{p\,i}^{\ 2} \tag{8-24}$$

으로 표시되기 때문에 입도가 x_i 인 입자군에 가려진 광량은 이 (8-24)식으로 표시되는 광량과 (8-23)식으로 표시되는 광량의 차이와 같다. 즉,

$$kcl\sum_{i=1}^{i} K_{Ri}\, n_i\, d_{p\,i}^{\ 2} - kcl\sum_{i=1}^{i-1} K_{Ri}\, n_i\, d_{p\,i}^{\ 2} = kcl\ K_{Ri}\, n_i\, d_{p\,i}^{\ 2} = \log\frac{I_0}{I_i} - \log\frac{I_0}{I_{i-1}} =$$

$$= \log\frac{I_0}{I_i} - \log\frac{I_0}{I_{i-1}} = \log I_{i-1} - \log I_i \tag{8-25}$$

$x_{i-1} \sim x_i$ 의 범위를 충분히 작게 하면, 그 범위에서는 K_{Ri} 를 일정하다고 간주할 수 있으므로 투과광강도의 차이에서 system 내의 입도 x_i 의 입자투영면적의 총합이 얻어진다. 똑같은 조작을 반복해서 면적기준의 입도분포가 얻어진다. 또 이러한 미소부문에서는 입도를 균일하다고 보아도 좋으므로 양변에 한번 더 x_i 를 곱하면 중량기준치로 되어, 중량기준의 입도분포가 얻어진다.

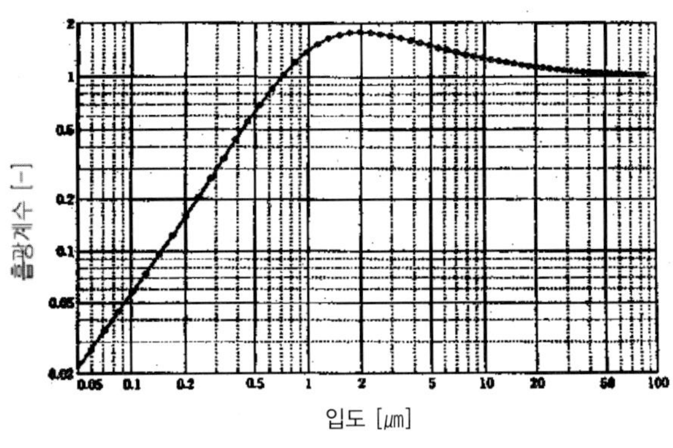

〈그림 8-20〉 Simulation에 사용된 흡광계수의 값

흡광계수는 전에 서술했듯이 입도, 입자 및 분산매의 굴절율, 광의 입사각 등의 함수이다. 따라서 측정하는 입자의 종류와 분산매 및 장치의 광학계에 의존하기 때문에 본래 각각 결정되지 않으면 안 된다. 이것은 매우 중요한 작업이다. 그래서 흡광계수는 전체 입도범위에서 일정($K_R = 1$)하다고 하여, 입자의 상대적인 크기만을 보려고 하는 방법도 행해지고 있다. 그렇지만 흡광계수를 고려하지 않으면 입도분포에 실제의 것과는 다른 것이 얻어지는 것은 명백하다. 그래서 흡광계수를 고려한 경우와 아닌 경우에 관해 입도 분포측정 결과에 어느 정도 영향을 미치는지를 표시해 보자. 이 때 이용한 흡광계수 값을 〈그림 8-20〉에 표시한다. 이 값은 어떤 함수로 근사해서 가상적으로 표시되는 것으로 실제 입자에 관해 측정된 값은 아니지만 어느 정도의 흡과계수의 실측치나 자주 이용되고 있는 흡광계수의 값에 가까운 것을 나타내고 있다. 흡광계수값의 최대치는 2 μm 부근에서 1.79 정도로, 20 μm 이하에서 영향이 나타난다. 서브미크론 영역에서는 입도가 작아질수록 지수함수적으로 영향이 증대하는 곡선이다[42].

〈그림 8-21〉은 중심경이 달랐을 때에 나타나는 측정치의 차이를 나타낸다. 분포형상은 대수정규분로로 똑같게 되지만, 80 μm 이상의 입자는 잘린 것이다. 그림 중 백색인으로 표시된 것이 본래의 분포이고, 흑색인으로 표시된 곡선이 흡광계수를 고려하지 않은 경우에 측정된 곡선을 표시하고 있다. 영향은 다음 2가지의 효과로 나타난다[42].

한 가지는 0.7 μm 이상 20 μm 이하의 입자에 있어서의 흡광계수가 1보다 큰 값에 따른 영향이고, 또 다른 한가지는 0.7 μm 이하의 입자에 대한 흡광계수가 1보다 작은 값에 의한 영향이다. 중심입도가 10 μm인 분체에서는 입도범위(○ ●인)에 0.7 μm 이하의 입자가 거의 포함되어 있지 않기 때문에 흡광계수의 값이 전 범위에서 1보다 큰 값을 나타내는 분포이다.

이 경우는 이 흡광계수의 영향에 의해, 2 μm 근방이 입자를 과대평가하게 되므로 분포곡선은 미립자측에 shift하고 실제보다 가는 입자로 측정된다. 좌측 2조의 입도 범위의 분체에서는 전체에 대해 서브미크론 영역의 입자의 영향이 크게 나타나는 분포가 된다. 중심입도가 5 μm인 분체에서는 입도범위(△ ▲인) 중 미분측에서 흡광계수가 1보다 작아, 미분을 과소평가하고, 수 μm의 입자의 존재에 대해서는 과대평가했기 때문에 생기는 입도범위이다. 이 범위에 있어서의 영향은 중심입도에 대한 영향은 작지만 분포곡선은 sharp하게 되어 있는 것처럼 관측되는 점이 특징이 된다.

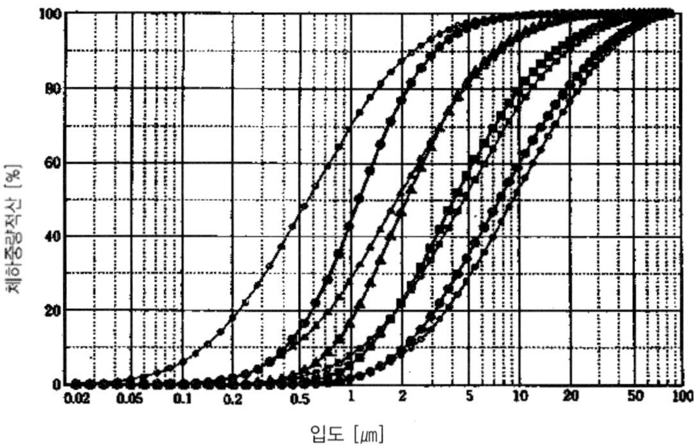

〈그림 8-21〉 중심입도가 다를 때에 나타나는 측정치의 차

3) 원심침강에 따른 농도

혼탁액 중의 서로 이웃하는 같은 입도의 입자는 중력장에서는 같은 속도로 평행하게 침강한다. 즉 동일입도의 입자에 의한 농도는 측정면을 통과할 때까지 일정하게 유지된다. 그렇지만 〈그림 8-22〉에 표시했듯이 원심력장에서는 회전축을 중심으로 한 방사상으로 침강하고 게다가 침강함에 따라 원심력이 크게 되기 때문에 속도가 증대하고 이웃하는 입자의 간격은 (8-10)식에서 표시되어 있듯이 넓어진다. 따라서 측정면보다 아래에 침강하기 이전에 있어서 전체 입자는 침강개시 시보다 입자농도는 감소하게 된다. 이 효과는 침강거리에 대해 회전반경을 충분히 가지지 않는 장치에서는 입자의 희박화(확산)에 의한 오차의 원인이 된다[42].

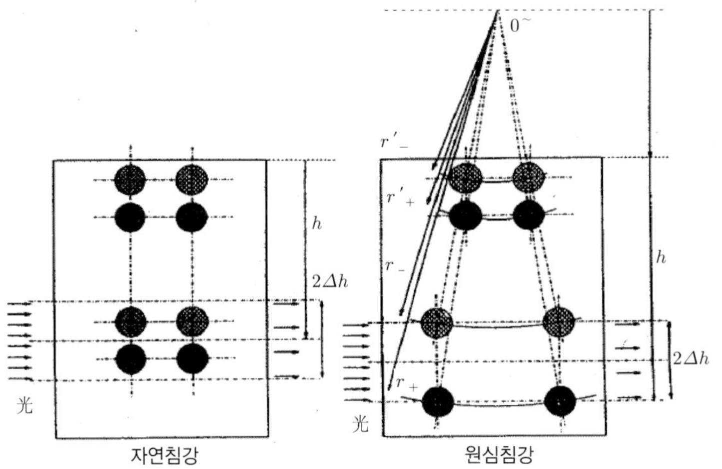

〈그림 8-22〉 중력장 및 원심력장의 입자의 침강과 입자의 퍼짐

(8-10)식을 침강을 완료한 직후의 입도 x_i 인 입자와 그것보다 작은 입도 x_j 인 입자와의 관계로 표시하면, 농도희석계수 $C_{i,j}$ 는 다음 식으로 표시할 수 있다.

$$C_{i,j} = [\exp(\frac{d_{pj}}{d_{pi}})^2 \ln \frac{r_0 + h}{r_0}]^{-2} \qquad (8\text{-}24)$$

여기서 r_0는 침강개시면의 반경, h는 침강거리이다. 농도희석효과를 고려해서 입도분포를 결정하는 식으로 다음 식이 유도되어진다.

$$q_3(x_i)\log\frac{d_{pi}}{d_{pi+1}} =$$

$$\frac{d_{pi}}{K_{Ri}\,C_{i-1,i}}[\log\frac{I_i}{I_{i-1}} - \sum_{j=i+1}^{n} K_{Ri}\,(C_{i-1} - C_{i,j})\frac{q_3(d_{pj})}{d_{pj}} log\frac{d_{pj}}{d_{pj+1}}] \qquad (8\text{-}25)$$

이 식은 입도가 작은 입자부터 순차로 계산을 시작해서 보정항을 넣어 다음 계산을 진행해서 입도분포를 구할 수 있게 되는 것을 나타내고 있다. 방사상 침강에 따른 농도감소의 영향을 시뮬레이션결과로 표시한 것이 〈그림 8-23〉이다[42]. 이 효과를 보정하지 않으면, 입도분포의 폭이 넓으면, 며, 조금 큰 값을 나타내는데 지나지 않지만, 입도분포의 폭이 좁은 경우에는 존재할 리 없는 큰 입자를 오인하는 것으로 된다.

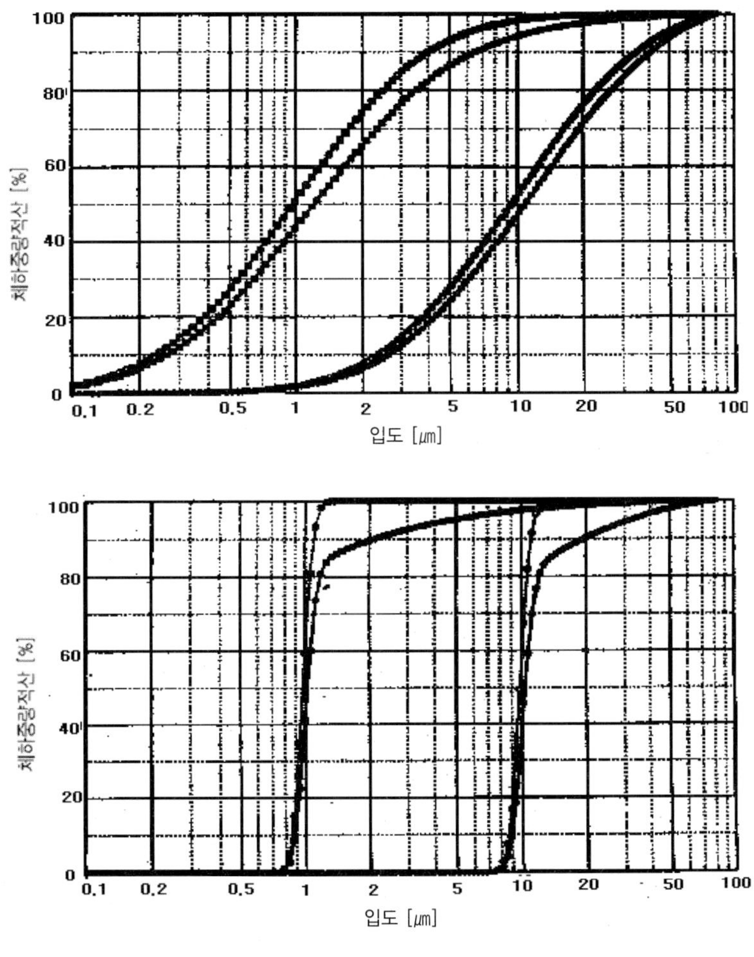

〈그림 8-23〉 방사상 침강에 의한 농도감소의 경우

4) 원심가속 시의 대류

최근의 광투과식 원심침강 입도분포측정기에서는 측정시간의 단축을 위해 회전수를 매우 높게 하고, 측정범위의 확대를 위해, 최대회전수에 달할 때까지 일정 회전수증 (가속모드)를 도입하는 등의 여러 가지 모드로 측정을 할 수 있는 장치가 개발되고 있다. 이들 장치에서는 일정 회전수에 달할 때까지 어느 정도의 시간을 필요로 한다. 측정원리의 항에서는 정상회전으로 어느 매액 중에서의 입자의 운동을 검토하지만, 일정회전에 달하기까지 즉, 가속상태 하에서는 매액도 가속상태에 있으며, 대류를 일으킨다.

〈그림 8-23〉에 표시하듯이 디스크의 회전에 따라 셀의 위치는 이동하고 그것과 동시에 셀의 중심을 축으로 해서 셀 자신도 디스크의 회전각도와 똑같은 만큼 회전한다. 정상상태회전이라면 각속도가 일정하기 때문에 셀 중의 매액도 셀과 똑같은 회전속도로 회전하고, 셀 용기에 대해서 매액은 정지 상태로 된다. 그렇지만, 각가속도가 있으면 셀 용기와 매액에 속도차가 생긴다[42].

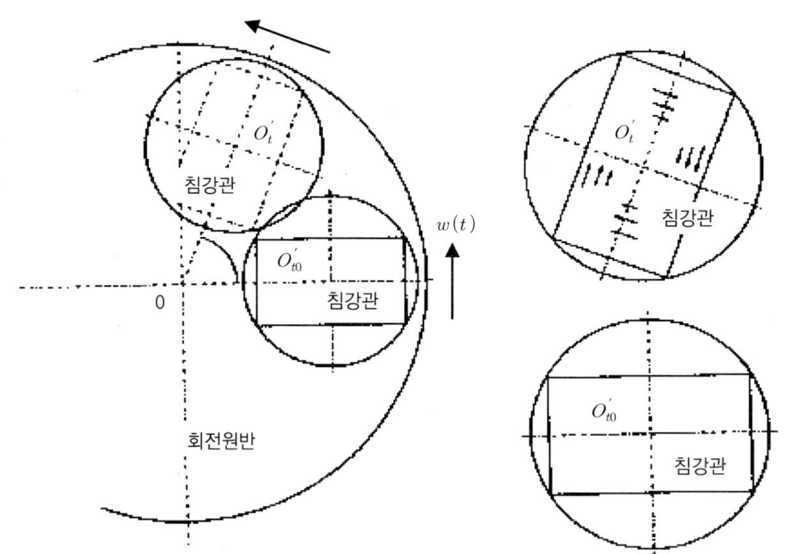

〈그림 8-24〉 원심가속상태에 있어서 셀의 회전과 용매액의 유동

수치적인 해석을 기대하지 않으면 안 되지만, 이 흐름은 매액의 점성과 용기의 형상 및 각속도의 크기와 지속 시간 등의 인자로 영향 받고, 입자의 침강속도에 비교될 정도의 크기가 있는 것도 추측된다. 특히 원심침강으로 측정하는 범위의 최대 입도에 대해 영향이 크다고 예측된다.

8.2.2 측정장치의 구성 (자연모드와 원심모드 및 그 연결, 라인 스타트법)

원심침강식 광투과법 입도 분포측정 장치는 입자(자연, 원심)침강부, 입자농도(탁도) 검출광학계, 제어·변환·증폭·연산장치, 데이터 입출력장치로 구성된다〈그림 8-25〉[42]. 광투과법이 개발된 당초는 입자침강부, 입자농도(탁도)검출 광학계만으로 구성되어 있었다. 시간법에서는 데이터는 시각-투과광량곡선을 기록지에 출력하고, 입도에 대응하는 침강시간과 광투과량을 이것에서 읽어내고, 이것에 흡광계수를 고려해서 계산하고, 입도분포를 구하고 있었다.

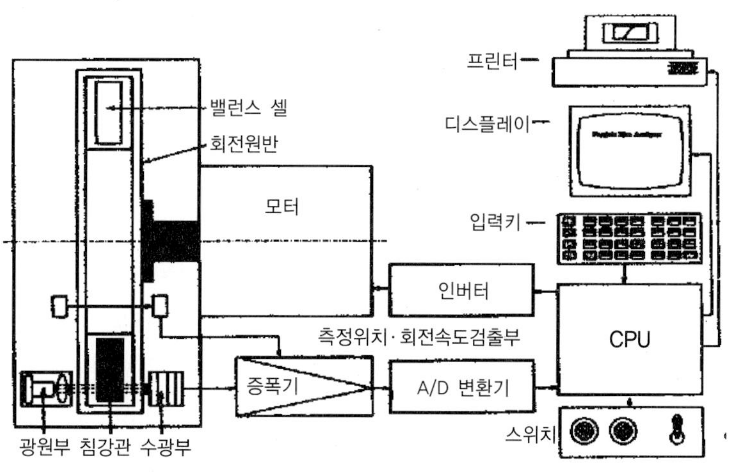

〈그림 8-25〉 원심침강식 광투과법 입도 측정장치의 개요

현재는 자연침광부와 원심침강부가 각각 독립해서 설치되며, 게다가, 원심침강부는 측정완료까지 침강관을 떼어내는 일 없이, 회전을 정지시키지 않고, 온라인으로 투과광량을 측정하는 장치로 되어 있다. 이에 의해 원심가속도를 반복할 때마다

생길 가능성이 있는 대류를 최소한으로 할 수가 있다. 이것은 동시에 측정시간의 단축에도 도움이 되고 있다. 게다가, 이들 이외의 구성요소로서 샘플자동조정·자동주입장치 등을 갖추는 것도 가능하다.

입자침강부는 비교적 큰 입자의 입도분포를 측정하는 자연침강부와 미립자의 측정을 행하는 원심침강부로 구성되는 것이 일반적이지만, Line start(일제) 침강방식을 채용한 원심침강부만의 장치도 시판되고 있다. 침강부는 입자농도 검출광학계와 Set로 설치되어 있다. 입자농도검출광학 계는 광원, 슬릿 등으로 구성되는 발광부와 셀을 통과한 광을 받는 포토센스와 프리엠프를 포함한 수광부로 구성되며, 양부는 일체구조로 되어 있다. 광원에는 종래의 텅스텐(할로겐) 백색광 이외에 반도체 레이져광이나 LED광을 사용하도록 하고, 투과광량특성에 있어서 pulse 조사하는 등 광원에 의한 액온의 상승을 경감하는 연구도 행해지고 있다. 자연침강부는 침강거리(광학계의 위치)를 일정(수 개소의 경우도 있다)하게 한 것과 침강위치를 스캔하는 형의 어느 쪽의 것도 있다. 침강거리는 5~70 mm 정도의 것이 많다. 어느 것도 측정입도 범위의 확대와 측정시간의 단축을 의도하는 것이다. 원심침강부는 (초)고속원심기의 회전원반에 발란스용 cell과 대칭으로 장착되어 있으며, 침강거리는 일정(침강거리를 수 종류 설정을 할 수 있는 것, 수 개소 설정되어 있는 것 등도 있다)위치에 설정되어 있다. 원심기의 능력은 당초의 400 G 정도의 것에서 10,000 G를 초과하는 것이 채용되도록 되었다. 이것에 의해 미립자의 측정범위를 확대함과 동시에 측정시간을 단축하고 있다. 또 넓은 입도분포 폭에 대응하기 위해서 원심기의 운전방법에 정속 모드·정가속모드가 준비되어 있다.

이상과 같은 장치구성에서 자연침강 측정모드, 정회전 원심침강 측정모드, 정가속 원심침강 측정모드, 자연침강·정회전 원심침강 병용 측정모드, 자연침강·정가속 원심침강 측정모드의 다양한 측정모드를 설정할 수 있으며, 시료의 밀도나 입도범위·분포형상에 대응해서 선택이 가능하게 되어 있다.

8.2.3 측정순서와 유의점

1) 준비

원심침강광투과법으로 입도분포를 측정하는 경우, 다음에 나타난 준비가 필요하게 된다. 측정원리에서 서술했듯이,

① 시료의 밀도
② 분산매의 밀도 및 측정온도에 있어서의 점도
③ 필요에 따라서는 흡광계수

를 알지 않으면 안 된다. 이들의 값을 장치에 입력한다.

또 기기로서는 시료의 분산용기(100~500 ml), 분산장치(예를 들면 초음파분산장치 등), 매액의 온도를 측정하는 온도계(0~50 ℃의 측정범위에서 감도 0.5 ℃ 이상)가 필요하다.

시료의 양은 앞에서도 서술했듯이 침강법 중에서는 특이하게 희박하고, 일반적으로는 0.1~0.2 wt% 정도이기 때문에 비교적 조대한 입자의 측정에 있어서는 전체를 대표할 수 있도록 sampling할 때의 편석에 주의하지 않으면 안 된다. 최근의 장치에서는 그 장치에 적당한 초기농도범위가 존재하고, 장치에 set해서 체크하므로 모액(분산장치에 걸어 조정한 시료)의 입자농도는 약간 높게 해서 적당히 희석할 필요가 있다. 자연침강과 원심침강을 병용하는 경우에는 분산한 시료를 분할하지 않으면 안 된다.

분산제의 종류·양의 선택, 분산방법에 대해서는 다른 장에서 서술하고 있기 때문에 여기서는 생략한다.

침강 cell 중에 기포가 남아 있지 않도록 하지 않으면 안 된다. 또 액이 cell 표면에 젖은 경우는 충분히 깨끗하게 닦아내지 않으면 안 된다. 침강 cell을 set함과 동시에 침강이 개시되므로 측정계를 재빠르게 start하지 않으면 안 된다.

2) 자연침강과 원심침강의 접속

입도분포의 폭이 넓은 경우에는, 자연침강에 의한 측정과 원심침강에 의한 측정이 병용된다. 여기서 자주 문제가 되는 것은 양자의 측정의 접속이다. 기본적으로는 계산처리에서 우선 구간마다의 빈도를 구해, 적산하여 규격화해서 분포를 구하는 것이고, 입도분포의 폭이 넓은 경우에는 농도희석효과의 영향도 작으므로 문제는 없는 것으로 생각된다. 그렇지만, 전술했듯이 원심침강에 의한 측정에서 농도의 희석효과가 나타나기도 하고, 조건에 따라서는 가속 시 대류의 영향을 받기도 하고, 간단히 적산하는 것만으로는 정확한 분포를 구할 수 없다.

자연침강에 의한 투과광량과 원심침강에 의한 투과광량선의 접속부에 단차가 생기는 현상이 자주 생긴다. 이 원인으로 자연침강부와 원심침강부의 초기농도에 차가 있는 경우 농도희석 보정을 하지 않고 흡광곡선을 접속해서(흡광곡선에 단차가 존재한다) 계산 처리한 것에 의한 경우 등이 생각된다.

3) 분산매의 액온관리

분산매의 액온이 변화한 경우에도 앞서 언급한 원심기의 가속에 의한 대류와는 달리, 대류를 생성하는 것이 있다. 통상, 실온(측정하는 온도)에서 조제된 분산매를 이용하면, 이와 같은 문제는 거의 생기지 않는다. 드물게 장치(원심기)내의 온도가 상승하는 경우가 있다. 주된 원인은 원심기 모터 열이 축을 통하여 전해지는 경우, 원심기가 고속회전 할 때의 공기저항에 의한 발열이 큰 경우에 있다. 이 경우는 안정할 때가지 예비 운전을 하거나가 분산매의 액온을 그 온도 가깝게 조절하지 않으면 안 된다. 또 흡광곡선에 투과광량의 증가가 인정된 경우에는 이것이 원인인 것이 많으므로 측정조건을 바꾸거나 액온을 재조정하는 등으로 하여 재측정하지 않으면 안 된다.

8.2.4 측정결과의 예와 비교

1) 측정모드

최근의 경향으로서 장치의 compact화와 측정시간의 단축이 꾀해져, 회전속도가 크게 됨과 동시에 광역측정을 위해서도 가속모드로의 측정이 행해지도록 되고 있다. 침강법의 기본인 정지유체의 조건이 만족되어 있는지가 하나의 문제로 제기된다. 하지만 정속회전의 속도를 바꾸어도 가속모드에서의 차이는 다소 보이지만 문제는 없다고 생각된다. 단 정속모드에 있어서는 목표회전수에 이를 때까지, 가속모드에서는 최고 설정속도에 달할 때까지는 침강cell의 회전가속도에 의해 그 영향을 받아 매액의 대류가 생길 수 있는 우려가 지적되었다. 이 점에 관해서는 어느 정도의 대류가 생기며 측정치에 영향을 줄 지 어쩔지의 검토가 남아 있다.

2) 흡광계수

흡광계수에 관한 검토는 시뮬레이션에 따라 행했다. 이것에 관해서는 이미 서술하고 있기 때문에 여기서는 생략한다.

실제 장치에서는 흡광계수라는 고유물질의 값만으로는 아니고 광원(파장 등), 광학계(기하학적 수치, 렌즈계 등), cell의 재질, 매액의 상태(매액의 종류, 분산제의 종류와 양 등)등 많은 인자가 관계하고 있기 때문에 시료나 장치에 가장 적당한 흡광보정계수를 사용할 필요가 확인되었다.

3) 농도희석효과

장치의 소형화에 의해 원심침강부의 회전반경과 침강거리와의 관계에서, 평행한 침강을 만족하고 있다고는 말할 수 없다. 따라서 방사상침강과 침강구간 내의 침강속도의 차(침강함에 따라 침강속도가 증대하는 현상)에서 생긴다. 이른바 농도회석효과가 문제로 된다. 입도분포가 sharp한 시료를 측정했을 때에 나타나는 조대한 입자측에 생기는 tailing이 이 효과의 결과인 것이 명백하게 되었다.

8.3 X선투과법

X선 투과법은 액상침강법에 의한 입도 측정기술의 하나로, 측정량의 입도 의존성을 고려할 필요가 없으며, 침강법의 원리에 비교적 충실한 측정수법이다.

8.3.1 원리와 특징

1) 기본원리

X선 투과법은, 앞에서 기술하고 있는 정지 유체 중에서의 입자의 침강현상을 기초로 하고 있으며, 침강에 따르는 유체 중의 입자군의 농도변화를 X선의 투과선량으로 검출하여, 입도분포를 구하는 수법이다. 즉, 입도 x인 입자의 침강거리 h와 검출시간 t와의 관계는 Stokes의 식(8-4), (8-11)에 의해 주어진다. 또 이 위치 h에 있어서 검출된 투과 X선량 I는 다음의 Lambert-Beer의 법칙에 따른다

$$I/Io = \exp(-kC) \tag{8-26}$$

여기서, I_o는 입사 X선량, C는 현탁 입자 중량농도이다. 앞에서 서술한 바와 같이 비례계수 k는 일반적으로 침강장치나 매질, 입자에 의존하지만, X선의 파장은 입도에 비해서 매우 작기 때문에, 일반적으로 밀도나 입도에의 의존성을 고려하지 않아도 좋다. 따라서, 식(8-26)에 있어서 비례상수 k을 일정하다고 생각할 수 있으며, 입도 x에 대응한 측정시간에 있어서 X선의 투과선량 I 로부터, x의 사하중량분포 Q_3는 간단히 다음 식으로 주어진다.

$$Q_3 = \ln(I_{100}/I) \tag{8-27}$$

여기에, I_{100} 은 전입자에 대한 투과선량이다. 즉, 측정 시점에 있어서 X선의 투과선량의 비 I_{100}/I가, 그냥 그대로 그 시점에서의 입도분포로 된다.

2) X선법에 있어서 특징적 현상

그 밖의 침강법과 비교한 경우의 X선법에서 보여지는 특징을 이하에 열거한다.

① 자연침강

현재, 시판되고 있는 X선 투과법에 의거한 입도측정장치의 일람과 그 특징을 〈표 8-3〉에 표시한다. X선 투과법 측정장치는 주로 자연침강을 채용하고 있다. 따라서, 앞에서 서술되어 있는 원심침강에 의한 농도저하나 원심가속 시의 매체의 대류 등의 영향이 없다. 단 최근 원심침강에 의한 X선 투과법의 장치(BI-XDC)도 개발되어 있다. 이 장치에서는 원심법 고유의 문제를 고려할 필요가 있다[42].

② X선 투과

앞에서 서술한 바와 같이, X선의 파장은 입도에 비해서 매우 짧기 때문에, X선 투과의 입도 의존성이 없어, 흡광계수에 의한 보정의 필요가 없다. 그러나, 그 반면, X선의 투과성이 높은 탄소 이하의 경원소(carbon-black, graphite 등)나 그 화합물(고분자, BN 등)의 측정은 매우 곤란하다. 그와 같은 물질의 측정에서는, 조사 X선 강도를 강하게 하는 혹은, 용매를 바꾸는 등의 궁리가 필요하게 된다.

③ 간섭침강

X선은 투과성이 높기에 측정용액 중에 현탁하는 입자농도를 높게 할 필요가 있다. 물질에 의해 다르지만, 일반적으로는 5～10 wt.%에서 측정을 실시하기 때문에 간섭침강의 영향도 고려할 필요가 있다. 간섭침강이라는 것은, 고농도의 입자군이 유체 중을 침강할 때 침강 입자군과 유체와의 치환에 의한 상승류가 발생하고, 외관상 입자의 침강속도가 저하하는 현상이다. 입도 x의 구형 입자군이 체적분율 $\phi(=1-\epsilon)$로 액체 중에 현탁한 상태를 생각한다. 각 입자에 작용하는 유체저항 R_m이, 고립한 단일의 구형입자에 작용하는 유체저항 R_f 에 의해 다음 식으로 표현 가능한 것으로 한다.

$$R_m = R_f \epsilon F_o(\epsilon) \qquad (8\text{-}28)$$

여기서, $F_o(\epsilon)$는 공간율 함수라 불리며, 실험적으로 구해지고 있다. 저항계수 C_D에 Stokes의 저항법칙($C_D = 24/Re$, 단, $Re = \rho v_m x/\epsilon\mu$)을 가정하면, 현탁액 중의 입자의 침강속도 v_m은 다음

$$v_m = (\rho_p - \rho) g d_p{}^2 / 18\mu F_o(\epsilon) \ = v_s / F_o(\epsilon) = v_s f(\epsilon) \qquad (8\text{-}29)$$

식으로 주어져, 단일입자의 침강속도 v_s와 관계지어진다. 공간율 함수에 대해서 몇 가지의 경험 식이 제안되고 있다. Richardson의 식과 Steinor의 식을 적용하면 간섭 침강 시의 침강입도 d_{pm}은, 독립계에의 침강입도 d_{ps}와 다음 식으로 관계지어진다.

Richardson의 식

$$d_{pm} = d_{ps} \epsilon^{n/2} \qquad (8\text{-}30)$$

Steinor의 식

$$d_{pm} = d_{ps} \epsilon 10^{-A(1-\epsilon)/2} \qquad (8\text{-}31)$$

덧붙여서, 이상은 단순분산 입자군에 관한 간섭침강에 대한 관계이지만, 다분산 입자군에 대해서의 관계식도 제안되어 있다.

〈그림 8-26〉에 공통시료 WA#8000의 입도 측정결과를 표시한다[42]. 입자도가 증가함에 따라 얻어지는 입도분포는 작아지며, 명확한 입자농도 의존성이 인정된다. 거기에서, 각 측정에 관한 50 %입도와 입자중량 농도를 〈그림 8-27〉에 표시한다. 그림 중에 식(8-30), (8-31)의 관계를 기입하고 있지만, 용매액 중의 입자공간율 ε은 다음 식으로 가정하였다[42].

$$1-\epsilon = C/\rho_p \tag{8-32}$$

실측치는 식(8-30), (8-31)의 어느쪽도 만족하고 있으며, 더욱이, 양자에서 추정되는 d_{ps}는 2.13 μm로 되었다. 위 모델은 단분산 입자에 대한 이론이나, WA#8000에 대해서도 거의 적용 가능하였다.

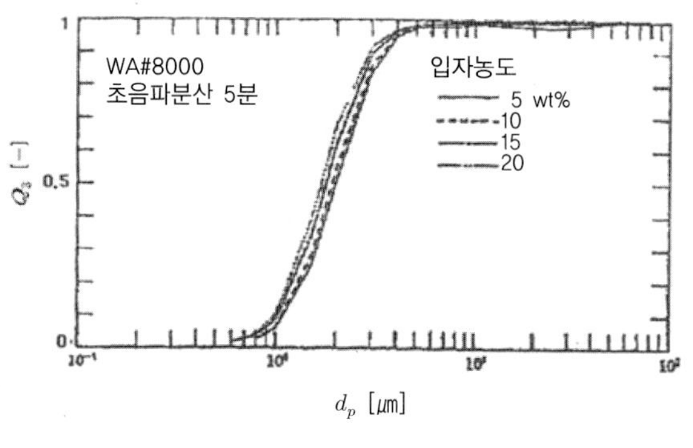

〈그림 8-26〉 X선투과법에 대한 입자농도의 영향

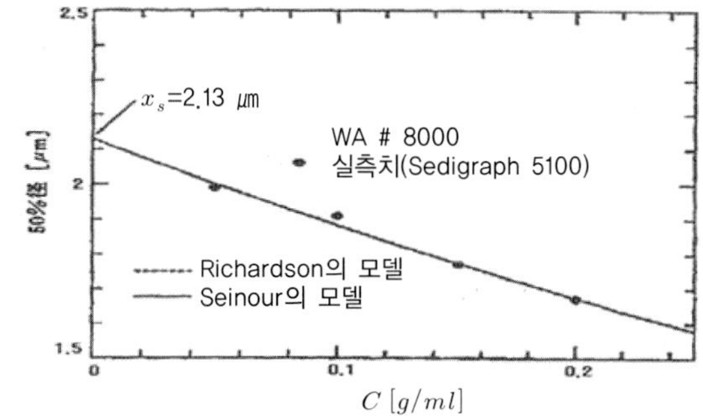

〈그림 8-27〉 간섭침강 모델과 Sedigraph의 실측치와의 비교

8.3.2 장치의 구성

기본적인 X선 투과법 측정장치 (자연침강식)의 개략을 〈그림 8-28〉에 표시한다. 주된 구성 기기로서는, ① X선 발생기(X선 관구), ② X선 검출기, ③ 침강 셀(또는 디스크), ④ 항온조(교반조)로 구성되고, 얻어진 데이터의 처리, 표시 등의 계산기가 부속한다. 현재 시판되고 있는 주요 기기의 주요 특징을 〈표 8-3〉에 종합하였다[42].

〈표 8-3〉 X선 투과법 측정장치 일람

기기명	Sedigraph 5100(5000D)	Microscan	BI-XDC
Maker	Micromeritics KANEMATSU Electronics	Quantachrome YUASA Ionics	Brooke Heaven NIKKISO
침강 방식	자연	자연	원심 (600~6,000 rpm)
X선 선원 선원 강도 슬릿 폭	 13.6 kV 50 μm	 12.5~15 kv, 15 W 50 μm	 18 kV 250 μm
주사 기구	셀이동	선원, 검출부 이동	선원, 검출부 이동
측정 시간 또는 주사 속도	0.1~300 μm/3분 (가변)	0.1~300 μm/3분	0.01~100 μm 0.05~10 mm/분
주사점 수 데이터 처리	250 이동평균, 평활화	100 이동평균	1/25 μs
시료 분산법	초음파 homogenizer stirrer	초음파 homogenizer	- (주사기로 주입)
시료 용량	~50 cc		15~20 cc

Sedigraph 5000 D, 5100에 이어서, Microscan이 판매되고 있으며, 이들은 모두 자연침강을 이용하고 있다. 통상의 측정에서는 마이크론 크기, 더군다나, 서브 마이크론 입자의 측정에는 많은 시간을 필요로 한다. 그래서 이들에서는, 침강 셀(Sedigraph), 또는 X선발생·검출장치(마이크로 스캔)를 측정에 동반, 주사하여 측정시간의 단축을 꾀하고 있으며, 0.3 ㎛까지를 7분 정도로 측정 가능한 주사 모드를 부속하고 있는 기기도 있다. 또, 최근에는 원심침강법을 이용한 기기(BI-XDC)도 개발·시판되고 있다.

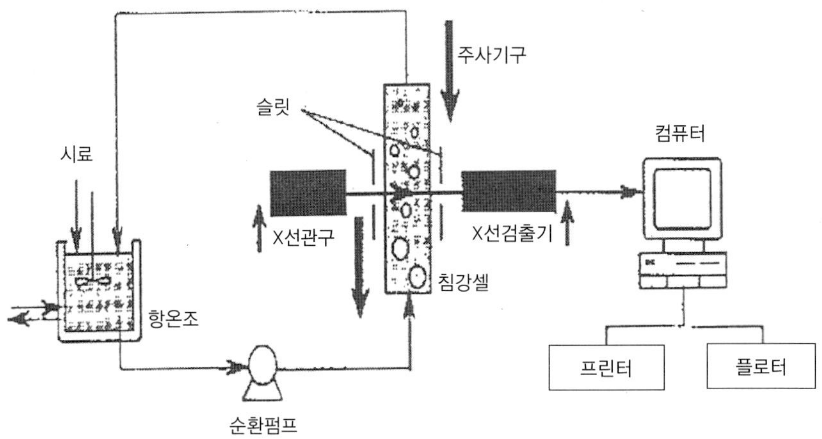

〈그림 8-28〉 X선투과법 입도측정 장치의 개략

8.3.3 측정 순서와 유의점

이하에서는 〈그림 8-28〉의 장치를 예로 들어, 〈그림 8-29〉에 표시한 측정 순서의 개략을 설명한다[42].

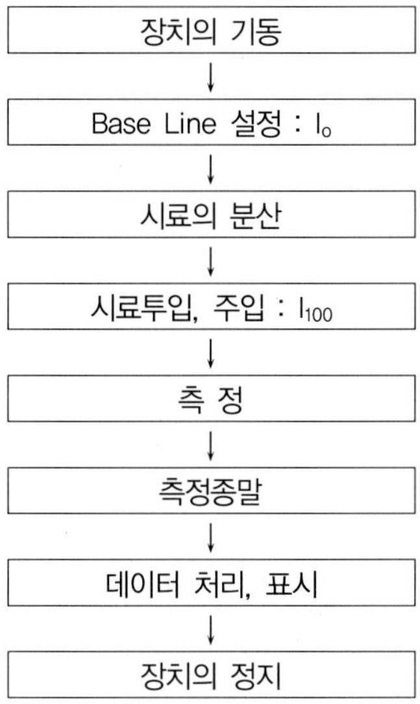

〈그림 8-29〉 측정 순서

1) 측정준비

① 기동

장치를 기동하면 X선관에서 X선이 발생함과 동시에 시료용기의 온도제어 기구가 작동한다. X선 및 항온장치가 안정하기까지 수분정도 기다린다. 이 때, 교반용기 및 셀 내에는 물 또는 알콜 등의 분산매가 존재하고 있을 것이 바람직하다.

② 시료준비

측정시료를 칭량한 분산매액 중에 현탁·분산한다. 3장에 서술된 수법에 따라, 입자의 분산을 충분히 한다. 특히, X선법에서는 입자농도가 수 wt%로, 그 밖의 측정법에 비교해서 높은 것에 주의한다. 사전에 샘플의 대체의 입도 또는, top 사이즈를 알고 있는 시료에서는 측정개시 입도, 또는, 측정 종료 입도를 지정하여 둔다.

③ Base line 설정

장치 안정 후, 분산매 용액을 셀에 순환시킨 상태에서 X선 투과량 I_o를 측정한다.

수치에 의해 다르지만, Sedigraph의 경우에는 입도측정 포인트를 전주사하고, 거기서의 I_o를 측정해 두어, 그 후의 입도분포 측정에 이용하고 있다. 통상, 물을 분산매로 했을 때의 Sedigraph 5100에서는 135±5 kcounts/s 정도, 마이크로스캔에서는 350~400 kcounts/s가 된다. base line이 안정하지 않는 경우나 투과량이 표준치보다 현저하게 변동할 때는, 셀 표면에 오염이나 기포가 존재하는 것이 예상되고, 셀의 세정이 필요하다. 자동린스기구와 자동소포 기구가 부속하는 기기가 많으므로 그것들을 반복조작해서, 오염과 기포의 제거를 충분히 해 두는 것이 필요하다.

④ 100% 투과량의 측정

적당한 베이스라인이 설정 가능된 경우에서, 드디어 측정으로 된다. 우선, 분산매를 (b)에서 미리 작성한 입자 현탁액과 교환하고, 측정 셀 내에 순환시킨다. 이 때, 전입자에 대한 100 %의 투과선량 I_{100}이 측정되지만 베이스 라인 설정 시와 동일하게 기포 등의 존재에 충분히 주의를 기울이지 않으면 안 된다.

2) 측정

I_{100}, I_o가 결정되면, 입도의 측정에 들어간다. 측정을 시작하면 순환펌프가 멈추고, 스타트 입도에 대응하는 측정시간 (측정포인트)에서 X선 투과량의 취함이 시작된다. 측정에 따른 상대 투과량 I_{100}/I 또는 $\ln(I_{100}/I)$ 등이 CRT, 프린터 상에 출력 표시된다. X선 투과법의 경우, 앞에서 서술했듯이, $1n(I_{100}/I)$가 그대로 사하중량분포에 대응하고 있다. 측정이 종말(end) 입도에 이르면, 평활화 등의 처리를 거쳐 입도분포 측정치가 프린터 등에 출력되고, 일련의 측정이 종료된다.

3) 유의점

X선 투과법의 측정 시에 제일 유의해야할 문제는, 앞서도 서술했지만 입자농도가 매우 높은 것이다. 입자간 상호작용, 간섭침강 등의 영향을 염두에 둘 필요가 있으며, 당연히, 최적 분산제 농도로 측정하는 것이 필요하다. 〈그림 8-30〉는 분산제(hexa-meta 인산나트륨)농도를 변화시켜서 WA#8000을 측정한 결과이다[42]. 어느 경우도, 1 wt.%까지 분산제 농도가 높게 됨에 따라 입자의 분산은 진행하지만, 다시 고농도(3 wt.%)에서는 역으로 응집이 관측된다. 앞에서 서술하듯이, 현탁

입자의 분산성의 평가 파라미터인 ζ-potential을 측정하면, 분산제 농도 0.05 wt%에서는 −63.6 mV임에 대응하고, 3 wt%에서 − −34.9 mV로 절대치는 저하하고 있으며, 명확하게 3 wt%의 쪽이 응집을 일으키기 쉬운 상태로 되어 있다. 입자농도가 높을 때는 그 영향이 현저하게 나타난다고 생각되어진다. 또, 분산제가 입자표면을 충분히 덮기에 필요한 최적의 분산제 농도가 존재하지만, 입자농도가 높은 경우에는 초음파 bath만으로는 충분한 분산이 얻어지지 않는 일이 있다. homogenizer 등에 의해 다시 분산조작을 가하여 얻어진 입도분포의 변화를 음미하는 것이 필요하다.

제2는 기포의 문제이다. 〈그림 8-31〉은 명확하게 셀 표면에 기포가 부착했을 때에 볼 수 있는 전형적인 투과X선의 패턴이다. 결국, 기포부분에 있어서 X선의 투과율은 극히 높고 급격한 $\ln(I_{100}/I)$의 저하가 측정된다[42].

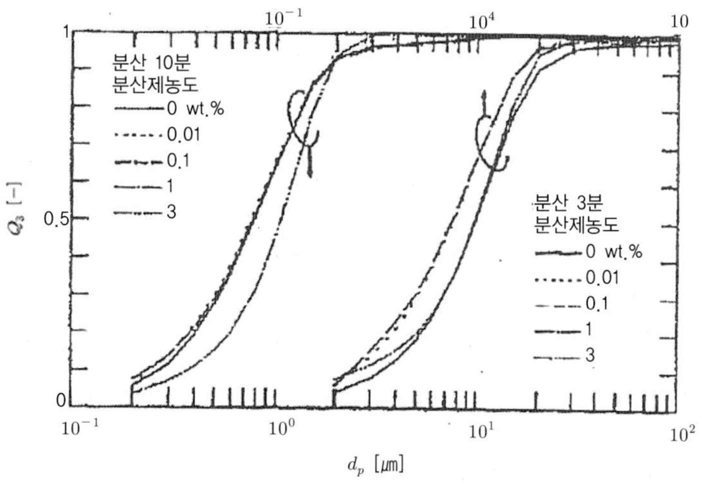

〈그림 8-30〉 분산제 농도의 영향

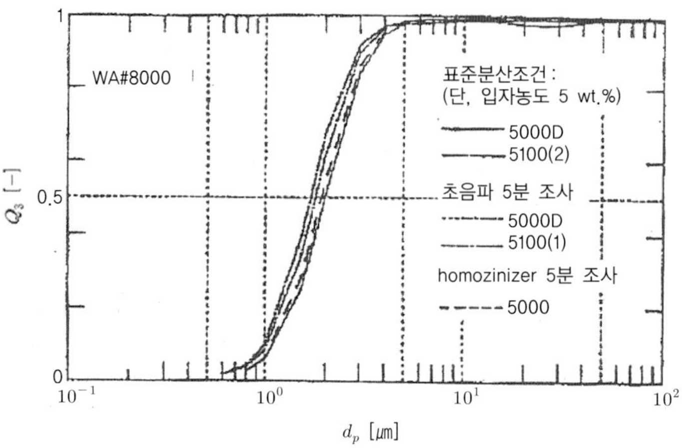

〈그림 8-31〉 측정 셀 중에 기포가 존재한다고 생각한 X선투과법의 측정결과

이 같은 패턴이 CRT 등에서 관측된 경우에는 재측정을 행할 필요가 있으며 동시에, 셀 표면의 세정을 반복한다. 특히, 장시간에 걸친 측정에서는 분산매 중에 용해하고 있는 공기가 기포로 되어, 셀 상부에 도달하고, 측정 종료점 부근, 특히 서브마이크론 영역에서 동일한 현상이 관찰된다. 기포의 발생을 제어하는 데에는, 소포제(예를 들면, 사진용 코닥용액 "Phot-Flo" 등)을 첨가한다. 셀의 세정은 원래부터 분산매의 탈기처리, 또, 교반조의 기계적 교반을 강하게 해도 지나치게 강하지 않게 하는, 등의 배려가 필요하다. 그 외에, 100 % 라인이 변동하는 현상이 보이는 일이 있지만, 셀 내의 농도변동이 원인의 하나라고도 생각되어진다.

참고문헌

[1] Gonell, H. W., *Zeitschrift VDI*, 72(27), 945 (1928).
[2] H.J. Kamack, *Analy. Chem.* 23(6), 884 (1951).
[3] H.E. Rose: "The Measurement of Particle Size in Very Fine Powder", Cinstable & Do. Ltd., London, 1954.
[4] Lehmann, H., 78(19, 20), 326, 331 (1954).
[5] Elle, O., *Chem.-Ing.-Tech.*, 26(12), 684 (1954).
[6] Friedrich, W., *Staub*, 19(8), 281 (1959).
[7] Kaye, B. H. and G. W. James, Brit. *J. appl. Phys.*, 13, 415 (1962).
[8] Segre, G. and A. Silberberg, *J. Fluid Mech*, 14, 115 (1962).
[9] Groves, M. J., B. H. Kaye and B. Scarlett, *Brit. Chem. Eng.*, 9(11), 742 (1964).
[10] Bienek, von B. and H. Huffmann, *Erdol & Kohle. Erdgas. Petroheme*, 18(7), 509 (1965).
[11] Forsell, B. A. and R. Kadefors, *Chem. Eng. Sci.*, 20, 168 (1965).
[12] 粉體工學研究會編: "粉體粒度測定法", 養賢堂, 1965.
[13] Schlee, J., *Sedimentary Petrology*, 36(2), 403 (1966).
[14] van der Kolk, H., *VDI-Bericht*, 7, 25 (1955).
[15] Burson, J. H. et al, *Powder Tech.*, 1, 305 (1967/8).
[16] Robens, E., G. Sandstede and G. Walter, *Die Natur-Wissenschaften*, 55(7), 341 (1968).
[17] Weilbacher, M. und H. Rumpf, *Aufber.-Tech.*, 9(7), 323 (1968).
[18] Bresina, J., *J. Sedim. Petrol.*, 39, 162 (1969).
[19] Lauer, O., *Chem.-Ing.-Tech.*, 41(8), 491 (1969).
[20] Alex, W., *Chem. -Ing. -Tech.*, 42(6), 637 (1970).
[21] Bowing, H-A. and Th. Gast, *Chem. -Ing. -Tech.*, 43(8), 539 (1971).
[22] Koglin, B., *Chem. -Ing. -Tech.*, 43(13), 761 (1971).
[23] Kamack, H. *J.*, *Phys. D, Appl. Phys.*, 5, 1962 (1972)
[24] 三輪茂雄: "粉粒體工學", 朝倉工學, 1972.
[25] Burkholz, A. and Richter, *Chem. -Ing. -Tech.*, 45(10), 681 (1973).
[26] 粉體工學研究會編: "粒度測定技術", 日刊工業新聞社, 1975.
[27] Malghan, S. G. and R. N. Kacker, *Chem. -Ing. -Tech.*, 49(12), 931 (1977).
[28] 伊藤四郎: "化學技術者のための流體工學", 科學技術社, 1977.
[29] Winek, W. J., *Powder Tech.*, 19, 129 (1978).
[30] Krischner, p. and J. Gast, *Chem. -Ing. -Tech.*, 51(12), 1242 (1979).
[31] Streeter, V. L. et al, "Fluid Mechanics", 7th. ed., McGraw-Hill, New York, 1979.
[32] 久保 他編: "粉體 -理論と應用-", 丸善, 1979.
[33] Philips, M., *J. Phys. D*, 13(2), 221 (1980).
[34] 竹內: *粉體工學會誌*, 23(6), 415 (1986).
[35] 神保元二, 椿淳一郎, *粉體工學會誌*, 24(4) (1987).
[36] 粉體工學會粒度測定グル_プ會: 粒度測定 セミナ_「最近の粒度測定法の總合的比較檢討」要旨集, 東京, (1987).
[37] Hietala, S. L. and D. M. Smith, *Powder Tech.*, 59(2), 141 (1989).

[38] 水野ら: *粉體工學會誌*, **27**(6), 884 (1990).
[39] Baeyens, J. and D. Geldart, *Powder Tech.*, **71**(1), 71 (1992).
[40] Font, R. and A. F. Marcilla, *Powder Tech.* **71**(3), 217 (1992).
[41] 大山: "化學工學II", 岩波書店, 1993.
[42] 粉體工學會編, "粒子徑計測技術", 日刊工業新聞社, 1994.
[43] 鈴木: 1994年度粉體工學會 春期硏究發表會講演要旨集, 67 (1994).
[44] 강석호, "분체공학", 제2판, 희중당, 서울, 1995.
[45] 粉體工學會編, "粉體工學便覽 第2版", 日刊工業新聞社, 1998.
[46] 椿淳一郎, 早川修, "粒子徑計測技術", 日刊工業新聞社, 2001.
[47] JIS Z 8820-1990 液相沈降法による粉體の 粒子經分布測定法通則 解說.

제9장 전기적 검지대법

9.1 전기적 검지대법(Coulter Counter 법)

이 방법은 전해질용액 등의 전기전도성이 있는 액 중에 현탁시킨 입자의 체적과 개수를 전기적으로 검지하는 방법으로, 1956년 W. H. Coulter에 의해서 실용화되어, Coulter Counter (Coulter Eletronics Ltd : 미국)라는 명칭으로 현재 널리 세계에 보급하고 있기 때문에, 많은 문헌에서는 Coulter-Counter법 또는 단순하게 Coulter 법이라는 명칭으로 해설되고 있으나, 원리적으로는 Electrical Sensing Zone Method 또는 Electric Measurement, 우리말로는 전기적 검지(대)법이라 불리고 있다.

입자의 체적을 전기적으로 검지하는 방법에는 전해질용액 중에 세공을 끼워서 형성된 전기회로를 입자가 가로질러 지나갈 때 생기는 전기저항의 변동을 검출하는 방법과 전극간의 정전용량의 변화(유전율의 변화)를 검출하는 방법이 있다. 현재 보급하고 있는 장치의 대부분이 전자의 방법이기 때문에, 본 장에서는 전기저항법의 원리와 그 특징에 대해서 해설한다.

9.1.1 원리와 특징

전기적 검지대법 측정의 개략도와 입자의 크기(체적)을 검출하는 부분의 모식도를 〈그림 9-1〉에 나타내었다. 지금 세공(단공)을 가지는 격벽(세공관)으로 나누어진 전해질 용액의 각각에 전극을 설치하여 정전류 내지는 정전압을 인가하면 이 전기회로의 저항은 전해질용액의 고유저항에 의존하지만 주로 세공의 직경(단면적)과 두께에 지배된다. 즉, 회로의 전기저항은 세공부 및 그 근방에 존재하는 용액이 형성하는 저항에 의해서 결정된다[13].

또한, 전장을 격리한 벽의 한 부분에 뚫린 측정구멍을 통하여 입자가 통과할 때, 측정구멍에 작용하고 있던 전류의 세기 또는 저항의 변화량을 측정하여 입도를 결정하는 장치이다. 측정된 시료분말은 전기전도성 액체 속에 엉김이 없이 잘 분산되어서 한쪽에서 다른 쪽으로 한 개씩 이동되어야 한다. 측정구멍의 크기에 비하여 입도는 매우 작기 때문에 장치의 소음(noise)문제는 심각하지 않으나, 구멍이 막히면 계속 측정이 불가능하기 때문에 이런 현상에 대비한 조처를 취할 수 있는 장치제작도 중요하다. 일반적으로는 입도가 넓은 경우에는 측정 구멍의 크기가 다른 여러 개의 전해질 용기를 교환하여 넓은 범위의 입도를 측정할 수 있도록 고안된 장치도 개발되어 있다.

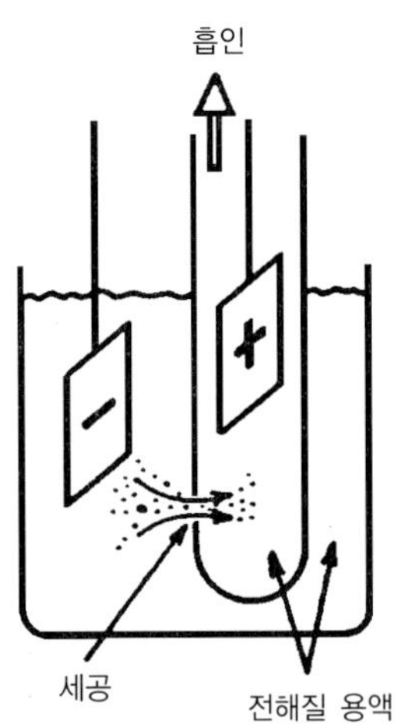

〈그림 9-1〉 전기적 검지대법의 원리

만약, 이 세공부분을 전해질 용액과 다른 저항을 가지는 입자가 통과하면, 그 때 입자의 체적분만큼 전해질 용액이 배제되기 때문에, 회로의 전기저항이 변동한다. 그래서 이 전해질용액에 피 측정입자를 분산시켜, 세공을 통해서 용액을 흡입하면 입자는 용액과 함께 세공을 통과하기 때문에, 그 때 발생하는 전기저항의 변동을 '전압변동 펄스' 내지는 '전류변동 펄스'로서 검출할 수가 있다. 양전극간에 정전류회로를 설정해 두면 전압 펄스의 높이는 세공부의 저항변동에 비례하기 때문에 통과한 입자의 체적을 알 수가 있으며, 펄스의 수에서 입자(체적)의 개수분포를 구할 수가 있다. 따라서 이 측정법은 이하와 같은 특징을 가진다[13].

① 측정되는 입도의 물리적 의미가 명확하다. 얻어진 입도는 체적구(또는 입방체)상당경이다.
② 개개의 입자를 1개 1개 측정하기 때문에, 입도의 개수분포가 얻어진다.
③ 개별입자의 측정이기 때문에, 측정감도(정밀도)가 극히 좋다. 예를 들면, 적혈구의 팽윤 등의 아주 조그마한 변화도 측정 가능하다.
④ 측정시간이 짧다.
⑤ 측정할 때, 기본적으로는 밀도나 굴절률 등과 같은 입자의 물성치를 필요로 하지 않는다.
⑥ 입자 1개 1개의 측정이므로 최대 입도를 측정할 수 있다.
(반면, 최소입도를 측정할 수 없는 경우도 있다.)

9.1.2 입자체적과 세공부의 저항변동

지금, 세공의 단면적을 S, 두께(세공의 길이)를 L이라고 한다 〈그림 9-2〉. 입자가 존재하지 않을 때의 세공부분의 전기저항 R_0은, 전해질용액의 비저항을 ρ_0라고 하고, 다음 식으로 주어진다[13].

$$R_0 = \rho_0 \times (L/S) \tag{9-1}$$

다음에, 세공 내에 입자가 존재한 경우, 〈그림 9-2〉에 보인 바와 같이 미소두께 δl 부분의 전기저항 δR은, 입자의 비저항을 ρ_p라고 하면, 다음 식으로 주어진다.

$$\frac{1}{\delta R} = \frac{1}{\rho_0 \cdot (\delta l / S - A)} + \frac{1}{\rho_p \cdot (\delta l / A)} \tag{9-2}$$

즉,

$$\delta R = \frac{\rho_0 . \delta l}{(S - A) + (\rho_{0/}\rho_p) A} \tag{9-3}$$

일반적으로, 입자의 전기저항은 전해질용액에 비해서 극히 크기 때문에, $\rho_0/\rho_0 \ll 1$ 로 하면,

$$\delta R = \frac{\rho_0 . \delta l}{S - A} \tag{9-4}$$

로 한다. 따라서 세공부의 전저항 R은,

$$R = \int_o^L \frac{\rho_0 . \delta l}{S - A} = \frac{\rho_0}{S} \int_0^L \frac{\delta l}{1 - A/S}$$

$$= \frac{\rho_0}{S} \int_0^L (1 + \frac{A}{S} + \frac{A^2}{S^2} + \cdots\cdots) \delta l \tag{9-5}$$

여기서, $A/S \ll 1$로 하고, 2차항 이하를 생략하면 다음 식이 얻어진다.

$$R = \frac{\rho_0}{S} \int_0^L (1 + \frac{A}{S}) \delta l = \frac{\rho_0}{S^2} \int_0^L (S + A) \delta l$$

$$= \rho_0 \frac{L}{S} + \frac{\rho_0}{S^2} \int_0^L A l \delta = R_{0+} \frac{\rho_0}{S^2} \int_0^L A \delta l \tag{9-6}$$

따라서, 저항변동 ΔR은

$$\Delta R = R - R_0 = \frac{\rho_0}{S^2} \int_0^L A \delta l \tag{9-7}$$

여기서, $\int_0^L A\delta l$ 은 바로 입자체적 V_p이므로,

$$\Delta R = \frac{\rho_0}{S^2}\int_0^L A\delta l = \frac{\text{전해질용액의비전기저항}}{(\text{세공의단면적})^2} \times \text{입자체적} \qquad (9\text{-}8)$$

가 얻어진다. 따라서 세공부를 통과하는 입자의 체적과 저항변동과의 사이에는 비례관계가 성립하기 때문에 정전류회로(전류치 : I)에서 발생하는 전압변동의 높이(ΔV)는 다음 식과 같이 입자체적 V_p에 비례한다.

$$\Delta V = I\Delta R = I\frac{\rho_0}{S^2}V_p \qquad (9\text{-}9)$$

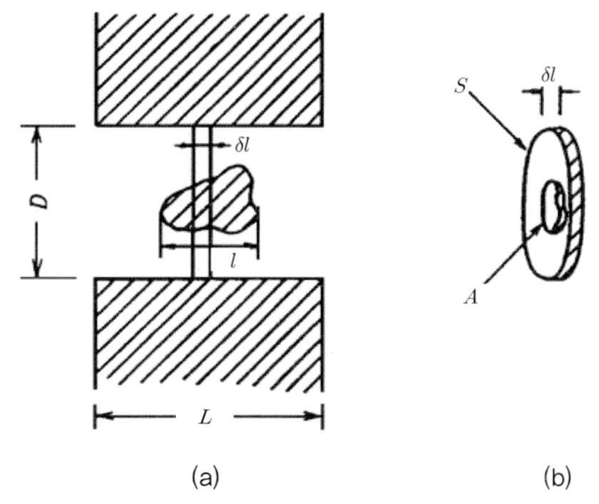

〈그림 9-2〉 전기저항변동의 계산 원리

식(9-9)의 (ρ_0/S^2)의 값은 전해질용액, 세공경, 세공관의 형상 등에서 변하므로, 실제 측정할 때는 입도(또는 체적)을 정확히 알고 있는 단분산 입자를 이용하여 검정하여, 비례정수, $k=\rho_0/S^2$를 결정하면 좋다[13].

9.1.3 측정원리에 기인하는 제약

(1) 한 번에 측정할 수 있는 입도 범위

앞에서 해설한 바와 같이 식(9-6)을 검출할 때에, 입도가 세공경에 비해서 충분히 작다고 ($A/S \ll 1$)라고 가정하였다. 따라서 세공경에 비해서 통과하는 입자가 크게 되면, 식(9-6)은 엄밀하게는 성립하지 않게 되므로, 실제로 정확하게 측정할 수 있는 입도의 상한은 세공경의 30~40 % 정도까지이다. 또 노이즈 등의 문제도 있기 때문에 측정하한은 2 % 정도이다〈그림 9-3〉[13].

2~40 %의 범위에서도 입도(입자체적)와 전압변동 펄스 높이의 직선성에 다소의 문제가 있기 때문에, 입도가 다른 두 종류 이상의 검정(calibration)입자를 사용해서, 입도 범위마다 앞서 말한 비례계수 k를 결정하여 보완하면 정밀도는 향상한다. 시판장치 중에서는 입도의 다른 입자를 사용해서 검정하고, 컴퓨터로 자동적으로 보완하고 있는 것도 있다. 또, 전압 변동 펄스 높이와 입도가 비례하지 않는 범위로 연산회로로 보정하여 세공경의 2~60 %의 입도 범위까지 정밀도 좋게 측정할 수 있는 장치도 시판되고 있다.

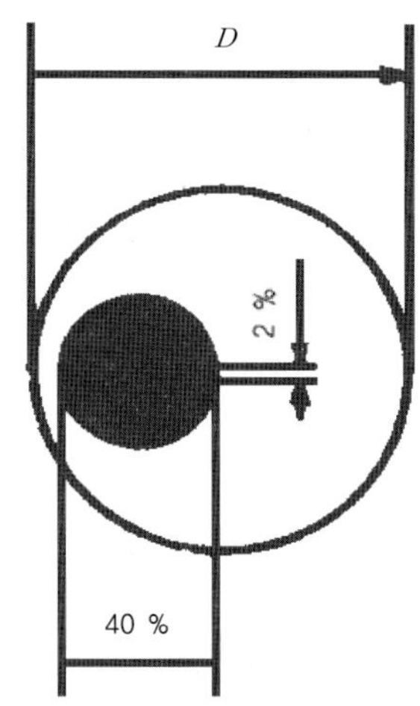

〈그림 9-3〉 계측가능 범위

(2) 2개 이상의 입자의 동시통과

시료용액의 입자개수농도가 높으면, 세공 내(검지영역)에 2개 이상의 입자가 동시에 존재할 가능성이 있다. 이 경우, 전기회로의 저항변동은 〈그림 9-4〉에 모식적으로 나타내는 바와 같이, 검지영역에 존재하는 입자의 체적의 총량에 대응하는 1개의 큰 전압변동 펄스로서 검출되기 때문에 측정결과에 오차가 생긴다[13]. 따라서 각 입자의 평균 간격이 검지영역의 길이(세공의 두께 : 세공경에 따라 다름) 보다 크게 되도록 하고 입자농도 일 것이 요망된다. 그러나 그 경우에도 현탁액 중의 입자의 분산이 균일하지 않다면, 이 현상이 생기는 확률은 존재한다. 그렇기 때문에, 얻어지는 측정결과를 확률 통계적으로 수정하는 방법이 있다. 시판장치의 대부분의 데이터처리용의 마이크로 프로세스를 내장하고 있어, 동시 통과현상에 의한 계수오차를 자동적으로 보정하고 있다. 또 검지영역에 동시에 존재하는 복수의 입자도 통상은 시간차를 가지고 검지영역에 침입해 오고 있기 때문에, 전압변동의 파형에 교란이 생긴다. 그래서 파형해석에 의해서 그것을 검출하고, 계수에서 제외하여 data 해석을 하는 수법도 있다. 최근에는 파형 해석회로를 입력하여 동시 통과현상을 보정할 수 있는 기종도 시판되고 있다.

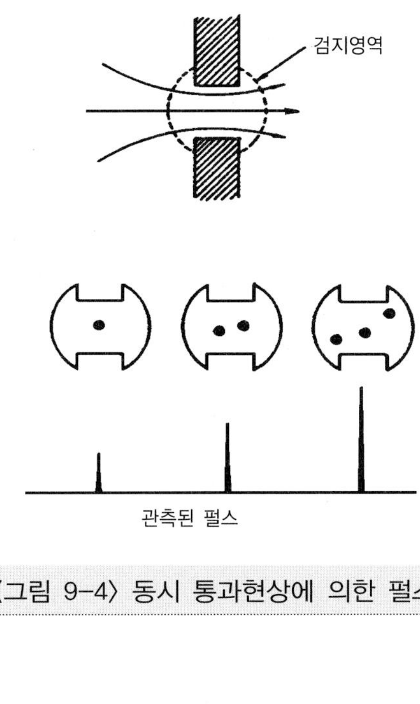

〈그림 9-4〉 동시 통과현상에 의한 펄스 높이

(3) 비저항이 작은 입자(도전성 입자)의 계측

식(9-4)는 입자의 비저항이 전해질용액의 그것에 비해서 극히 큰($\rho_0/\rho_p \ll 1$) 경우(절연체 입자)에 성립한다. 따라서 금속과 같은 전기적으로 양도체의 입자의 경우에서는 측정치에 다소의 문제가 생긴다고 생각된다. 그러나 일반적인 입자는 산화피막으로 코팅되어져 있고, 전해질 용액 중에는 입자 표면에 전기2중층이 형성되어 제타전위가 존재하기 때문에, 회로를 흐르는 전류가 그다지 크지 않으면 표면을 불양도체로서 취급해도 그다지 문제는 없다. 그러나 전류치가 크게 되면, 표면의 불양도체 효과가 상쇄되어 버리기 때문에 관측되는 체적은 실제의 입자체적보다 작게 된다. 이것에 대한 대응책으로서는,

① 전기전도도가 높은 전해질용액을 사용한다(예를 들면, 2000 ms/orifice diameter 정도).
② 동일의 시료를 각종의 전류치로 측정하여, 입자체적이 작게 관측되기 시작하는 critical인 전류치를 탐색하여, 그 이하의 전류치에서 측정한다.
③ 입자를 적당한 표면활성제로 처리하여, 입자표면을 가능한 한 불양도체로 한다.

등이 있다[13].

9.2 장치의 구성

장치는 〈그림 9-5〉에 보인 바와 같이, 샘플링 장치, 계수·연산장치, 데이터 해석 및 출력장치로 구성된다[13].

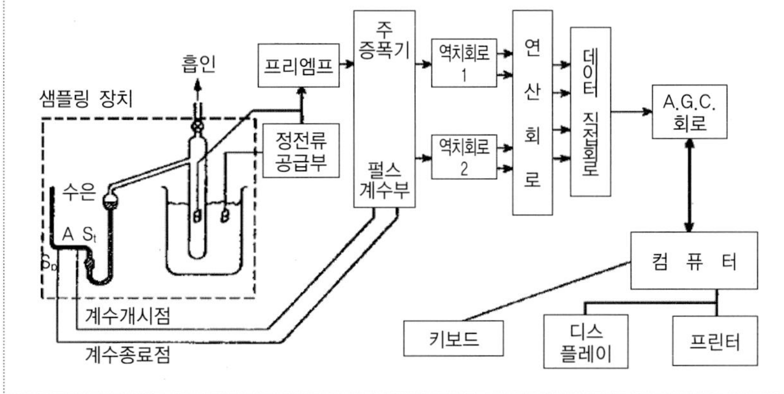

〈그림 9-5〉 전기적 법지대법의 장치구성

9.2.1 샘플링 장치(검출부)

세공을 갖는 샘플링관, 계는 부압으로하는 흡입pump, 세공부 통과액량을 제어하는 수은 마노메타, 시료용기, 교반기로 된다.

샘플링관(세공관)은 유리재료의 측벽에 1개의 세공이 정밀하게 열려있다. 세공의 구경은 10~2000 ㎛의 범위로 각종 되어 있기 때문에, 측정대상 입자의 크기에 따라서 적절한 세공관을 선택해서 장착하지 않으면 안 된다.

수은 마노메타는 세공관 내압(-)을 일정하게 유지하고, 계측시의 흡인속도를 일정하게 함과 동시에 계측개시·정지 시를 제어해서 입자 현탁액의 측정액량을 설정하는 장치이다. 흡인 펌프로 세공관 내를 소정의 압력으로 한 후, 스톱 코크를 닫으면, 세관 내가 대기압에 같게 되기까지 세공을 통하여 시료용기 내에서 현탁액을 계속 흡인을 한다. 마노메터의 수은은 계속 강하를 하나, 계측 중에는 한 쪽의 단면 A가 마노메터의 수평부를 이동하도록 하고 있다. 수은면 A가 계측개시접점 S_t를 통과하면, 계수·연산장치에 신호가 보내져 계측을 개시한다. 그 후, 수은면 A가 계수종료접점 S_p에 도달하면 계측이 종료된다. 측정개시접점과 종료접점 사이의 마노메타 내 체적이 정밀하게 설정되어 있기 때문에(예를 들면, 50 μl), 소정의 체적의 현탁액 중에 입자개수가 계측될 수 있다. 계측 중에는 마노메타 내의 수은의 상면이 단면적이 큰 수은 통(구형)에 위치하도록 설계되어 있어, 수은의 상면의 높이는 거의 변화하기 않기 때문에, 세공내의 압력은 거의 일정(흡인속도가 일정)하게 유지된다.

9.2.2 계수·연산장치

우선, 검출부(전극)에 정전류 전압을 공급하는 전원이 있다. 세공경과 사용하는 전해용액에 의해서 형성되는 전기회로의 전도도(회로저항)에 대하여 최적인 전류치가 존재하나, 대부분의 기종은 자동적으로 설정되어 있도록 되고 있다.

입자가 세공을 통과할 때에 발생하는 전압변동 펄스는 프리앰프로 신호처리 되어, 증폭회로에서 적절한 파고로 증폭되어 트레스밸류(thresh value) 회로에 들어온다. 트레스밸류 회로는 설정된 파고치 이상의 펄스만을 계수 연산회로에 보내준다. 따라서 하나의 트레스밸류 회로에서는 설정 파고치 이상의 크기 입자의 총수가 계수될 수 있다. 원리적으로는 설정 트레스밸류를 변화시켜 수 회 반복하여 계측하면, 펄스 높이(입자의 크기)의 분포가 얻어진다. 또, 두 개의 트레스밸류 회로를 이용하면 각각의 설정치 간에 존재하는 입자의 빈도가 계수될 수 있다. 그러나 최근의 시판장치에서는 이 같은 조직을 계수·연산회로에 의해서 개개의 펄스파 높이로 인식하고, 한 번의 계측으로 입도분포가 얻어지도록 되어 있다. 통상의 장치에서도 계수·연산회로의 ON·OFF는 샘플링장치의 수은 마노메타의 start·stop접점에서 보내오는 신호에 의해서 제어되나, 시판 장치 중에서는 계수·연산회로 측에 제어회로를 두어, 임의의 계측개수 내지는 계측시간을 설정할 수 있는 장치도 있다.

9.3 측정순서와 유의점

9.3.1 측정준비

이하의 조작 중, 대부분이 자동적으로 설정해 주는 기종도 있으나, 설정결과 (측정결과)를 바르게 평가하기 위해서는 장치 내에서 무엇이 행하여지고 있는 가를 이해해 두는 것이 중요하기 때문에, 여기서는 수동식을 상정해서 해설한다.

(1) 샘플링 관의 선정

1개의 샘플링관으로 측정될 수 있는 입도의 범위는 세공관의 2~40 %(기종에 의해서는 60 %)이므로, 시료체적의 입도에 응하여 적당한 구경의 샘플링관을 선택한다. 50 % 입도(체적기준) 이 세공경의 10~20 % 정도에 들어오도록 선택하는 것이 좋다.

(2) 전해용액의 선정

일반적인 입자라면 시료를 분사시켜 전해질 용액에는 1 % 정도의 NaCl 수용액이 잘 이용된다(보통은 농도가 0.9 %로 관리되고 있는 시판의 생리적 식염수를 잘 이용한다). 그러나 수용성 또는 물과 반응하는 입자의 경우는 이소프로필 알콜이나 아세톤 등의 유기용매에 LiCl을 녹인 것이 잘 사용된다. 〈표 9-1〉에 측정 시료와 전해질 용액의 조합 예를 보였다[13].

(3) 전류치의 측정과 진폭(엠프의 증폭도)의 설정

시료용기에 사용하는 전해질 용액만을 넣고, 장치를 흡인상태에 설정하여 세공을 통하여 형성되는 전기회로의 저항을 측정하여, 세공경과 그것에 의해서 형성된 전기저항의 조합에 최적인 전류치와 엠프의 진폭을 설정한다(통상, 기종마다 조합도가 메뉴열에 첨부되어 있다).

적정범위 보다 큰 전류치를 설정하면, 세공부에 열이 발생하여 측정 중에 용액의 전기전도도가 변화해 버리고, 조금만 진폭을 올리면 전기적 노이즈도 증폭되므로 주의를 요한다. 시판장치의 대부분은 이 조작이 자동화되어 있으나, 특수한 입자의 측정이나, 특별한 조건을 설정하여 측정하는 경우에는 수동으로 설정할 수가 있다.

〈표 9-1〉 측정시료에 응하는 전해질 용액의 예

시료	전해액	비고
알루미나	a, b, c	
알루미늄	a	알카리 (인산염) 전해액과 반응한다
수산화알루미늄	d	
탄산바륨	e	
티탄산바륨	c	분산제는 0.3 % H/W Gallic Acid
베리륨	a, c	분산제는 Daxad.
탄화붕소	a	분산제는 Sulframin, 붕산에서 미리 포화하여 두다
질화붕소	a	
bronze	–	5 % v/v 규산나트륨 용액
탄산칼슘	f, g	
carbon	c, a	
탄화규소	–	
cellulose	h	
산화크롬	b	
점토	c	
동	a	분석시간 중에는 반응하지 않는다
다이아몬드	c	
장석	a	
페라이트	c	
석탄회	–	0.005 mol/ℓ 피코 인산나트륨 (2.23 g/ℓ)
산화철	–	0.3 % NaCl
유당(乳糖)	f	
석회	a	
마그네시아	f, g	
탄산마그네슘	f	
니켈	a, c	
실리카	a	1 ㎛ 정도의 가는 것으로 되면 적은 반응
탄화규소	a, c	
질화규소	f	
은	a	
talc	c	
이산화티탄	c	
염화비닐	a	

a : 0.9-1.0 % NaCl, b : ISOTON (쿨터회사), c : 2-5 % $Na_3PO_4 \cdot 12H_2O$ 또는 $Na_4P_2O_7 \cdot 10H_2O$, d : 이소부틸알콜에 10~40 %의 LiI, e : 2~5 % 황산나트륨, f : 이소프로필알콜에 4~5 % NH_4CNS, g : 메탄올에 4~5 % LiCl, h : 아세톤에 2~3 % NH_4CNS

(4) 표준입자에 의한 장치의 교정

장치에 부속의 표준 입자(입도를 알고 있는 구형입자 : 스틸렌 계의 라텍스가 많다)를 사용하여 검정(calibration)을 행하여, 앞의 식(9-9)의 비례정수 k를 결정한다. 세공경, 전해질용액, 전류치의 조합하여 동일하면, 측정마다 매회 검정을 행할 필요는 없다. 단, 측정온도에 의해서 약간의 오차가 나므로(용액의 전기전도도가 변한다) 측정 환경의 온도 관리에 주의할 필요는 있다.

9.3.2 시료용액의 조제

(1) 모액의 조제

동일 시료의 측정을 다수 반복하고자 하는 경우에는 입자의 분산 상태를 좋게 하기 위해서는 모액을 조제하여, 측정마다 이것을 희석하여 시료용액으로 하면 좋다.

적당한 분산제로 조제된 일정용량의 용액(표준분산매) 중에 시료분체를 분산시킨다. data 해석할 때에 시료용액 중의 입자농도(중량)이 필요하기 때문에, 분산시켜 시료분체의 중량은 정확히 칭량해 두면 좋다. 이 용액에 초음파를 조사하여 액 중의 응집체를 분산시켜 모액으로 한다. 그 후, 이것을 분취하여 시료용액을 조제하기까지 교반기로 교반을 지속한다. 단, 모액의 온도가 상승하지 않도록 주의한다.

(2) 측정용 시료용액의 조제 (모액의 희석)

측정 직전에, (1)에서 조제한 모액을 피펫으로 정확히 분리하여, 전해질용액으로 소정의 입자농도에까지 희석한다. 소정의 입자농도란 입자가 세공을 동시통과하지 않는 농도영역에서, 그래도 계측개수가 노이즈에 영향을 미치지 않는 정도의 희박농도가 바람직하고, 장치에 의해서는 인디케이터가 있는 것도 있다.

모액의 용매와 전해질 용액의 종류가 상위한 경우, 모액의 분취량에 의해서는 조제한 시료용액의 전기전도도가 무시될 수 없을 만큼 변화해 버리는 경우가 있다. 그 경우에는 전항의 장치의 검정을 실제로 측정에 이용하는 시료용액 (입자가 들어있지 않는 희석용액)을 이용하여 행하면 좋다.

(3) 침강속도가 큰 입자의 시료조정

밀도가 큰 입자나 대입자를 포함하는 시료의 경우, 측정 중의 입자의 침강이 무시될 수 없게 되어, 입자의 편석이 오차의 요인으로 된다. 이 경우는 시료용액에 글리세린 등을 첨가하여 액의 점도를 높게 하면 좋다. 글리세린 수용액의 점도는 글리세린의 첨가량에 의해서가 상당히 광범위로 조제할 수 있다.

9.3.3 측정순서

기종에 의해서 측정순서에 다소의 차가 있으므로, 구체적인 순서은 각각의 매뉴얼을 참조하기로 하고, 여기서는 기본적인 개념만을 기술한다.

(1) 샘플링 관내를 시료용 전해질 용액으로 채운다.

(2) 측정 모터 (계측입자총수, 계측시간, 흡인액량 등)을 선택하여, 입자가 들어가 있지 않는 전해질 용액을 이용하여 노이즈 등의 백그라운드를 계측한다.

(3) 교반기의 회전이 노이즈의 원인에 의한 경우가 있으므로, 회전속도를 적절히 설정한다. 경우에 의해서는, 측정개시 직전에 교반기의 회전을 off로 하여 측정하면 좋다. 이 경우, 측정시간이 길게 되면 침강에 의한 오차가 무시될 수 없게 되므로 주의를 요한다.

(4) 용액을 모액을 희석하여 조제한 시료용액에 치환하여 측정을 개시한다.

(5) 측정 중에는 세공의 폐색 등에 주의한다. 대부분의 장치에는 세공을 관찰하는 디스플레이 등이 설치되어 있으므로, 계속해서 지켜보아야 한다.

9.3.4 측정상의 유의점

(1) 전기적 noise의 제거

장치는 전자기적으로 깨끗한 환경에 설치되어, 전원에는 노이즈 필터를 걸어두는 것이 바람직하다. 본체의 어스 설치는 확실히 한다. 측정자부터 전자기적 노이즈를 주므로, 측정 중에는 검출부를 잠근다. 또 샘플링 장치의 주위는 먼지나 용액 등에 의한 오염이 없도록 한다.

(2) 시료 용액에서의 노이즈

이 방법은 시료의 절대량이 미량으로 좋다는 것이 특징이나, 그 반면, 다른 측정법에 비해서 계측입자수가 극히 작기 때문에, 먼지 등의 혼입에는 충분히 주의한다. 용구(비이커, 피펫, 세공관…)의 세정, 전해질용액의 조제·관리 등에는 충분히 주의한다. 전해질용액은 적당한 막필터로 처리하여, 세정한 기구는 사용하는 전해질 용액으로 같이 씻는다. 또 측정이 감압 하에서 이루어지므로, 전해질 용액 중의 용존 기체가 측정 중에 기포화하는 수가 있다. 이것은 오차의 요인으로 되므로, 용액을 미리 감압 탈기하여 두면 좋다.

(3) 공기 중의 부유 dust는 오차의 원인으로 되므로, 깨끗한 환경에서 측정하는 것이 바람직하다.

9.4 측정결과의 예[13]

9.4.1 적절한 측정범위에 분포하는 시료의 측정 예

〈그림 9-6〉은 단분산 실리카입자의 측정결과이다. 사용한 서브미크론 관의 세공경은 20 ㎛이며, 측정범위는 0.48~12 ㎛이다. 측정결과는 최소입도가 0.67 ㎛, 최대입도가 2.56 ㎛이었다. 따라서 분포는 측정가능 범위 내에 있으며, 입자전체가 잘 계측되어 있는 것을 알 수 있다[13].

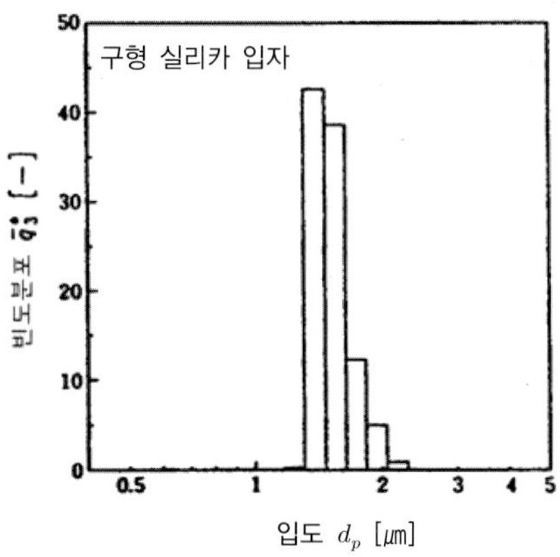

〈그림 9-6〉 구형 실리카 입자의 측정 예

9.4.2 측정가능 범위보다 작은 입자를 포함하는 시료의 측정 예

〈그림 9-7〉은 공통시료(WA#10000)를 세공경 22 ㎛의 샘플링 관으로 측정한 결과이다. 측정의 하한은 노이즈 등의 관계로 0.47 ㎛이었다. 그림에서 이 보다 작은 입자의 존재가 예측된다(최소 분율의 빈도가 0으로는 아니고, 상당히 큰 값으로 되어 있기 때문에). 덧붙여서 적산 분포를 원심침강 광 투과법과 함께 〈그림 9-8〉에 보였으나, 실제로는 0.47 ㎛ 이하의 입자가 상당히 있는 것 같다. 전기적 검지법에서는 측정범위 이하의 입자는 없는 것으로 처리할 수 밖에 없으므로 이 같은 결과로 되어 버린다. 이 문제를 어느 정도 보정하는 수단으로써 다음 항에 서술된 매스발란스의 방법이 있다. 그림 중의 점선의 곡선은 이 방법에 의해서 데이터를 보정한 결과이다. 결과는 원심침강광투과법의 결과와 비교적 잘 일치하고 있다[13].

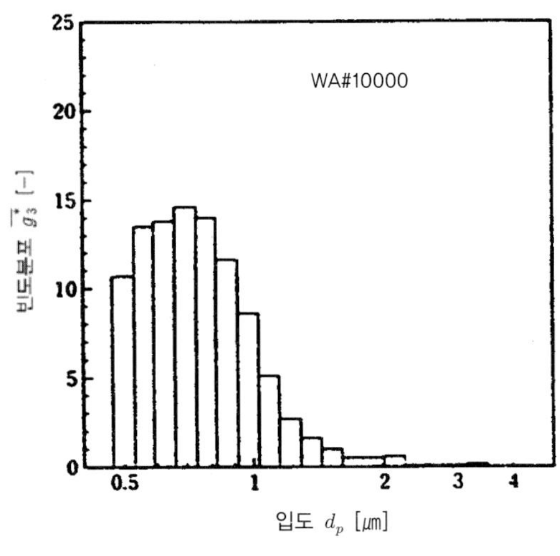

〈그림 9-7〉 WA#10000 입자의 측정 예

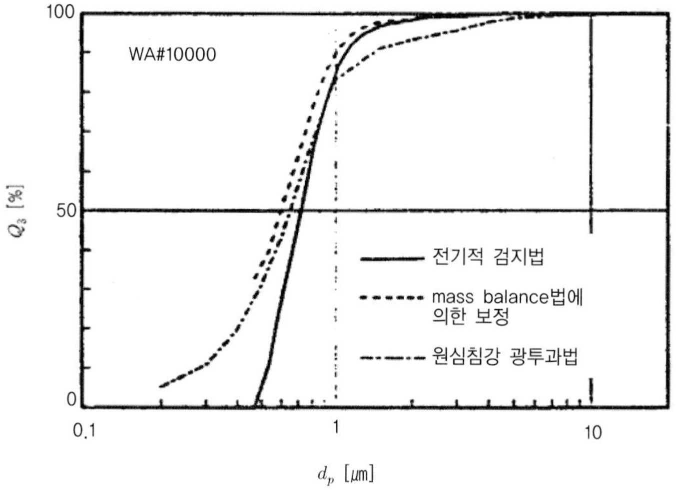

〈그림 9-8〉 매스 발란스법에 의한 보정

9.4.3 매스발란스법

측정시료 용액 중의 입자농도(중량, 체적)이 기지(시료용액을 조제할 때에 입자 중량을 정확하게 칭량해 둔다)라면, 계측된 입자 체적에서 측정하한 이하의 입자가 점유하는 체적의 비율을 계산할 수 있다. 단 측정하한 이하의 입도분포의 정보는 얻어지지 않는다. 이하에 계산의 순서를 해명한다.

(1) 얻어지는 분포와 계측 입자개수에서 계측된 입자의 전체적을 계산한다.

(2) 조제한 시료용액의 입자 농도에서 측정한 시료용액의 체적(예를 들면, 50 μl) 중의 전입자 체적을 계산한다. 이 경우, 입자밀도가 필요하다.

(3) 계측한 시료용액 중에 존재하는 전입자 체적과 측정에서 얻어지는 입자 체적의 차가 측정되지 않았던 입자 체적이기 때문에, 측정하한 이하의 입자 비율이 계산될 수 있다. 따라서 측정하한의 입도의 적산이 그 값에 이동하면 앞 그림과 같은 보정 곡선이 얻어진다.

9.5 전기적 검지법의 이후의 가능성과 과제

(1) 지금까지 서술해 왔던 바와 같이, 이 방법은 입자형상이 여하에 관계없이 그 체적과 개수를 신속 (길어도 100초 정도) 히 측정할 수가 있다. 또 얻어지는 결과의 물리적 이미지도 명확하며, 수법자체는 이미 거의 확립되어 있으므로, 시료의 조제법에 유의만 하면, 손쉬운 측정법으로 이용될 수 있다.

(2) 현재, 측정될 수 있는 범위는 0.2~1600 ㎛(일체의 샘플링 관으로 이 범위를 커버 할 수 있는 것은 아니다)이나, 뉴클리어포어를 이용하여, 이 원리를 보다 미소입자의 측정의 적용이 시도되고 있다. 폴리카보네이트 시트를 중성자선으로 에칭하여 0.XXX의 마이크론의 세공(길이 또는 두께 1~2 ㎛ 정도)를 형성하여, 플라스틱 유리에 집어넣어 측정용 셀로 하고 있다. 공의 눈막힘을 초음파로 방지하면서 0.06 ㎛까지 측정되고 있으며, 다시 0.03 ㎛ 정도까지 측정이 가능할 것이라고 말하고 있다.

(3) 실제로는 검출부의 전계강도 분포는 균일하지 않다. 따라서 동일한 크기의 입자라도 통과하는 위치에 의해, 관측 펄스 높이에 차가 생긴다. 세공벽이나 에지 근방에 전계강도의 높은 부분이 존재하므로, 세공벽 근방을 통과하는 입자는 중앙을 통과하는 것 보다 펄스가 높게 되어, 전체로서, 입도분포를 크게 평가해 버리는 경향이 있다. 이 현상을 방지하는 방법의 하나는 〈그림 9-9〉에 보인 바와 같이 시스플로우에 의해 입자를 항상 중앙을 통과시키는 것이다. 이 궁리는 혈구 카운터 등에서는 이미 실현되고 있으므로, 입도분포 측정 장치에의 응용이 기대된다[13].

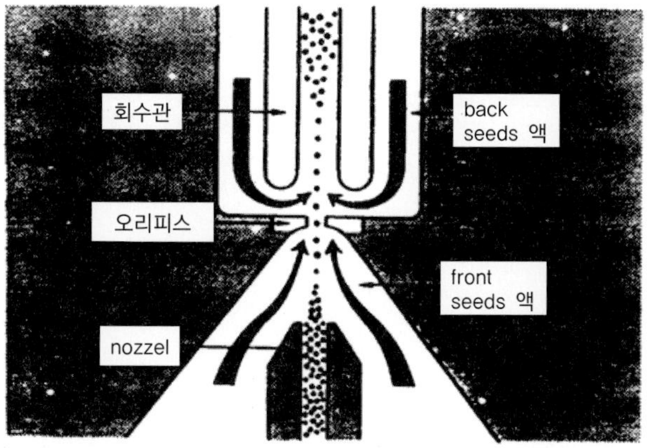

〈그림 9-9〉 입자가 세공중앙을 통과하기 위한 고안

참고문헌

[1] Coulter, W. H., *Proc. Nat. Elec. Conf.*, p.12, 1956.
[2] Mattern, C. F. T., et al., *J. Appl. Phys.*, 10, 1(1957).
[3] Cooper, W.D. and G. D. Parfitt, *Kolloid-Z. u. Z. fuer Polymere*, 223(2), 160 (1967).
[4] Walstra, P. and H. Oortwijn, *Coll & Interface Sci.*, 29(3), 424(1969).
[5] Steiner, L., E. Shoukry, and S. Hartland, *Ind. Eng. Chem. Fund.*, 13(3), 267 (1974).
[6] Liu, B. Y. H. and D. Y. H. Pui, *J. Aerosol Sci.*, 6, 249 (1975).
[7] Alliet, D. F.,, *Powder Tech.* 13, 3 (1976).
[8] Harfield, J. G. et al., "Particle Size Analysis", p.151, John Wiley, 1981.
[9] Atkinson, C. M. L., *Powder Tech.*, 34, 275 (1983).
[10] Daniels, C. A. and A. A. Etter, *Powder Tech.*, 34, 113 (1983).
[11] Barth, H. G. ed., *Chemical Anal.*, 73 (1984).
[12] 강석호, "분체공학", 제2판, 희중당, 서울, 1995.
[13] 粉體工學會編, "粒子徑計測技術", 日刊工業新聞社, 1994.
[14] 粉體工學會編, "粉體工學便覽 第2版", 日刊工業新聞社, (1998).
[15] 椿淳一郎, 早川修, "粒子徑計測技術", 日刊工業新聞社, (2001).
[16] Harfield, J. G. et al., "Particle Size Analysis '81", p.151, John Wiley and sons.
[17] American Soc. for Metals ed., "Metals Handbook", Ninth Edition, p.220.

제10장 광학적(광산란)원리를 이용한 입도분포 측정법

현미경을 이용한 측정법도 광학적 방법이다. 이 절에서 광학적 방법이라고 하는 뜻은 오히려 전자파의 산란(복사선 분란)을 이용한 광학적 원리를 지칭한다. 전자파 복사선의 진로에 입자가 존재하게 되면, 광학적 상호작용(광산란 현상)이 일어나고 산란광의 세기는 입도에 대한 어떤 정보를 제공 한다 〈그림 10-1〉. 이 원리는 마치 레이더를 이용하여 눈에 보이지 않는 비행물체를 추적하는 원리와 똑같다. 일정파장의 복사파가 미세한 입자표면에 도착하면 그 중 일부는 각각 투과, 흡수, 산란된다. 산란되는 복사파 중에는 회절, 굴절, 반사되는 것도 있으며 흡수된 복사파는 입사복사선보다 긴 파장의 복사선을 다시 방출하기 때문에 그 강도측정이 곤란하다.

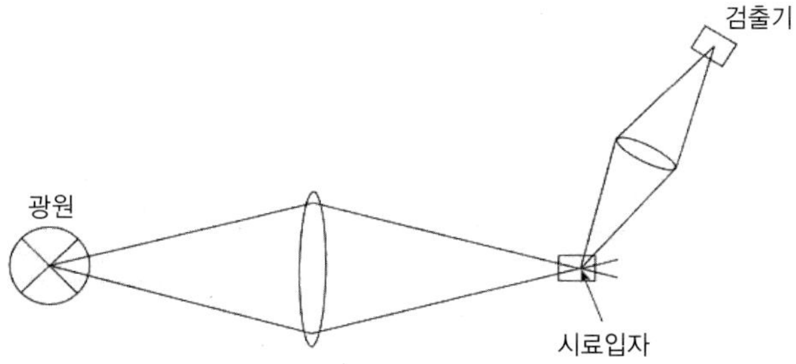

〈그림 10-1〉 광산란의 원리와 산란광의 측정
(산란각에 따라서 검출기의 위치가 달라진다)

Mie의 광산란 이론은 광학적 원리를 이용한 분체의 입도분석에 기본이 된다 〈그림 10-2〉. 그러나 이 이론을 실제로 응용하는 데는 여러 가지 어려움이 뒤따른다. 즉 시료분체의 굴절률, 그리고 입도와 산란특성 상이의 수학적 관계를 미리 예측할 수 있어야 하고, 특히 사방으로 산란되는 산란광의 세기를 여러 가지 각도(0~180℃)에서 측정하는 실험적 어려움이 있다. 그럼에도 불구하고 레이저광이 개발되어 있고, 컴퓨터가 복잡한 계산을 대신해줌으로써 이 원리를 이용한 분석 장치의 개발은 많이 진전되었다. 70년대에 특히 이 분야의 발전에 기초가 되는 이론적 연구들이 많이 행하여졌다. 시료입자의 입도가 단일입도(mono dispersed)인 경우에는 이론치와 실측치가 비교적 접근하지만, 시료의 입도가 넓게 분포되어 있으면(poly dispersed)입도의 근사한 평균치만을 얻게 된다.

광산란 현상 자체가 매우 복잡한 현상이기 때문에 이 원리를 이용한 장치는 그 종류가 매우 다양하고 측정원리도 실제로는 약간씩 다르다.

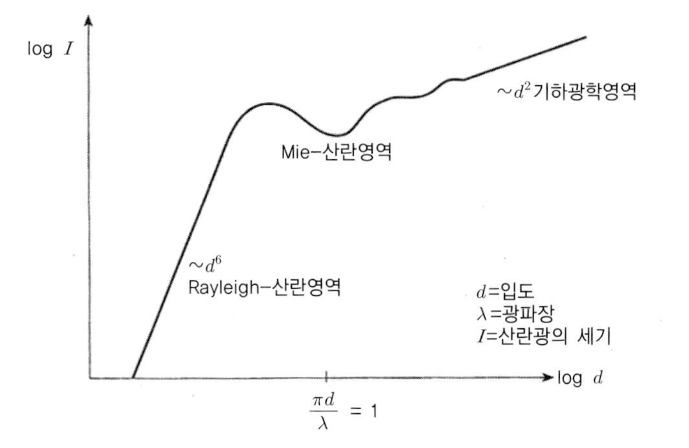

〈그림 10-2〉 입자크기와 산란광의 세기와의 관계

위의 방해효과들이 강약의 차이는 있으나 동시에 일어나기 때문에 어느 효과를 이용하여 측정할 것인가는 광학적 설비의 배치에 의해서 결정된다. 따라서 얻어지는 결과도 분체의 평균입도일 때도 있고 입도분포일 때도 있다. 광학적 원리가 이용된 분석 장치가 최근에 큰 발전을 하고 있는 이유는 첫째, 광원으로써 매우 안정된 단색의 레이저광을 쉽게 발생시킬 수가 있으며, 둘째, 측정 데이터의 처리에 전자계산기를 쉽게 이용할 수 있고, 셋째, 분석할 시료의 채취 및 전처리 과정을 생략하고 분체가 존재하는 상태 그대로 측정할 수 있는 이점이 있기 때문이다. 세 번째의 것은 특히 대기오염분진의 측정에 광학적 방법이 큰 기여를 하게 되는 이유이다.

이러한 이유들은 광학적 원리를 이용한 장치를 사용하면 분석에 소요되는 시간을 단축시킬 수 있고 분체취급 공정의 자동화도 가능하기 때문에 연구 활동이나 기업 활동의 측면에서 함께 큰 관심을 모으고 있다. 〈표 10-1〉에 광산란 원리를 이용한 입도분포 측정 장치를 정리해서 보인다.

〈표 10-1〉 광산란원리를 이용한 입도분포 측정 장치

원리	장치의 명칭	참고문헌
산란 (scattering)	Optical Particle Counter Tipton Particle Analyzer Counter Nanosizer Royco Particle Analyzer Laser Interferometer Laser Doppler Anemometers	Gravatt (1979) Tipton (1976) Gahwiller (1980) Lieberman (1975) Bachalo (1980) Hong (1976)
회절 (diffraction)	Talbot-Disa CILAS Granulometer Malvern Analysis Microtrac HELOS	Talbot (1967) Meric (1972) Swithenbank (1977) Weiss (1976) Sympatec
투과 (extinction)	HIAC-counter	West (1976)

1973년에 미국 NBS에서 EPA를 위하여 개발한 Optical Particle Counter는 산란광의 세기를 두 점의 좁은 범위의 산락각에서(5~10°) 동시에 측정할 수 있도록 된 것이다. 두 점에서 측정된 산란광의 세기의 비는 입도와 관계가 있다. 또 이비는 대기분진의 성분과도 관계가 있을지 모른다는 가정 하에 계속 연구되고 있다.

Couler Nanosezer는 광산란 이론을 직접 이용한 장치가 아니고, 산란광의 변동(fluctuation)을 측정하여 입자의 Brown운동에 관한 Einstein의 이론으로부터 입도를 계산하는 장치이다.

Royco계기회사는 대략 〈그림 10-3〉에 표시한 원리에 의하여 액체에 분산된 0.5 ㎛ 정도의 입자를 분석하는 장치를 개발하였다. 작은 광속의 레이저광의 일부는 반사거울을 통과하여 보정용 광섬유에 보내져서 산란광 검출부에 단락된(chopped) 광펄수로 계속 전달된다. 다른 일부의 광속은 시료 셀(cell)에서 분산된 후 산란광 검출부에 전달되어 광섬유로부터 전달된 펄수와 함께 펄스높이가 비교 분석되어 입도를 결정하게 된다.

레이저 도플러 속도계(Laser Doppler Anemometer)는 두 개의 레이저광이 교차하는 측정요소를 통과하는 입도를 측정하는 데 사용된다. 그런데 이러한 목정에는 입자가 분산되어 있는 유체의 유속을 미리 알아야 한다. 바꾸어 말해서 LDA는 유속을 측정하는 장치로서, 유속을 측정하려면 입도가 알려진 입자가 유체와 함께

검출부(측정요소)를 통과해야 한다. 검출부를 일종의 광학적 체(optical sieve)라고 할 수 있겠는데, 입도는 검출부의 imaginary fringe patten과 비교됨으로써 결정된다.

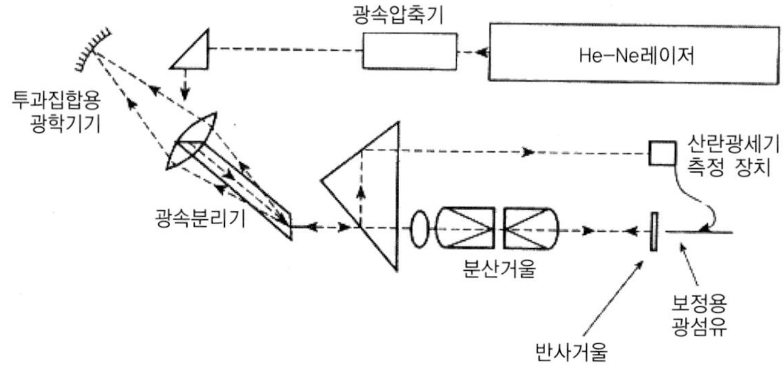

〈그림 10-3〉 Royco submicron particle analyser의 개략도

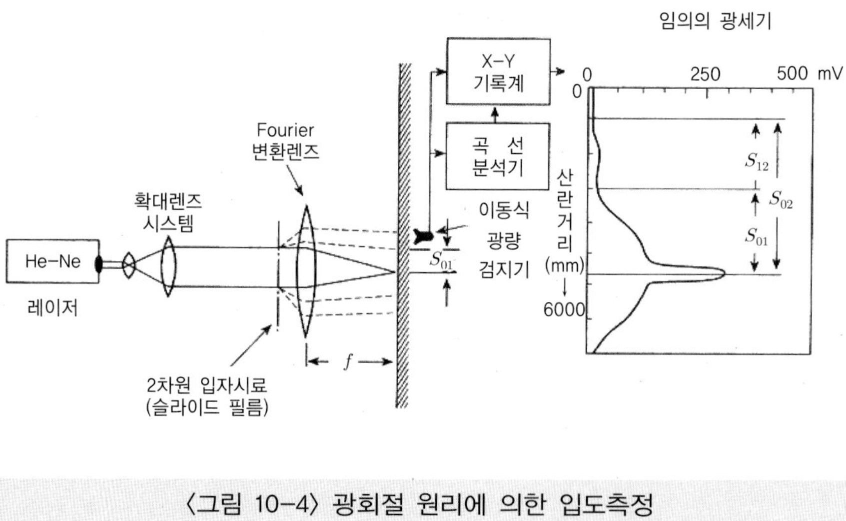

〈그림 10-4〉 광회절 원리에 의한 입도측정

Fraunhofer회절 또는 far-field회절을 이용하면 구형입도에 반비례하는 동심원의 Airy회절무늬를 얻을 수 있기 때문에, 이 원리를 이용한 장치의 발전도 매우 활발하다.

〈그림 10-4〉에서와 같이 단일입도가 아닌 구형분체의 경우에는 회절무늬의 동심원의 지름이 불규칙하게 분포되기 때문에 주어진 시료의 입도분포를 측정하는 데는 회전하는 mask-dise가 필요하고 회절무늬의 광에너지 세기를 단일입도별 회절무늬의 세기로 분리하는 복잡한 매트리스계산이 필요하게 된다.

회절원리에 의한 분석기술에서 아직도 미해결인 부분은 분체입자의 형상이 비구형인 경우인데, 이론적 연구와 실험적 시도가 계속되고 있다.

또한, 1980년대 이후에 새롭게 출시된 광회절산란 원리를 이용한 입도측정 장치를 〈표 10-2〉에 보인다.

〈표 10-2〉 최근 출시된 광회절산란 원리를 이용한 입도분포측정 장치

제조회사	Model
CILAS	Laser Glanulometer
Elzon	80XY-2
Sheishin	SKC-2000
Shimadzu	5500-01
Microtrac	MT 3000
Sympatec	HELOS
Coulter	LS230
Fritsch	Analysette22
Malvern	Mastersizer Micro plus, Mastersizer 2000

10.1 레이저회절 산란법

10.1.1 장치의 구성 및 특징

입자에 빛이 입사되면 상호작용의 결과 빛의 흡수, 투과, 반사, 산란 또는 회절현상을 일으킨다. 따라서 레이저 회절산란을 이용한 입도분포 측정법은 광학적 원리를 이용한 입도분포 측정법은 회절광이나 산란광의 강도의 각도의존성(산란 pattern)이 입자의 크기의 함수인 것을 이용하여 Fraunhofer 회절이론이나 Lorenz-Mie의 산란이론을 이용하여 입도분포를 구하는 측정법이다.

이 방법은 빛의 단색성과 간섭성에 뛰어난 레이저광원의 이용과 고성능의 PC나 적절히 설계된 전용의 고감도 수광소자의 개발에 의해 발전하였다. 측정이 신속하고 재현성이 좋으므로 현재 많은 기종이 시판되어 급속히 보급되고 있다. 오래 전에는 전방소각 산란법이라고 불리고 있지만, 레이저 빛이 사용되고 부터는 레이저 회절·산란법이라고 부르는 쪽이 일반적으로 되었다.

이 방법에서는 입자군에 따라서 전방에서 측방의 각도 영역에 산란되는 빛의 강도, 각도 의존성(산란 패턴)이 입도분포의 결정에 이용된다. 입자가 비교적 큰 경우에는 전방의 좁은 각도 영역에서의 단일 입자의 산란 강도는 회절 패턴으로 근사된다. 이 각도 영역의 산란 특성에서 회절 근사를 바탕으로 입도분포를 추정하는 방법은 옛날에는 전방 미소각(협각) 산란법이라 불렸으나, 조사광에 레이저광이 또 수광부에는 전용으로 개발된 디텍터가 채용된 장치가 이용되도록 되었기 때문에 레이저 회절법이라는 호칭이 일반적으로 되었다.

분체의 입도측정의 분야에 있어서는 서브미크론입자의 입도측정에 대한 강한 요망이 있으며, 그에 응하기 위해서 전방 미소각 내의 산란패턴뿐만이 아니라, 측방의 각도 영역에 있어서 산란패턴이나 편광 특성이 이용되게 되었다. 그 때문에 그 같은 입도측정법은 회절·산란법이라고 불려진다[30].

(1) 장치의 구성

① 측정 장치

장치의 기본 구성을 〈그림 10-5〉에 나타낸다. 광원에는 수 mW의 레이저가 사용된다. 레이저 광선은 beam expander에 의해 직경 수 mm의 평행도의 높은 광속으로 되고, 측정부의 입자군을 조사한다. 분체를 기상 중 또는 액상 중에 분산시킨 시료를 사용할 수 있는 것도 특징이라고 말할 수 있다. 입자군에서 산란된 빛은 수광 렌즈로 굴절시켜 그 초점면에 설치된 수광부(detector)로 강도에 대응한 전기신호로 변환시킨다. 각각의 입자에서 동일 방향으로 산란된 빛은 초점(detector)면으로 동일 원주 상에 모아지기 때문에 디텍터는 다수의 환상의 수광소자가 동심원 상에 배열한 구조로 되어 있다. 이 많은 수광소자의 출력으로부터 입자의 산란 패턴이 얻어지고, 입도분포를 구하는 기초 데이터로 된다. 또, 산란되어지지 않는 빛(비산란광)은 수광 렌즈로 모아져 그 강도가 측정된다. 이 값은 광축 조정이나 입자농도의 추정에 사용된다[30].

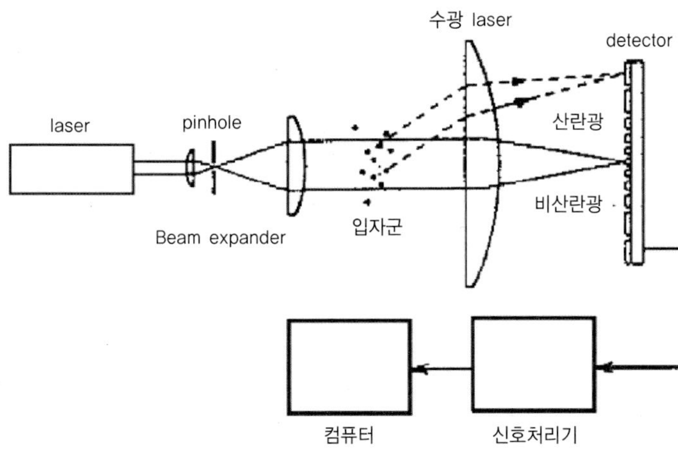

〈그림 10-5〉 레이저 회절·산란법 장치의 기본구성

입자의 크기가 레이저 빛의 파장에 비해 충분히 큰 영역에서는 Fraunhofer 회절이론이 성립하고, 산란 패턴은 〈그림 10-6〉과 같은 곡선으로 된다[30]. 입도 d_p와 레이저 빛의 파장 λ의 비로서 표현된 입도parameter $\alpha(=\pi d_p/\lambda)$가 30 이상에서 이 회절근사는 성립한다. 이 그림의 종축은 산란각 θ에, 그 각도에서의 산란강도 $I(\theta)$를 곱한 값이고, 횡축은 α와 θ의 곱이다. 제 1의 피크에 있어서 횡축의 값은 1.357로 일정하고, $I(\theta)\theta$를 최대로 하는 산란각을 알면 입도를 구하는 것이 가능하다.

또 종축의 값은 입자 체적에 비례한다. 즉, 입도가 크면 입자 밀도나 굴절율을 알 필요는 없고, 완전히 미지의 샘플이나 밀도가 다른 혼합 샘플에서도 입도측정이 가능하다.

그런데, 입자의 크기가 레이저 빛의 파장과 동정도로 되면 산란 패턴은 입자나 분산매의 굴절율에 의존하여 Lorenz-Mie의 이론에 의한 해석이 필요하다. 특히 서브미크론 영역에서는 입도분포에 미치는 입자 굴절율의 영향은 크다. 그 위에 필요로 하는 굴절율은 빛의 흡수항을 포함한 복소수로 나타낸 것도 있고, 허수항인 소쇠계수(빛의 흡수)를 구하는 것은 실제상 꽤 어렵고, 레이저 산란법의 큰 문제로 되어 있다.

또한, 입자가 작아지게 되면 산란강도는 입도에 대해서 급격한 변화를 하지만 산란 패턴의 입도에 의존하지 않는 Rayleigh 산란으로 되므로 입도를 정할 수가 없다. 측정하한은 $\alpha=1$ 정도로 가시광 레이저를 사용한 한계 0.1~0.5 ㎛ 정도로 된다. 한편, 측정상한은 투과광과 산란광을 어느 정도의 작은 산란각까지 분리할 수 있는가에 의존하고 있다. 평행도의 높이, 굵은 조사광속과 긴 초점 렌즈가 필요하지만, 입도가 2 mm 정도까지 측정가능한 장치도 있다.

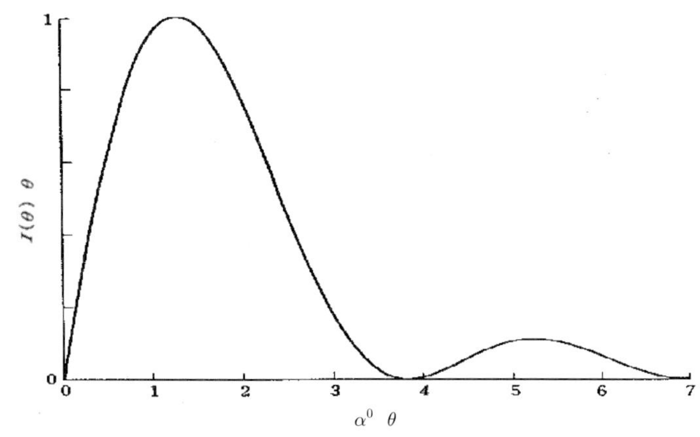

〈그림 10-6〉 Fraunhofer 회절근사에 의한 $I(\theta)\theta$ 패턴

측정 시료는 공기의 분류 중 혹은 플로우 셀 내의 액체 중에 분산되는 일이 많으나, 교반식의 광학 셀 내의 액체 중에 분산시키는 경우도 있다. 레이저 광속에 의해서 조사된 측정 체적 중의 입자군에 의해서 산란된 빛은 수광 렌즈에 의해 굴절되고, 그 초점면 상의 디텍터에 입사한다. 수광 렌즈에는 광축에 대해서 θ를 이루는 입사광이 초점면 상에 있어서 반경 $f\theta$(f : 수광 렌즈의 초점거리)의 원주 상에 입사하도록 설계되었다. 즉, $f\theta$ 렌즈가 최적이다. 이상적인 광학계에서는 측정 체적 중의 개개의 입자에서 동일 방향에 산란된 빛은 입자의 위치에 관계없이, 초점면에 있어서 동일 원주 상에 모이기 때문에, 그들의 입자의 산란 패턴을 중첩시킨 강도 패턴이 초점면 상에 형성된다.

시판되는 장치의 대부분에 사용되고 있는 디텍터는 실리콘 기판 상에 다수의 환상광전 교환소자가 동심 상에 배열되어 있다. 〈그림 10-7〉은 앞서 연구자들이 개발한 디텍터의 사진이다. 이들 소자의 형상, 치수, 배치는 후술하는 것 같이, 입도에 의한 산란강도 패턴의 변화를 고감도로 검출할 수 있도록 설계되어 있다[30].

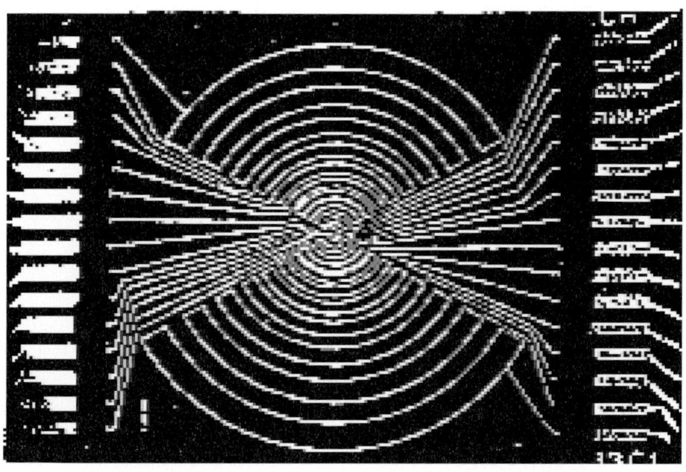

〈그림 10-7〉 다중환상소자를 배열 디텍터의 예

입자에 의해서 산란되지 않은 빛(편의적으로 비산란광이라 부른다)은 수광 렌즈에 의해 디텍터 중심의 소자에 집광된다. 그 소자의 출력은 광축조정 외 입자농도를 추정하기 위해 투과율의 측정에 이용된다. 디텍터의 중심에 핀홀을 뚫고, 그 뒤에 독립한 광전 변환 소자에 의해서 비산란광의 power를 검출하도록 한 장치도 있다. 또한, 디텍터와 flow cell은 표면에서의 빛의 반사에 의한 미광을 피하기 위해서 광축에 대해서 조금 기울여 장착되어 있다.

서브미크론 입자를 대상으로 하는 장치의 광학계 중에서는, 평행한 조사광속 대신에 디텍터의 중심에 집광하는 미세한 조사광속을 사용하고, 수광 렌즈를 생략한 것도 있다. 통상의 수광계에서는, 측방의 각도에 산란된 빛을 디텍터에 입사시키는 것이 곤란하기 때문에, 이 방법이 채용되고 있다. 전방 미소각 영역에 비하면 각도 분해능력의 요구가 적기 때문에, 미세한 조사 광속과 엷은 flow cell의 채용에 의해 측정 체적을 작게 한정한 만큼으로, 개개의 입자의 산란 패턴을 필요한 정도로 겹치는 것이 가능하다.

각 소자의 신호는, 스캐너를 통해서 순차적으로 취해 넣어, A/D 변환되고, 컴퓨터에 전송된다. 1회의 입도측정을 위해서, 산란 energy 분포가 통상 100회 정도 반복 측정되고, 그들의 평균이 해석된다. 측정 체적 중에 있어서 입자수가 시간적으로 변동하면, 그에 응해서 산란강도도 변화하므로, 피측정 입자군의 산란 패턴을 정확하게 측정하기 위해서는 반복 측정에 의한 평균화가 필요하다. 이와 같은 평균화가 의미를 가지지 않는 간결분무의 입도분포나 농도의 시계열 측정의 경우에서는, 스캐너의 앞에 sample·and·hold 회로를 짜 넣어, 모든 소자의 신호를 동시에 측정할 수 있도록 한 신호 처리기가 사용된다.

컴퓨터는, 산란강도 데이터의 해석 이외, 산란 에너지의 생 데이터와 이론치나 해석 결과의 보존, 열람, 비교 등을 행한다. 최신의 PC에서는, 연산이나 데이터 전송의 고속화에 의해, real time에 가까운 측정이 가능하게 되고, 생산 line에서의 feedback 제어에 의한 품질 관리에의 이용도 진척되고 있다.

② 디텍터

초점면 상에서의 산란광의 산란 패턴을 검출하는 수광부는, 광전자 증배관이나 사진건판이라는 범용의 검출기에서, 부분 환상(環狀) 개구부를 배열한 회전 원판과 1개의 광전 변환 소자의 조합을 거쳐, 실리콘 기판 상에 다수의 환상의 광전 변환 소자를 배열한 디텍터로 발전했다. 회절·산란법이 현재의 우수한 특징을 실현된 것은, 이 디텍터에 의한 바가 매우 크다.

입도분포의 결정에 있어서는, 역변환 공식을 적용하여 직접 입도분포를 얻는 방법 이외는, 피측정 입자군에 대해서 검출된 산란패턴과 가상의 구형입자군의 산란패턴의 이론치가 가장 잘 일치 할 때, 이 가상의 입자군의 입도분포를 가지고 피측정 입자군의 입도분포를 결정한다. 일치의 좋고 나쁨의 판단을 어떤 평가 함수에 기초해서 행하는 가는, 매우 중요한 문제이다.

10.1.2 입도분포의 결정

입자군의 산란 패턴을 해석하여, 그 입도분포를 결정하는 과정, 즉 역변환에 대해서 설명한다. 측정체적 내에는 크기가 다른 입자가 동시에 존재하고 산란광은 각각의 입자에서 모든 방향으로 산란되어 그 강도는 각도에 대해서 진동적 변화를 보이기 때문에 역변환은 그렇게 간단하지 않은 것은 짐작이 간다. 현상의 복잡성은 당연히 역변환에 있어서 수학적 곤란성으로서 나타난다.

(1) 산란 강도 패턴과 입도분포의 관계

입자의 밀도가 높게 되면 일단의 입자에 의해서 산란된 빛이 다른 입자에 의해서 다시 산란되고, 다중산란이라고 불려지는 현상이 일어난다. 이 영향이 무시될 수 있는 경우에서는, 입자군에 대해서 관측되는 산란패턴 I$(\theta)\theta$는 측정부에 측정되는 각각의 입자의 산란 패턴의 겹침으로 해서 나타내진다.

$$I(\theta)\theta = \int_0^\infty i\,(\pi d_p/\lambda,\theta)\theta q(d_p)\,d\,d_p \qquad (10\text{-}1)$$

여기서, $i\,(\pi d_p/\lambda,\theta)$는, 직경 d_p의 단일 입자에 의한 θ의 방향의 산란 강도, $q(d_p)d\,d_p$는 d_p에서 $d_p+d\,d_p$의 범위에 있는 입자의 수, λ는 조사광의 파장을 나타낸다.

규격화된 체적기준 입도분포 $q_3(x)$을 도입하면,

$$I(\theta)\theta = \frac{6}{\pi}ALC\int_0^{\infty}\frac{i(\pi x/\lambda,\theta)\theta}{{d_p}^2}\cdot\frac{q_3(d_p)}{d_p}dx \qquad (10\text{-}2)$$

여기서, L은 광로장, A는 실효적인 beam 단면적, C는 단위 체적 중의 입자의 체적이다.

i번째의 환상소자가 산란각 θi_-에서 θi_+에 산란된 빛을 받는다고 하면, 그 산란 에너지 E_i는, 식(8.2)를 그 수광면에 걸쳐서 적분하여 얻어진다. 즉,

$$E_i = \int_{\theta_{i-}}^{\theta_{i+}} I(\theta)\theta d\theta \qquad (i=1,\ 2,\ 3,\ldots\ldots,\ m)$$

$$= \frac{6}{\pi}ALC\int_{\theta_{i-}}^{\theta_{i+}}\int_{x_{j-}}^{x_{j+}}\frac{i(\pi d_p/\lambda,\theta)\theta}{{d_p}^2}\cdot\frac{q_3(d_p)}{d_p}d\,d_p d\theta \qquad (10\text{-}3)$$

피적분항의 $i\,(\pi d_p/\lambda,\theta)$는 Mie의 산란이론 또는 그 근사이론에 의해서 주어져, 좌변은 측정치가 주어진다. 따라서, 입도분포 $q_3(d_p)$는 이 적분 방정식 또는 거기에 상당하는 방정식계를 풀이하는 것에 의해서 구해지게 된다. 어쨌든, 기초로 되는 (10-2)식의 제 1종형 적분방정식으로서의 성질이 계승되어 있어 물리적으로 합리적인 결과를 얻는 데는 다소의 궁리가 필요하다[30].

(2) 역변환

측정된 산란 패턴에서 입도분포 $q_3(x)$를 추정하는 대표적인 방법에 대해서 이하에 간단히 설명한다.

① 입도분포의 Model을 가정하는 방법

이것은, 적당한 입도분포 model(예를 들면 대수 정규분포나 Rosin- Rammer 분포)를 가정해서, 식(10-2), 또는 식(10-3)의 우변에서 계산되는 산란패턴과 측

정이 가장 잘 맞는 형상변수(통상, 대표입도와 분포의 퍼짐을 나타내는 변수)를 탐색하여, 그것을 가지고 피측정 입자군의 입도분포로 하는 방법이다. 적절한 분포 model이 기지인 경우나, 대표입도의 상대비교 등의 목적에는 형편이 좋고, 분무의 입도측정에는 자주 사용되고 있다. 형상변수의 수는 식의 수보다도 훨씬 작기 때문에, E_i 의 이론치와 측정치와의 차이의 크기는 가정한 model의 적부를 판단하는 참고로 된다.

탐색에 있어서 계산량을 줄이기 위해서, 식(10-2), 또는 식(10-3)의 우변의 적분에 대신하여 (3)항에서 서술하는 선형연립방정식의 영향계수행렬을 사용하여 E_i 의 이론치를 평가하는 방법도 있다. 이 경우, 가정한 입도분포의 model은 확률밀도가 부로되거나, 또는 매끄럽지 않다고 하는 물리적으로 불합리한 해를 배제하기 위한 일종의 구속조건으로 볼 수 있다. 입도분포에 복수의 peak를 가지는 model을 가정한 해석도 원리적으로는 가능하지만, 최적해의 탐색이 곤란하게 되는 수가 많아, 다음의 (2)항의 방법이 있기 때문에 이점은 적다[30].

② 선형화에 의한 방법

식(10-2) 또는 식(10-3)를 이산화함에 의해서 얻어진 선형연립방정식의, 최소이승해를, 어떤 구속조건 하에서 기본으로 구하는 방법이다. 이 방법은, 입도분포의 모델을 가정하지 않는 것에서 Model Independent라고 부르는 수도 있다. 입도범위는 소자의 개수와 같은 개수의 구간에 나눠어, 적분공식의 적용 등에 의해 우변의 적분을 합의 형태로 근사한다. 더욱이, 회절근사의 범위에서는, 산란각 θ에 대해서의 적분은 해석적으로 행해지기 때문에, 우변은 d_p에 대해서의 적분을 합의 형태로 나타내면 좋다. 분포함수의 model을 가정한 (1)항의 방법에 비해서, 자유도가 훨씬 많기 때문에, 원래의 적분방정식의 본질적인 특이성을 제어하여, 물리적으로 합리성이 있는 가장 확실한 해를 얻기 위해서는, 구속이 불가결하다. 이산화의 방법이나 구속의 부여 방법 등, 몇 가지의 변형은 있지만, 현재 시판되고 있는 회절·산란 입도측정 장치의 대부분에 이 방법에 의한 해석 소프트웨어가 갖추어져 있다.

이산화에 의한 선형화의 수법의 일례를, 식(10-4)의 경우에 대해서 설명한다. 입도구분 $[d_{pj}, d_{pj+}]$ (j= 1, 2, 3, ..., m)의 각각에 있어서 체적기준의 확률밀도를 균일, 즉 $q_3(d_p) = q_{3j}$ 라고 하면, 식(10-4)는 다음의 선형방정식으로 된다[30].

$$
\begin{vmatrix} E_1 \\ E_2 \\ \cdot \\ \cdot \\ E_i \\ \cdot \\ \cdot \\ E_m \end{vmatrix} = \begin{vmatrix} k_{11}k_{21} \cdots k_{m1} \\ k_{12}k_{22} \cdots k_{m2} \\ \cdot \\ \cdot \\ k_{ij} \\ \cdot \\ \cdot \\ k_{m1}k_{m2} \cdots k_{mm} \end{vmatrix} \begin{vmatrix} q_{3,1} \\ q_{3,2} \\ \cdot \\ \cdot \\ q_{3,i} \\ \cdot \\ \cdot \\ q_{3,m} \end{vmatrix} + \begin{vmatrix} e_1 \\ e_2 \\ \cdot \\ \cdot \\ e_i \\ \cdot \\ \cdot \\ e_m \end{vmatrix} \tag{10-4}
$$

여기서,

$$
k_{ij} = \int_{\theta_{i-}}^{\theta_{i+}} \int_{x_{j-}}^{x_{j+}} \frac{i(\pi d_p/\lambda, \theta)\theta}{{d_p}^3} d\, d_p d\theta \tag{10-5}
$$

k_{ji} 는 j번째의 입도구분에 들어오는 입자에 의해서 산란되어 i번째의 소자에 들어오는 빛의 에너지의 크기를 나타내기 때문에, 영향계수라고 부르기로 한다. e_i 는 E_i 의 측정오차, 산란이론과 실제의 현상과의 차 외에, 이산화에 의한 오차가 포함된다.

이 방정식은, 원래의 적분방정식의 성질을 이어받기 때문에, 식(10-4)를 만족하는, 서로 닮지 않은 다수의 해가 존재한다는 의미에서 특이성이 강하다. 입도구분과 디텍터의 각 소자의 치수나 배치는, 이 특이성을 가능한 한 작게 하도록 설정하는 것이, 분해능이 높고, 노이즈에 강한 측정에는 불가결하다. 앞에서 말한 회절 패턴의 특징으로부터, 입도구분에 대해서 $\alpha\theta$=1.357의 관계를 기준으로 해서 각 소자의 내테두리·외테두리반경을 결정하는 것이 최적이라고 유도된다. 이같이 설계하면 영향행렬 K의 요소는 대각 상에서 가장 크게 되고 가장 안정한 형으로 된다. 더욱이 대각선 및 그에 평행한 선상의 요소의 크기와는 동일하다.

이 같이 해서도, 측정오차가 없는 경우에 마저, 해는 입도의 작은 측에서 진동적으로, q_{3j} 의 몇 개는 음으로 된다. 거기에서, 물리적으로 합리성이 있는 해를 얻기 위한 궁리로, 예를 들면, $q_3(d_p)$의 "매끄러움"과 음이 아닌 것을 구속조건으로 하여 식(10-4)가 해석되어 입도분포가 추정된다[30].

(3) 측정가능한 입도범위와 분해능

회절·산란법에 이해 측정 가능한 입도의 절대적인 하한은 α=1 정도이다. 아무리 이상적인 광학계를 사용해도, Rayleigh의 산란의 영역에까지 하한을 넓히는 것은 불가능하다. 그 영역에서는, 산란강도는 입도에 대해서는 급격한 변화를 하지만, 그 패턴은 서로 비슷하기 때문에 입도를 결정할 수 없다. 한편 상한은 비산란광과 산란광의 분리가, 어느 산란각까지 가능한가에 달려 있으며, 넓게 하기 위해서는 평행도가 높은 굵은 조사광속과 고품질인 장초점 렌즈를 사용할 필요가 있다. 시판의 장치에서는, α=10^4 정도이다. 이와 같이, 입경 범위가 매우 넓은 것이, 회절법 또는 회절 · 산란법의 특징의 하나이다. 회절근사의 영역 (α〉30)에서는, 입경 구분과 소자의 반경이 전술과 같이 설정되어 있으면, 어떠한 초점거리의 렌즈에 대해서도, 영향계수 행렬은 공통으로 사용할 수 있다. 분산매로서 사용하는 액체의 굴절률의 영향은, 산란광이 액체 중에서 공기 중으로 사출할 때 보정되어지므로, 고려하지 않아도 좋다.

한편, 서브미크론에서 미크론의 입도의 영역에서는 산란특성이 굴절률에 의존하기 때문에, 시료에 맞는 영향행렬을 사용할 필요가 있다. 시판의 장치에서는, 시료의 절대굴절률이나 분산매에 대한 상대굴절률의 어느 것을 주도록 되어 있으나, 분산매의 굴절률에도 의존한다. 적절한 영향행렬의 사용이나 미소입자의 강도 패턴의 해석법 및 검출부의 개량이 편광특성의 이용과 함께, 금후의 과제라고 저자는 생각하고 있다. 그들이 실현된다면, 서브미크론 영역에서의 입도분포의 측정의 신뢰성이 비약적으로 높아져, 기종에 따른 차이도 축소될 것이 기대된다.

입도의 분해능에 대해서는, 입경 구분수와 소자의 수를 증가시키면 향상될 것으로 생각되지만, 실은 그렇지 않다. 식(10-4)에 대해서 보면, 입도구분을 미세하게 하면, 인접한 입도구분간에 대응하는 영향계수 행렬의 열의 계수가 서로 유사한 크기로 되어, 계수행렬의 값은 0에 가까워지고, 산란강도 측정 등의 오차로 해가 현저하게 비틀어지게 될 위험성이 높다. 그 결과, 음으로 되는 q_3의 수가 증가, 진동이 심하게 되기 때문에, 보다 강한 구속을 가할 필요가 있다. 더욱이, Hirleman은, 회절근사 영역에서의 선형방정식의 안정성을 검토하고, 최적의 디텍터의 설계라도 자유도가 10을 초과하면 급히 불안정성이 강하게 되는 것을 지적하였다.

10.1.3 측정상의 유의점

측정장치의 보수 관리상 중요한 것은, 광축의 어긋남과 시료순환계, 특히 측정 셀 벽의 오염이다.

(1) 광축의 어긋남

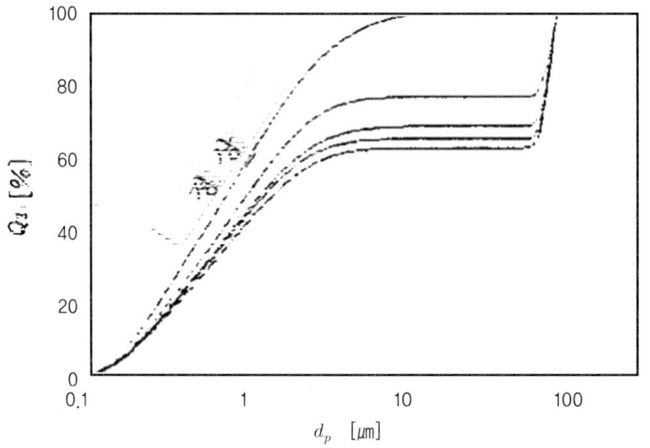

〈그림 10-8〉 광축이 어긋난 경우의 출력 예

〈그림 10-8〉은 광축이 어긋난 경우의 출력 예를 표시한다. 광폭이 어긋나면 비산란이 가장 안쪽의 센서의 소자에도 들어오기 때문에 다량의 굵은 입자를 측정한 것과 같은 출력으로 된다. 장치를 설치할 때나 이동하고 난 뒤에는, 특히 주의할 필요가 있다[30].

측정 셀 벽에 입자의 부착과 흠이 있으면, 입사광은 우선 부착입자와 흠에 의해서 산란되기 때문에 앞에서 서술한 다중산란을 일으켜 입도분포는 작게 출력된다. 셀 벽의 빈번한 소제는 주의하지 않으면 셀 벽을 상하게 하기 쉽기 때문에 정성껏 헹군다든가 입자부착이 적은 분산매를 고르는 등의 궁리가 필요하다. 또한 tube나 분산조에 부착한 입자가 오염원으로 되기 때문에 주의를 요한다.

(2) 시료 조제상의 유의점

시료의 분산은 내장된 초음파 분산조에 의해서 행하는 것이 많지만, 분산 시 굵은 입자(수십 ㎛ 이상)가 분산조의 바닥에 침전하지 않도록 주의가 필요하다. 입도분포는 체적 (질량) 기준의 분포로, 표시되어 있는 수가 많기 때문에 굵은 입자의 경우는 수 개라도 측정결과에 영향을 준다. 다수의 장치는 침전을 어떻게 막는 무언가의 궁리가 되어 있지만 오래된 장치에는 침전하기 쉬운 것도 있으므로 수십 ㎛ 보다 큰 입자를 많이 포함한 시료에서는 특히 주의를 요한다. 초음파 분산후의 시료를 반복해서 측정했을 때에, 분포가 차츰 크기가 작은 입자 쪽에 이동하는 경우는 큰 입자의 침전을 의심해 볼 필요가 있다. 분산이 어려운 시료나 시료조제를 엄밀히 행하는 경우는 내장된 초음파 분산조를 사용하지 않고 외부에서 조제를 하지만, 조제한 시료를 장치의 분산조에 옮기는 경우에도 굵은 입자가 비이커 밑바닥에 남지 않도록 주의가 필요하다.

(3) 입자농도의 영향

대부분의 장치에서는 적정농도 범위의 표시가 달려 있으므로 그 범위 내에서 측정을 행하면 좋지만 입자농도가 올라가면 앞서 서술한 다중산란 현상이 일어난다. 다중산란현상이 일어나면 〈그림 10-9〉에 나타낸 것 같이 분포는 소립자 측으로 이행하기 때문에 농도는 될 수 있으면 묽게 하는 것이 바람직하다[30].

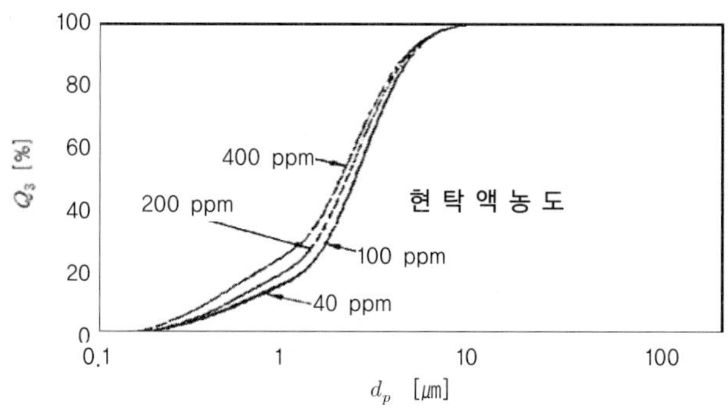

〈그림 10-9〉 입자농도가 측정에 미치는 영향 (다중산란)

(4) 입자굴절률의 취급

앞서 이미 말한 것처럼, 입자의 크기가 빛의 파장과 같은 정도 또는 그것 이하로 되면, 산란패턴은 입자의 굴절률을 포함한 Mie 산란이론에 의해서 주어진다. 따라서, 빛의 파장과 같은 정도 또는 그 이하의 입자를 많이 포함한 시료에서는, 산란강도 패턴에서 입도분포의 산출에 쓰이는 굴절률의 값에 의해, 얻어지는 입도분포는 〈그림 10-10〉에 나타낸 것 같이 달라지므로, 많은 장치에서는 측정 시료에 적합한 굴절률을 입력하도록 되어 있다. 입자의 굴절율은 복소수로 나타내어지며, 실수부는 빛의 굴절을, 허수부는 빛의 흡수를 나타내고 있다[30].

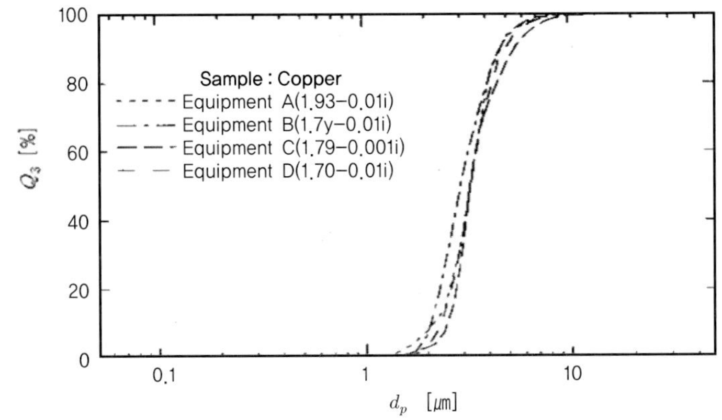

〈그림 10-10〉 입력 굴절률의 영향

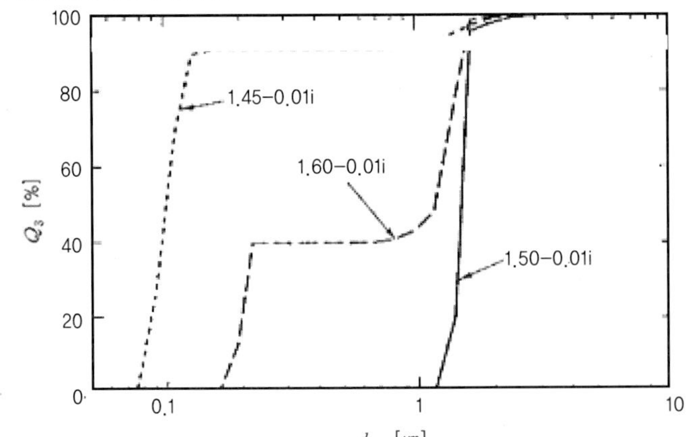

〈그림 10-11〉 굴절률의 입력치를 바꾼, 단분산 실리카 입자의 측정예

실수부의 값은 물성표에 기재되어 있지만, 특히 인공 합성물질과 같이 기재되어 있지 않은 물질도 많이 있다. 또 물질명이 불명한 경우나 복합재료 등에서는 입자 굴절률의 입력치를 어떻게 할 것인가가 큰 문제로 된다. 또 측정의 기본원리는 같더라도 광원의 파장, 장치의 구성이나 연산 S/W가 장치에 따라 다르기 때문에 굴절률의 입력치로는 문헌치가 부적절한 경우도 나온다. 〈그림 10-11〉은 공칭 1.4 ㎛의 단분자 실리카 입자를, 굴절률의 입력치를 바꿔 측정한 결과이다. 이 장치에서는 문헌치인 1.45는 공칭값으로부터 크게 벗어나고 문헌치보다도 큰 1.50으로 공칭값에 가장 근접해 있다. 이와 같은 장치에의 입력치는 굴절률 그것이 아니고 굴절률에 관한 장치정수로서 이해할 수 있다. 따라서 굴절률이 불명한 경우에만 아니라 분명한 경우라도 그 장치에 있어 최적인 입력치를 어떤 방법으로 추정하지 않으면 안 된다. 다수의 시료를 측정해 보면, 이론적으로도 어느 정도 추론할 수가 있지만 입도분포는 〈그림 10-10〉에 나타낸 바와 같이 굴절률과 함께 큰 입자 쪽으로 이행하고, 어느 굴절률에서 최대의 분포를 준 뒤 다시 작은 입자 쪽으로 되돌아오는데, 도중 통과한 최대의 입도분포가 가장 진짜 값에 가깝다는 경향이 있다 [30].

10.2 차광법

입자에 차단된 광량을 검지하여 입자의 크기를 측정하는 방법으로 광로에 존재하는 입자에 의해서 빛이 차단되는 것에서 입도를 측정하는 방법이다. 기본적으로는 빛의 직진성을 이용한 것으로, 개개의 입자계측을 행하고 있는 점에 특징이 있다. 같은 차광법 에서도 어떠한 물리량을 측정하는 가에 따라 3종류로 분류되어, 측정농도 범위·측정입도의 물리적 의미 등 달라지고 있다.

차광법은 단지 투영상과 같은 기하학적인 크기를 갖는 입자의 크기로 한 것이며, 측정에서는 입자의 밀도나 굴절률 등의 물성치를 필요로 하지 않는다. 따라서 전혀 미지한 샘플이나 혼합 샘플에서도 간단하게 측정하는 것이 가능하다. 빛의 직진성을 이용하므로 너무 작은 입자의 측정은 어렵고, 기껏해야 0.5 ㎛ 정도까지이다 [30].

10.2.1 원리와 특징

(1) 차광법의 원리

동일한 차광법이라도 어떤 물리량을 측정하는가에 따라 측정농도 범위, 측정 입도의 물리적 의미가 다르다. 현재 시판장치는 3종류로 분류된다.

첫 번째는 평행 레이저 광이 입자에 의해 차단되는 광량을 측정하는 것이다 (HIAC/ROYCO사의 HALD series).

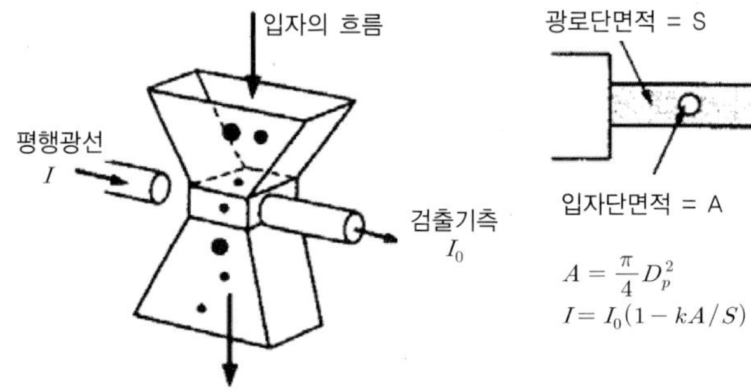

〈그림 10-12〉 차광법의 원리

〈그림 10-12〉에 보인 바와 같이 레이저광 중에 입자가 들어가면 수광부로 검출되는 광량이 입자의 단면적에 비례하여 감소하는 것을 이용한다. 직경 d_p의 구형입자를 가정하면 레이저광 조사 단면적을 S, 입자가 존재하지 않을 때의 수광량을 I_0, 입자가 존재한 때의 수광량을 I라고 하면 $I/I_c = 1 - k(\pi/4 \cdot d_p^2)/S$의 관계가 있다. k는 입자의 흡광계수이다. I의 측정에서 입도를 계산할 수 있고, 얻어진 입도는 단면적 원상당경으로 된다[30].

두 번째는 레이저광을 집광하여 가는 빔으로서 이것을 주사하는 방법이다 (GALAI사의 CIS-1). 〈그림 10-13〉에 보인 바와 같이 주사 빔의 행로에 입자가 존재하면 레이저광은 입자에 의해 차단되고, 전방에 설치된 수광부에 도달하지 않는다. 하면 수광부의 신호는 그림과 같이 천이한다. 레이저광의 주사속도를 V, 차단되는 시간을 t라고 하면 입도 $d_p = V \times t$로 주어진다. 즉, 광의 행로를 입자가 차단하고, 신호가 천이하는 시간에서 입도를 구하기 때문에 Time-of-transition법이라고 명명되어져 있다. 이 방법에 의해 측정된 입도는 입자의 랜덤방향으로 차광되므로 통계적경의 일종이다.

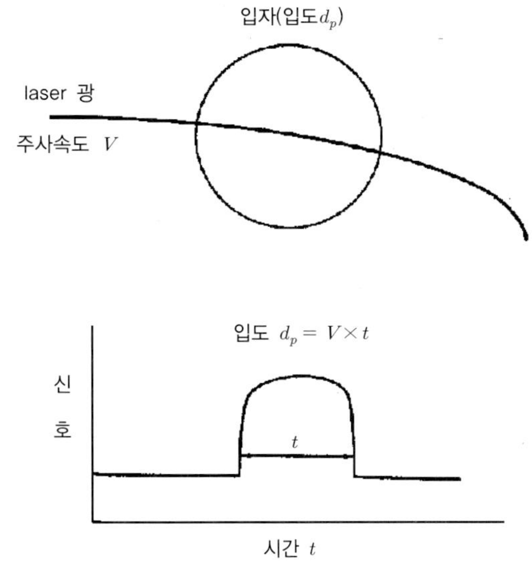

〈그림 10-13〉 천이시간법의 원리

세 번째는 빛의 행로에 존재하는 입자에 의해 빛이 되돌아오는(후방 광산란) 지속시간에서 구하는 것이다(TSUB/TEC사). 이 방법은 빛의 산란현상을 이용하고 있지만, 산란광 강도를 측정하는 것은 아니고, 입자가 빛을 산란하고 있는 시간이 입도에의 존재하는 것을 이용하고 있으므로 차광법으로 분류된다. 〈그림 10-13〉과 같이 집광된 레이저빛이 속도 V로 주사된다. 수광부는 레이저광원과 같은 측에 있고, 입자에 의한 후방 산란광을 수광한다. 수광시간을 t라고 하면 전술과 같은 식으로 입도가 주어진다. 이 입도는 역시 통계적 상당입도이다.

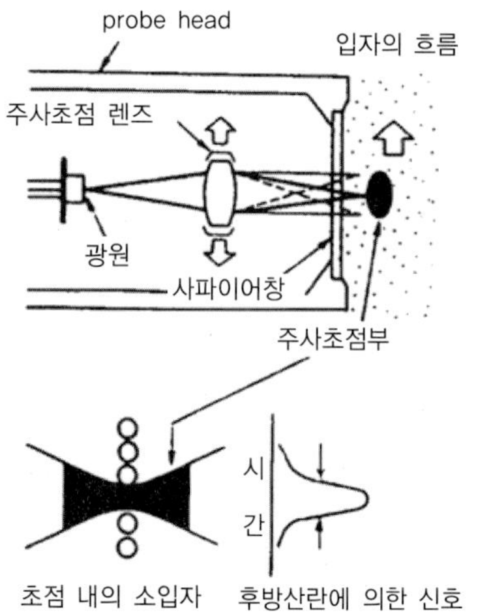

〈그림 10-14〉 후방 산란광을 이용한 차광법의 원리

(2) 차광법의 특징

각각의 차광법의 공통점으로는, ① 입자를 하나하나 분석하고 있으므로 측정감도가 높다, ② 빛을 차단하기만 하면 측정 가능하므로 레이저 회절산란법이나 침강법의 경우에 필요로 된 입자물성 또는 용매의 물성치를 필요로 하지 않는다, ③ 측정시간이 침강법 등에 비해 짧고, 통상 수분 정도로 데이터가 얻어진다, ④ 빛을 투과하기 쉬운 입자에는 적합하지 않다, ⑤ 0.5 ㎛ 이하의 입자의 측정은 현재 상태로는 곤란하다는 점이 있고, 단점으로는 ① 빛을 투과하기 쉬운 입자에는 적용될 수 없다, ② 0.5 ㎛ 이하의 입자의 측정은 현상에서는 곤란하다는 것을 들 수 있다.

그리고 GALAI사의 장치는 차광법 중에서는 입도측정 장치로서 제일 손쉽게 사용할 수 있다. 모니터가 있어 측정 중의 입자를 관찰할 수 있는 점도 유익하다. 이 모니터에 의해서 수 10 ㎛의 입자에 대해서 대략적인 형상, 응집하고 있는가 어떤가의 확인이 가능하여, 단분산 입자의 경우에는 유효하다. 각종의 측정 셀이 준비되어 있어, 자성입자 등 다른 입도측정 장치에서는 측정이 곤란한 시료도 가능하다. 측정 시 입자농도는 최대 10^9 개/ml로 되어 있어 입도에도 의존하나 1 ㎛ 정도의 실리카 입자의 경우 10~30 wt.ppm.이 측정농도로 된다.

HIAC/ROYCO사의 장치는 입자 검출장치로서의 성격이 강하다. 측정감도가 양호하다. 따라서 반도체산업 등에서의 수중에서의 미립자 검출, 그 입도측정 또는 기름 중의 이물검출 등에 적합하다. HRLD-150의 경우, 측정범위는 1~ 150 ㎛로 측정할 때의 최대입자개수는 1.4×10^4 개/ml 이다. GALAI 사의 장치보다 훨씬 저농도에서의 측정으로 된다. 1 ㎛ 실리카 입자에서 0.05 wt.ppm 이하의 측정농도이다. 측정영역에서의 입자농도는 일반적인 입도측정 장치와 비교해서 상당히 저농도가 되지 않으면 안 되고, 그 때문에 희석장치도 옵션으로 판매되고 있다. 또 각종 샘플링 장치가 갖춰져 있다. 또 차광법 만으로는 서브 미크론의 입도측정이 곤란해서 광산란과의 병용장치도 시판되고 있다.

TSUB/TEC 사의 장치는 다른 2가지의 차광법 장치도 크게 다르며, 후방산란법을 검출하고 있으므로 매우 높은 측정농도까지 측정할 수 있다. 약 50 wt.%까지 측정 가능하다고 사양에 있다. 따라서 인라인용으로서 사용되는 것이 타당하다. 그 때문에 온도 150 ℃, 압력 10 기압까지 측정 가능하게 되어 있다. 측정가능범위는 1~1000 ㎛이다. 그러나 다중산란의 영향 등이 피할 수 없는 다른 입도측정 장치와는 별종의 상대입도 측정 장치라고 할만한 범주에 속하는 장치이다. 정석, 중합, 조립, 추출, 발효 등의 프로세스에서의 in-line 사용이 행해지고 있다.

즉 시판되고 있는 장치에서는 아니지만, x, y, z 3방향에서의 차광 데이터를 평균하여 입도 측정하는 연구가 보고되고 있어, 금후의 동향으로서 주목된다.

10.2.2 장치의 구성

앞서 기술한 3종류의 차광법 측정장치 각각에 대해서의 장치구성을 보인다. GALAI사 CIS-1의 측정장치구성을 〈그림 10-15(a)〉에 보인다. He-Ne 레이저는 약 600 ㎛의 타원궤도 상에서 주사된다. 그 주사속도는 약 15 cm/s이다. 레이저광의 행로에 입자가 존재하면 검출기에서 〈그림 10-15(b)〉에 표시된 것 같은 신호가 관측된다. 측정장치에는 이 신호를 오실로그래프로 직접 관찰할 수 있는 단자가 설치되어 있다. 또 레이저광과 90도의 각도에서 입자의 상을 image camera로 촬영하여 모니터 상에서 관측할 수 있는 기능도 가지고 있다. 레이저는 He-Ne로 파장은 830 nm, 출력 2 mW이다. 측정범위는 구성 렌즈계에 의해, 예를 들면 0.5~150 ㎛이 동일 렌즈계로 측정 가능하다. 보통은 수분에서 수만 개의 입자가 측정된다. 덧붙여 시료 용기는 대상 분체에 의해서 큐벳, 현미경슬라이드 셀, 액체용 프로셀, 기체용까지 선택할 수 있다. 또 측정 중의 이동입자에 대해서도 적용할 수 있는 화상해석용 소프트도 별도 용의되어 있다[30].

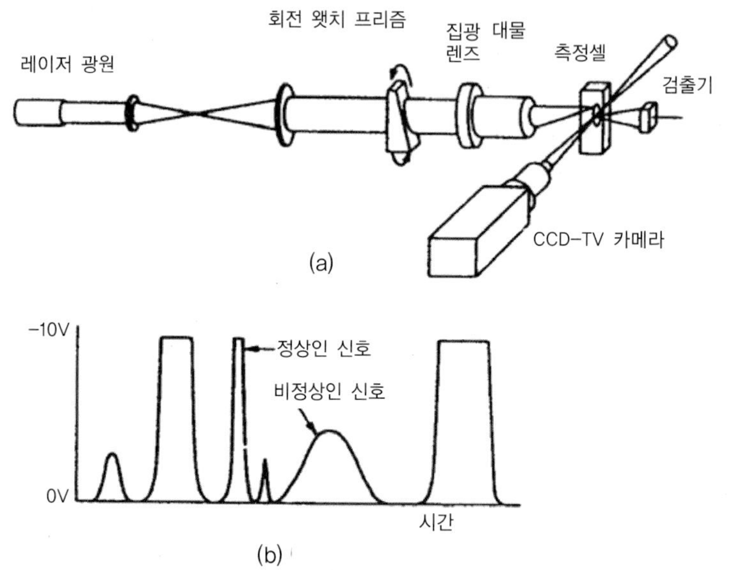

〈그림 10-15〉 GALAI CIS-1 system

HIAC/ROYCO사의 레이저 다이오드 광차단방식(HRLD-150)의 장치구성을 〈그림 10-16〉에 보인다. 레이저 다이오드에서의 레이저 광선은 프로셀을 통과하여, photo 디텍터로 검출된다. 입자의 광투과성은 물질에 의존하므로 입도의 교정에는 라텍스 입자를 이용하고 있다. 파장은 830 nm, 출력 5 mW의 레이저가 사용되고 있다. 시료용액은 비이커 등에 100내지 200 ml 취하여, 측정영역에 샘플을 pump로 흡인하여 측정한다. 측정영역은 광로 단면에서 80 ㎛×150 ㎛, 안 길이 1000 ㎛이다. 이 영역에 1개의 입자가 존재할 것이 측정에는 필요하다.

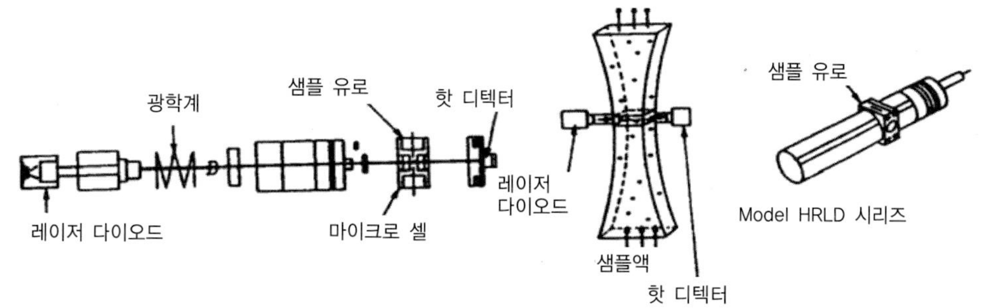

〈그림 10-16〉 HIAC/ROYCO 사 차광법의 장치구성도

또 본 방식으로는 서브미크론의 측정이 불가능하며, 그 해결을 위하여 광산란과의 병용방식을 채용한 레이저 다이오드 광산란·차단방식도 판매되고 있다. 0.3~200 ㎛의 측정을 가능하게 한 레이저광산란·차단방식은 차단법용 및 광산란용 디텍터를 따로따로 설치하여 1.63 ㎛까지를 광산란, 그 이상을 차광법으로 측정하고 있다. 광산란의 경우도 한 개 입자에서의 산란이다. 광산란의 영역도 라텍스 입자를 이용하여 출력전압의 교정을 행하고 있다[30].

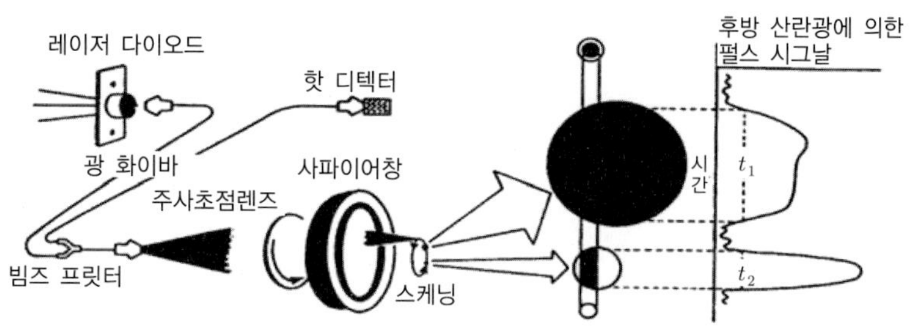

〈그림 10-17〉 TSUB-TEC 사 차광법 장치 모식도

TSUB-TEC사의 차광법에 의한 입도 측정 장치의 구성을 모식적으로 표시한 것

이 〈그림 10-17〉이다. 레이저 다이오드에서의 레이저는 빔 분사기 spliter를 통해서 주사초점렌즈로 주사된다. 입자에 의해서 후방 산란된 레이저는 빔 spliter로 분리되어 photo 디텍터에서 검출된다. 레이저 파장은 780 nm을 채용하고 있다. 고농도에서의 측정이 가능한 것에서 인라인용으로 널리 이용되고 있다. Lab.용과 인라인용이 판매되고 있다. probe 선단경이 1 inch(25.4 mm)이기 때문에, 이 이상의 경이 어느 용기에 직접 삽입하여 측정이 가능하다.

각각의 장치에 대해서 사양을 〈표 10-1〉~〈표 10-3〉에 보인다[30].

〈표 10-1〉 GALAI 사 CIS-1의 사양[30]

	CIS-1
측정입도	0.5~600, 2~1200 ㎛
측정가능 입자농도	〈10^9 개/ml (1 ㎛ 입자)
측정상	액상, 기상 및 표면상의 입자
데이터 처리	IBM PS/2 ; IBM XT/AT
검출기	실리콘 PIN Hot diode
레이져	2 mW He-Ne, 632.8 nm
기타	CCD 텔레비젼 카메라 텔레비전 모니터가 부착된 형상해석장치 (옵션)

〈표 10-2〉 HIAC-ROYCO 사의 각종측정장치의 사양[30]

	계측방식	Model No.	측정 범위 [㎛]	최대입자수 농도 [개/ml]주1	유량범위 [ml/min]	측정대상 용액
A	He-Ne 레이저 광산란/ 광차단방식	325E	0.3~200	5,500	10~20	강산(초산,황산 등), 강알카리, 아세톤, 핫 레지스터 등 유기용제 등
		425EF	0.2~20	39,000	25~100	
B	레이저 다이오드 광산란/ 광차단방식	MicroCount™-05주2	0.5~350	5,900	25~100	
C	레이저 다이오드 광차단 방식 Dyna Count™	HRLD-150주2	1.0~150	14,000	10~75	수계, 기름, 일부의 유기용제

주1 : 계수 손실율 5 % 경우의 최대정격농도, 주2 : USP XXII에 적합

〈표 10-3〉 TSUB-TECH 사의 장치 사양(TEUB-TEC 100)[30]

<table>
<tr><td colspan="3">기종</td><td>TSUB-TEC 100</td></tr>
<tr><td colspan="3">용도</td><td>라보/인라인 해석용</td></tr>
<tr><td colspan="3">측정원리</td><td>반사식 레이저 스캔법(레이저 파장 780 nm)</td></tr>
<tr><td colspan="3">측정농도범위</td><td>0~약 50%(중량농도)</td></tr>
<tr><td colspan="3">측정입도범위</td><td>1-1000 ㎛</td></tr>
<tr><td rowspan="3">표시</td><td colspan="2">형식</td><td>개수분포 히스토그램, 체적분포 히스토그램,
누적분포 히스토그램, 트렌드 표시</td></tr>
<tr><td colspan="2">구분</td><td>38 구분</td></tr>
<tr><td colspan="2">구분 증가법</td><td>표준 스크린 사이즈</td></tr>
<tr><td colspan="3">측정시간</td><td>1회의 측정표시 사이클은 3초</td></tr>
<tr><td rowspan="7">측정단자</td><td colspan="2">측정단자의 방식</td><td>광원, 검출, 구동회로일체형 프로브</td></tr>
<tr><td rowspan="5">표준외형</td><td>선단경</td><td>25.4mm</td></tr>
<tr><td>길이</td><td>317.5mm</td></tr>
<tr><td>중량</td><td>16kg</td></tr>
<tr><td>온도범위</td><td>0~50℃</td></tr>
<tr><td>압력범위</td><td>10kgt/㎠</td></tr>
<tr><td colspan="2">표준형이외의
측정단자 모양</td><td>인 골드 히팅</td></tr>
</table>

10.2.3 측정에 있어서 유의점

차광법 각각에 대해서 측정상의 유의점을 이하에 고찰한다.

GALAI사의 CIS-1에 대해서는 측정방법에서 다음의 문제점을 들 수 있다.

(1) 〈그림 10-18(a)〉에 보인 바와 같이 구형입자의 중심이외를 레이저로 주사한 경우 또는 (b)에 보인 바와 같이 레이저 초점면 이외에 입자가 존재하는 경위, 정확한 측정이 가능한가?

(2) 집광레이저경(약 1.2 ㎛) 보다 작은 입도의 입자가 왜 측정가능한가?

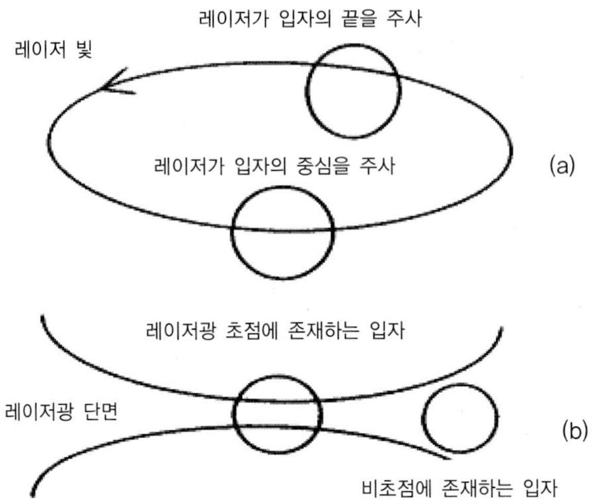

〈그림 10-18〉 입자와 레이저와의 상대위치 관계

이 해결에는 (1)에 대해서는 검출된 신호의 첫 시작 오름의 구배에 의해서 데이터를 선택하고 있다. 즉, 〈그림 10-19〉에 보인 바와 같이 중심 이외의 주사 또는 초점면 이외의 입자에 의한 검출기에의 신호는 중심을 주사한 경우 또는 초점면에 존재하는 입자에 의한 신호와 비교하여 첫 시작 오름의 구배가 작기 때문에, threshold치를 설정하는 것에 의해서 threshold치 이하의 신호를 제거할 수가 있는 것일 수도 있다. 이 때문에 미리 단분산 입자라고 알고 있는 경우에는 그것에 적합한 측정mode도 용의하고 있다. 또 신호의 파형의 비틀림 오차에 의해서 복수의 입자에서의 신호를 제거하고 있다[30].

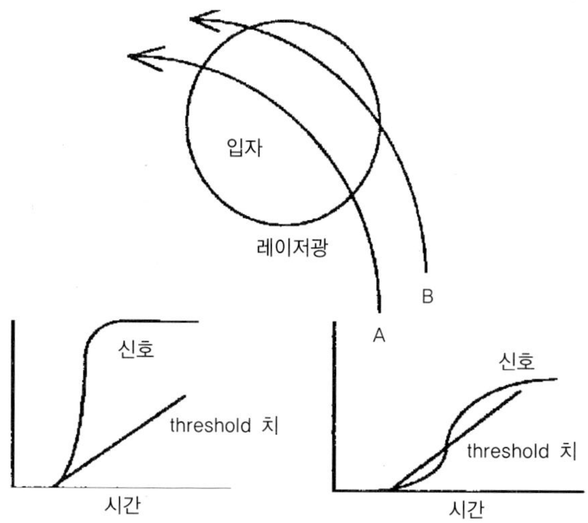

〈그림 10-19〉 레이저광이 입자 중심을 주사하지 않았던 경우의 데이터 처리

(2)에 대해서는 〈그림 10-20〉에 보인바와 같이 입자가 레이저광에 접한 시간에서 레이저광에서 분리하기까지의 시간을 t라고 하면, t=(레이저광의 경+x)/V에서 측정이 가능하다[30].

통상의 측정에 있어서는 정도 상 거의 문제로는 되지 않는다고 생각되나, 측정치에 농도의존성이 나타나는 수가 있다. 예를 들면 10, 20 및 30 wt.ppm로 측정한 경우 고농도에 있어서 작지만 평균입도가 작게 되는 수가 있다. 따라서 정밀한 측정을 요망하는 경우에는 농도를 변화시켜서 측정을 해볼 필요가 있다. 이 이유로서는 레이저광의 내부에 존재하는 입자가 증가하면 back ground의 신호가 상승하기 때문에 차광시간이 작게 평가되기 때문으로 사료된다.

1개 입자를 측정하고 있으므로 감도가 매우 높다. 종종 조대입자 측에 측정치가 나타나, 실제에 존재하는 것인가 아닌가 판단에 헤맬 수가 있다. 그 때 일단 기포의 존재에 의한 것인가 의심해 보는 것이 좋다. 끓인다든지 하여 다시 측정하여 검토된다.

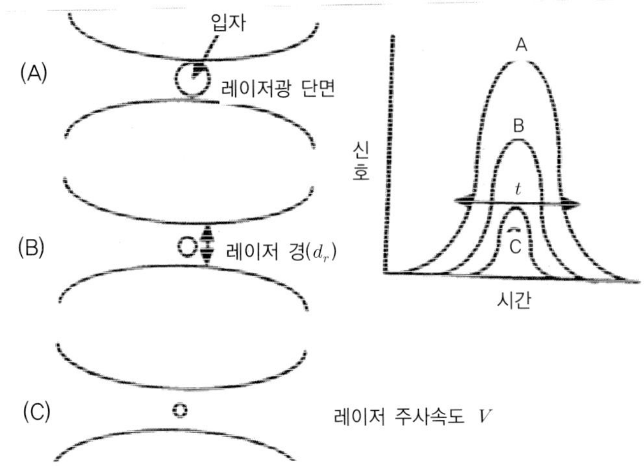

〈그림 10-20〉 레이저경이 입도보다 큰 경우의 Time-of transition 법

측정 mode (regular와 special)가 있으며, 측정 전에 어느 것인가를 선택할 필요가 있다. 보통은 regular로 문제가 없다. 투명성의 시료에 대하여 〈그림 10-21〉에 보인 바와 같이 입자의 내부에 빛이 투과하여 보통의 측정모드에서 측정할 수 없다. special mode로 하면 그림에 보인 t_s에 대응하여 $x = V \times t$에서 입도를 계산한다[30].

이것은 모니터 상에서의 대강 그 입도에 대하여 측정된 입도가 현저하게 작은 것이 모니터 상에서 입자의 내부가 투명하게 보이는 경우 등에 사용한다.

HIAC/ROYCO사의 차광법에서의 측정에 있어서 유의해야 할 점은 측정농도가 매우 낮아지는 것에 관계하고 있다. 즉, 비이커 벽 등의 약간의 오염이 측정치에 영향을 줄 가능성이다. 반도체공업 등 청정한 수중에 포함되는 이물입자를 검출하는 등의 분야에 널리 사용되고 있는 것에서 알 수 있듯이 입자계수기로서의 성격이 강하다. 미리 필요한 수의 비이커를 순수 등을 이용하여 초음파 세정하는 것은 물론, 사용하는 순수에도 주의를 기울일 필요가 있다.

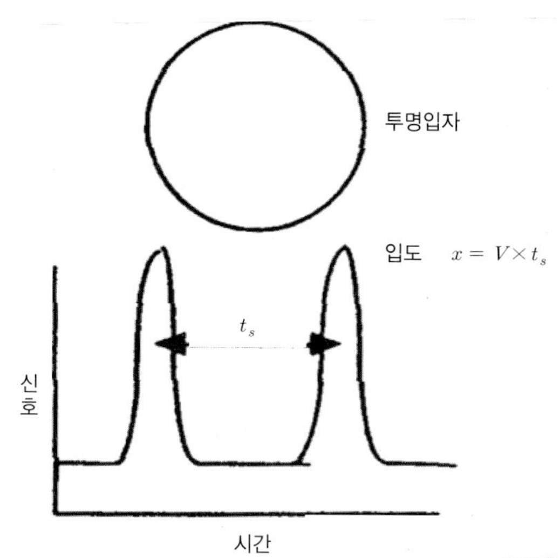

〈그림 10-21〉 투명입자의 경우의 신호처리

샘플 유로와 광원, 검출기와는 일체형이며, 샘플 유로의 가장 좁은 부분이 150×1000 ㎛이기 때문에, 150 ㎛ 보다 큰 입자는 폐색하므로 주의하지 않으면 안 된다. 덧붙여 폐색한 경우에는 샘플 흐름방향과 역방향에 액을 흘리는 조작도 가능하다.

빛의 투과도는 물질에 의존하기 때문에 HIAC/ROYCO사의 장치에서 라텍스 교정하고 있다는 것을 염두해 둘 필요가 있다. 특히 차광법에서 신호 level이 낮은 1 ㎛에 가까운 입도에서는 주의하는 것이 필요하다.

TSUB-TECH사의 system은 프로세스 최적 제어용 입도분포 계측 system 이라고 명명되어 있는 것 같이, 특정 프로세스에서의 입자의 입도를 그 장에서 희석시킴 없이 측정하고자 하는 경우에 사용하는 장치이다. 고농도의 슬러리를 그 장에서 측정하는 유일한 시판 입도 측정 장치라고 말할 수 있다. 상대적으로 입도가 어느 쪽의 방향으로 변화하고 있는 지는 입자수가 어떻게 변화하고 있는 가를 아는 정도에 사용하는 쪽이 좋다. 동일 조건에서의 측정에 있어서 재현성은 비교적 양호하다.

측정원리에서 이하와 같은 문제점이 있다. 하나는 Time-of-Transition법의 항에서도 지적한 입자의 중심을 벗어나 주사된 레이저에서의 신호의 처리, 다른 또

하나는 focus 위치 벗어남의 영향 및 측정치의 농도의존성이다. 제 1점에 대해서는 구형 산법 이라고 부르는 통계처리를 행하고 있다. focus위치의 적절한 설정은 측정에는 중요하다. 〈그림 10-22〉에 보인 바와 같이 알루미나의 측정의 예를 보인다. 횡축의 초점위치 0이 최적인 위치이며, +는 focus가 window에서 멀어지는 방향을 나타내고 있다. 측정에 있어서 카운터 수가 최대의 점을 선택한다. 측정치의 농도의존성에 대해서는 농도가 높게 되면, 입도는 작아지고, 카운터 수는 증대하는 것 같다[30].

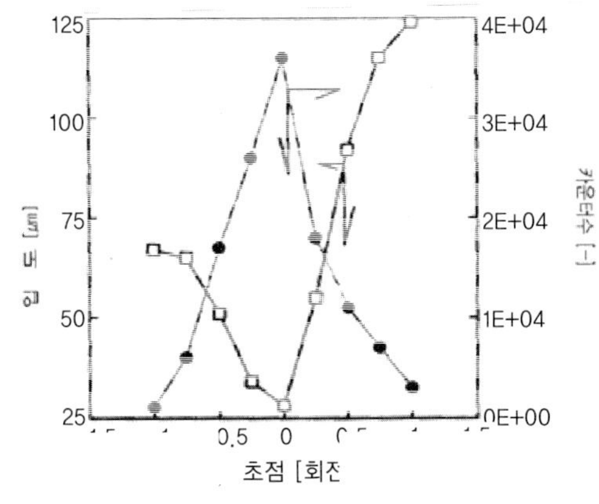

〈그림 10-22〉 핫 가스 위치 어긋남의 영향 (약 15 ㎛의 알루미나 입자)

실제의 평균입도와의 관계를 검토하고자 하는 경우에는 저농도로 희석하여 다른 측정장치에서 평균입도를 측정하거나 희석이 부적당한 경우에는 고농도 측정이 가능한 'X선 투과법'이나 'Andreasen법'에서 평균입도를 측정하여, TSUB-TEC에서의 평균입도와의 교정식을 작성해 둘 필요가 있다.

각종프로세스장치에 붙어있는 sense probe가 사용되고 있으며, sense probe는 reactor나 tank에 직접 삽입하여 사용할 수 있으므로 프로세스 제어로서 이용되고 있다. 정석, 중합, 구조, 추출 및 발효 프로세스 등에서 이용되고 있다.

10.3 광자상관법

레이저의 산란현상을 이용한 입도 측정 방법 중, 특히 서브미크론 이하의 미립자를 측정하는 방법으로서 동적 산란현상을 이용한 광자상관법(photo correlation spectroscopy, 달리 부르는 방법으로, 동적광산란법(dynamic light scattering), 준탄성광산란법(quasielastic light scattering))이 있다. 이 중에서 광자상관법은 입자의 확산계수를 검출하는 수법으로서 광산란 현상을 이용하므로 원래는 확산법의 일종이지만, 관례상 동적 광산란법으로도 불려지고 있다. 이 방법은 최근 급속히 그 실용화가 진행된 것으로(몇몇 회사의 제품이 시판되고 있다), 액상 중에서의 초미립자의 입도측정법으로서 적합하다. 광자상관법은 브라운 운동을 하는 입자군에서의 산란광강도의 시간적 변동으로부터 입도와 그 분포를 구하는 방법이고, 다른 방법으로는 구할 수 없는 초미립자의 계측이 가능하다[37].

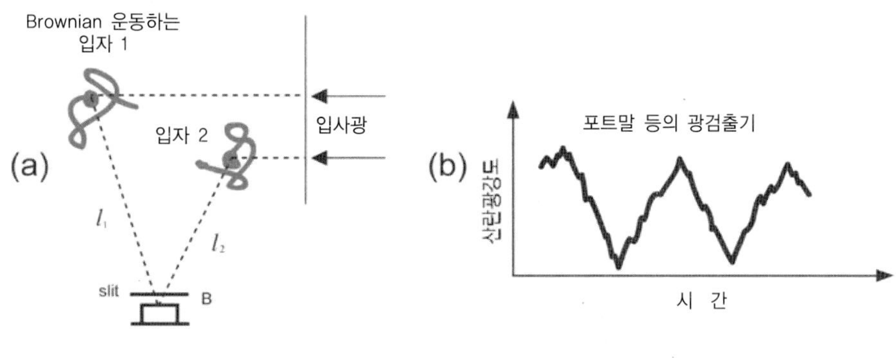

〈그림 10-23〉 두 입자의 Brownian 운동에 의한 산란광의 간섭

〈그림 10-23(a)〉에 보인 바와 같이 ramdom하게 Brown 운동을 하는 두 입자가 레이저빛을 조사된 관측부에 존재할 때 이 두 입자에서의 광산란을 광전관 등의 광검출기로 수광하면 그 강도의 시간변화는 〈그림 10-23(b)〉로 보인 바와 같은 응답으로 된다. 이와 같은 산란광 강도는 1과 2의 입자에 관한 A-B간의 광로 l_1 과 l_2 가 정확히 $l_1-l_2=n\lambda/2$(n은 정수)로 된 때에 간섭에 의해 최소로 되고, $l_1-l_2=n\lambda$의 때에 최대로 되는 시간적 변화를 나타낸다. 그리고, 최소, 최대로 나타나는 시간간격은 입자의 Brownian 운동이 과격하고, 환언하면 입자의 확산계수, 또한 바꾸어 말하면 입도에 관계한다. 따라서 〈그림 10-23 (b)〉와 같은 응답곡선을 처리하면 입경이 구해지는 것으로 된다. 이것이 광자상관법의 원리이지만, 실제에는 관측부에 다수개의 입자가 존재하기 때문에 이 예와 같이 간단히는 쉽지 않다. 다수개의 입자에서의 산란광을 광검출기로 수광하면 〈그림 10-23〉과 같은 명확한 산과 골짜기는 나타나지 않고, 산란광 강도의 시간적 변동이 관찰된다. 따라서 그것의 자기상관 또는 주파수 해석을 행하는 것으로 확산계수가 구해지므로 그것을 입경으로 변환하는 것이 가능하다[37].

10.3.1 원리와 특징

매체 중에 분산하고 있는 미립자는 온도가 일정한 경우에는 브라운 운동을 한다고 생각되어지며, 그 운동은 입자의 크기에 의존하여, 큰 입자에서는 느리고, 작은 입자에서는 빠르다. 따라서 브라운 운동을 하고 있는 미립자에 빛을 비추는 경우에 얻어지는 산란광은 입자의 운동속도에, 즉 입도에 의존한 요동을 가지게 된다. 이 요동을 가진 산란광을 검출하여 이하에서 서술하는 계산방법을 이용해서 입도에 관한 정보를 취득하는 방법이 바로 광자상관법의 원리이다.

광자상관법에서 실제로 측정하고, 계산하는 것은 광자수로 표현되는 산란광강도 $I(t)$와 그 상관이다. 이 때문에 일반적으로는 모델함수를 설정하고, 이것과 실제 측정한 상관함수와의 최적화로부터 파라메타를 결정하는 많은 방법이 제안되어지고 있다. 이 대표적인 방법에 대해서 다음에 언급하기로 한다[30].

(1) Cumulant법

상관함수를 계산하는 가장 단순한 방법은 측정된 상관함수의 대수를 취해, 이것을 다항식으로 근사하는 방법이다.

$$Y(t) = a + bt + ct^2 + \cdots \tag{10-6}$$

$Y(t)$는 상관함수의 대수를, a, b, c는 데이터에 가장 적당하도록 결정된 정수이다. a는 y축의 절편을 나타내고, S/N 비에 상당한다. b는 초기구배를 표시하고, 각 입자의 산란강도에 따라 가중함으로서 평균입도를 산출할 수 있다. c는 입도분포의 폭에 관계하고, c/b^2은 다분산수지수(polydispersity)을 나타낸다. 이 방법의 특징은, 분포함수의 형태를 알고 있는 경우에는 파라메타를 용이하게 구할 수 있지만, 분포형상이 불명한 경우에는 실험치에서 분포함수를 구하는 것이 어렵다. 특히, 측정입자의 분포가 다봉성이었서도 단봉으로 밖에 표현되지 않는 것에 주의해야 한다.

(2) 지수 샘플링법

현실의 분체의 입도분포는 단일분산이 아니고, 다분산인 것이 많다. 이 때문에 대수정규분포에의 적용은 반드시 유용한 정보를 제공하여 주지는 않는다. 다분산계에 대응하기 위한 해석 방법의 한가지로 지수 샘플링법이 있다. 이 방법은 산란광의 자기상관함수를 최소 사이즈와 최대 사이즈의 비(해석범위)에 따라 정하는 분할구간을 지수함수의 조합에 의해 표현하는 것이다. 분할구간 k의 입도 d_{pi}에 의해 $g_1(t)$ 은 다음 식으로 나타내어진다.

$$g_1(t) = \sum i \ \{A_i \exp(-aDKt_k/d_{pi})\} \tag{10-7}$$

a는 점성계수, 온도 등을 포함한 정수를 나타낸다. 계산은 전체의 분할에 대해 행해져 진폭 A_i가 다음 식을 최소로 하도록 행해진다.

$$\sum i \ \{g_1(t_i)_m - g_1(\tau)\}^2 \tag{10-8}$$

여기서 제1항은 측정치를, 제2항은 모델에 의한 것을 나타낸다. 이 방법의 특징은 지연시간을 아주 길게 잡을 수가 있기 때문에, Laplace 역변환에 있어서 정보의 결락을 최소한으로 한정할 수 있으며, 원리적으로는 임의의 분해능에서 분포를 결정할 수 있다.

(3) 히스토그램법

이 방법은 전술한 지수 샘플링법과 기본적인 생각방법은 동일하다.

Γ의 분포함수 $G(\Gamma)$을 같은 스텝폭 $\Delta\Gamma$으로 분할하고, $g_1(t)$를 다음 형태로 표현한다.

$$g_1(t) \;=\; \sum G(\Gamma_j)\int_{\Gamma_j - \nabla\Gamma/2}^{\Gamma_j + \nabla\Gamma/2} \exp(-\Gamma t)d\Gamma \qquad (10\text{-}9)$$

스텝폭은 식(10-8)이가 최소로 되도록 택한다.

10.3.2 장치의 구성

광자상관법에 의해 입자를 측정하는 경우 장치구성의 약도를 〈그림 10-24〉에 표시한다[30].

(1) 레이저

일반적으로 많이 사용되어지고 있는 레이저는 파장 632.8 nm, 출력 5 mW의 He-Ne 레이저이다. 입도가 수 10 nm 이하인 경우에는 더욱더 파장이 짧고, 출력이 큰 레이저(예를 들면 Ar 이온 레이저)가 바람직하다. 그러나 출력의 증가에 의한 시료 중의 온도상승과 열대류에 주의를 기울이지 않으면 안 된다.

(2) 시료 홀더

측정 시료를 담아 두는 시료 홀더에는 90°의 산란각도로 밖에 산란광을 끄집어 낼 수 없는 것과 홀더 전체를 고니오메타에 의해 회전시켜 산란각도를 임의로 바꿀

수 있는 것도 있다. 측정은 보통 온도 일정에서 행하기 때문에, 홀더는 온도조절을 할 수 있게 되어 있다. 또 반사광이 산란광과 함께 검출되지 않도록 입사광에 대해 빔 스토퍼가 설치되어 있다.

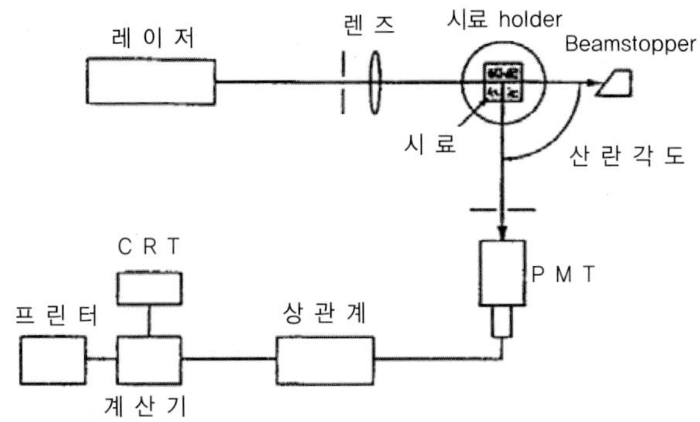

〈그림 10-24〉 장치구성의 개략도

(3) 검출기

산란광을 광전자증배관(PMT)으로 수광하고, 강도를 전류신호로 변환한다. 실제로는 PMT의 앞에 조리개를 설치해 PMT로 들어오는 강도를 조절한다.

(4) 상관계

상관계(correlator)는 PMT에서 나온 신호에 의거 산란광의 상관을 하드웨어로 계산하는 단위이다. 또한, 소프트웨어로 상관의 계산을 행하는 기종도 있다.

(5) 계산기

각종의 소프트웨어에 의해 입도에 관계하는 연산을 한다.

10.3.3 측정 순서와 유의점

(1) 측정 순서

광자상관법으로 입도를 측정하는 순서는 다음과 같다.

① 분말시료의 조제 : 큰 응집구조를 파괴하는 것이 필요.
② 분산매의 작제 : 분산제의 종류와 농도를 결정한다.
③ 분산매 중에의 시료의 분산
④ 측정 셀에의 시료의 주입
⑤ 측정개시 : 분산매의 굴절률의 값이 필요. 측정온도, 측정시간, 입도계산 소프트를 선정한다.
⑥ 측정 결과의 평가 : 얻어진 결과가 타당한지 아닌지를 판단하는 것이 필요.

광자상관법에 의해 입도를 측정하는 데에는 측정입자를 적절한 분산매 중에 분산시키는 것이 가장 중요한 조작이다. 또 측정하는 입자는 육안으로는 판별할 수 없을 정도의 크기의 입자를 대상으로 하고 있기 때문에, 측정을 교란하는 대기 중의 부유먼지, 쓰레기, 오염 등이 부착되거나 혼입되지 않도록 최대한의 주의를 기울이는 것이 중요한 점이다. 이를 위해, 이하에서 측정조작에 관련된 유의점에 관해 서술한다.

(2) 측정상의 유의점

① 측정 셀

이것은 분산매 중에 분산시킨 입자를 넣는 용기이며, 일회용형의 플라스틱제의 것과, 광학석영 글라스제의 것이 있다. 전자는 셀 표면에 상처를 내지 않으면 반드시 한 번 사용하고 버리지는 않는다. 어느 형의 셀을 사용하더라도 입사광과 산란광은 셀의 단면을 통과하기 때문에 표면에 상처, 오염 등이 없는 것을 확인한 후 사용한다. 플라스틱제는 열 및 분산제의 종류에 의해서는 변형 혹은 용해가 있기 때문에 이 점에 있어서도 유의가 필요하다.

② 분산매

분산매를 만들 때 및 세정할 때 사용하는 물에는 수돗물을 사용해서는 안 된다. 부유물질 등의 미세먼지, 이온이 많이 함유되어 있기 때문이다. 최저한 증류수를 사용해야만 한다. 그러나 자가 제작 혹은 시판품을 사용하는 경우에 있어서도 반드시 필터(적어도 0.2 ㎛경의 것)을 통과시켜 사용해야 한다. 또한, 분산매를 제작한 후에 필터로 여과하여도 좋다. 먼지가 수중에 존재하는지 어떤지를 간단히 보는 데에는 셀에 물을 넣어 레이저 빔을 통과시켜 위에서 보면 좋다. 먼지가 존재한다면 광로 중에서 번쩍번쩍 빛날 것이다. 이러한 물, 분산매는 결코 사용해서는 안 된다.

③ 분산제 분산방법

미립자를 순수한 물만으로 1차 입자까지 분산시키기는 어렵다. 이 때문에 물에 화학약품 (분산제)를 첨가하고, 정전기적 안정화 혹은 입체적 안정화에 따라 양호한 분산을 유지하는 것이 필요하다.

④ 입자농도

분산매 중의 입자농도는 측정결과에 아주 큰 영향을 주며, 경우에 따라서는 전혀 다른 결과로 되기 때문에 적절한 농도 선택이 필요하다. 적절한 농도는 대상으로 하는 입자의 크기, 종류에 따라 변화하기 때문에 이것을 일반적으로 표현하기는 어렵다. 굳이 말하면 투명하지는 않고, 탁도가 약간 강한 정도이다.

⑤ 세정

사용한 용기, 기구 등은 사용 후 곧 초음파 등으로 세정한다. 특히 측정 셀의 내부벽에 이물질이 남지 않도록 충분히 주의한다. 세정의 최후단계에 사용하는 물은 전술한 것을 사용하는 것이 바람직하다. 세정 후는 데시케이터 등에서 건조, 보존한다. 또 재사용의 경우에도 세정하는 것이 필요하다.

⑥ 그 밖

a. 측정은 일정온도에서 행하기 때문에, 시료온도가 측정온도와 크게 다른 경우에는 측정온도에 가까운 온도까지 가열 또는 냉각한 이후에 시료 홀더에 삽입한다.
b. 조제한 시료를 셀에 주입해서 측정하지만, 주입한 것에 따라서는 셀 내부에서의 대류가 생긴다. 이 때문에 대류가 없게 된 이후에 측정을 개시한다. 2~3분 기다리는 것이 필요하다.
c. 분산매의 밀도와 측정입자의 밀도와는 반드시 같지는 않고, 일반적으로는

입자 쪽이 밀도가 클 것이다. 따라서 측정 중에 입지의 침강이 반드시 생기는 것을 염두에 둘 필요가 있다. 이 때문에 측정시간을 어느 정도로 결정할 것인가가 문제가 되지만 밀도차가 그다지 크지 않고, 적당한 분산이 이루어지고 있는 경우에는 통상의 측정시간(길더라도 1분 정도)에서 측정결과에 큰 영향이 나오지 않는다. 그러나, 이들에 관해서는 경과시간마다 측정을 행하고, 입도와 분포의 시간변동이 어떻게 될 것인지 라는 결과를 얻어 두는 것이 필요하겠다.

(3) 결과의 평가

측정한 결과는 수치 혹은 그래프로 표시된다. 이 때문에 얻어진 결과가 측정입자에 대해 바른 정보인지 아닌지를 판단하지 않으면 안 된다. 이 판단의 하나로서 다분산지수를 들 수가 있지만, 측정입자가 가지고 있는 입도분포에 따라 변화하기 때문에 반드시 적당하지는 않다. 고체입자계측에 관한 많은 측정결과가 명확하게 되어 있지 않은 현단계에서는 최적농도범위에서의 측정결과에 신뢰성을 기하는 것이 타당할 것이다.

측정결과에 미치는 입자농도의 영향은 크다는 것을 앞에서 서술했다. 그 영향은 고농도 및 저농도에서 나타낸다. 분산매 중의 입자 재응집이라는 문제도 있지만 이것을 제외하면 고농도에서 산란 체적 중의 과잉 입자수에 의한 다중산란에 의해 측정한 입도는 특히 작게 된다. 저농도에서는 과소 입자수에 의한 산란광강도의 저하 때문에 입도는 다시 작게 된다고 생각되어지지만, 산란 체적 중의 측정 입자수와 분산매 중의 큰 입자수(예를 들면 쓰레기)의 비율에 따라 거동은 변화한다. 이 때문에 신뢰할 수 있는 입자측정에는 최적입자농도가 존재한다. 이것을 실험적으로 측정하는 데에는 농도에 대한 입도를 구하고, 입도가 농도에 의존하지 않는 범위, 즉 최적농도범위를 결정한다.

입자에 관한 정보는 평균입도와 분포가 주이기 때문에 이 양쪽을 가지고 결과를 평가하지 않으면 안 된다. 계산소프트에 있어서 적절한 파라메타 입력을 행하지 않으면 단분산 입자일지라도 다분산의 결과로 되는 경우도 있다.

참고문헌

[1] Mie, G. *Ann, Phys.,* 25, 377 (1908).

[2] Chin, H., Sliepcevich and Tribus, M., *J. Chem Phys.* 59, 841 (1955)

[3] van de Hulst, H. C., "Light Scattering by Small Particles", Chapt 6, Jone New York Wilet & Sons, 1957.

[4] Chin, H., Sliepcevich and Tribus, M., *J. Chem. Phys.,* 59, 845 (1955).

[5] Hodokinson, J. R. and Greenleaves, J., *J. Opt. Soc. America,* 53, 577 (1963).

[6] Shifrin, K. S., "Electromagnetic Scattering"(R. L. Rowell and R. S. Satein, eds), p.171, New York, Gordon and Breach 1967.

[7] Kerker, M., "The Scattering of Light and Other Electromagnetic Radition", Chap. 3, New York, Academic Press 1969.

[8] Cornillault, J., *Applied Optics,* 11, 265 (1972)

[9] D.W. Schaefer and B.J Berne, *Phy. Rev. Letter,* 28, 475 (1972).

[10] D.E, Koppel, *J. Chem. Phys.,* 57, 4814 (1972).

[11] S.W. Provencher: *J. Chem. Phycs.,* 64, 2772 (1976).

[12] Swithenbank, j., Beer, J. M., et al., "Progress in Astronautics and Aeronautics"(B. T. Zinn, ed), p.549, New York, Plennm Press 1977.

[13] B. Chu, Es. Gulari and Er. Gulari, *Physica Scripta,* 19, 476 (1979).

[14] J.Briggs and D.F. Nicoli, *J. Chem. Phys.,* 72, 6024 (1980).

[15] 林, 齊藤, ほか, 航空宇宙技術研究報告, TR-614, 1980.

[16] Beer. M., and R. W. Carpenter, *Chem. Eng.,* 40 (1981).

[17] Aharonson E. F., N. Karasikov, M. Roitberg and J. Shamir, *J. Aerosol Sci.,* 17, 530 (1986).

[18] Hayashi, M., "Optical Particle Sizing, Theory and Practice"(G. Gouesbet and G. Grehan, eds), p.549, New York, Plenum Press 1987.

[19] Hirleman, E. D., "Optical Particle Sizing, Theory and Practice"(G. Gouesbet and G. Grehan, eds), p.135, New York, Plenum Press 1987.

[20] Handbook of Chemistryand Physics, 68th ed" CRC Press (1987-1988).

[21] Karasikov N., M. Krauss and G. Barazani, Particle Size Analysis, 1988, p.51, John Wiley and Sons Ltd. 1988.

[22] Hayashi, S. and Yoshida, K, "Proc. 4th Int. Conference on Liquid Atomization and Spray Systems", *Fuel Soc., Japan,* 235 (1988).

[23] T. Allen, Particle size measurement, 4th ed. Chapman & Hall, New York, p.1, 1990.

[24] 白井忠昭, 潤滑通信, p.36(1月号), 1990.

[25] De Jong E. J. and M. Nienoord, *Powder Handling & Processing,* 4(4), 389 (1992).

[26] Sommer H. T., C. F. Harrison and C. E. Montague, Particle Size Analysis, p.163, Redwood Press Ltd. 1992.

[27] Umhauer H., Particle Size Analysis, p.236, Redwood Press Ltd. 1992.

[28] Dynamic light cattering, W Brown Ed., Oxford Sci. Pub,, 1993.

[29] 早川修 中平秉司 椿淳一郎 *粉體工學會誌* 30(9) 653 (1993)

[30] 粉體工學會編, "粒子徑計測技術", 日刊工業新聞社, 1994.
[31] 강석호, "분체공학", 제2판, 희중당, 서울, 1995.
[32] F. M. Etzler and M. S. Sanderson, *Part. Part. Syst. Charact.,* **12**, 217 (1995).
[33] H. Lange, *Part. Part. Syst. Charact.,* **12**, 148 (1995).
[34] L. Heinz, *Part. Part. Syst. Charact.,* **12**, 148 (1995).
[35] C. Andres, P. Reginault, M. H. Rochat, B. Chaillot and Y. Pourcelot, *Int. J. Pharm.,* **144**, 141 (1996).
[36] W. S. Choi, H.Y. Chung, S. S. Kim, B. S. Heo and M. R. Lee, *Pusan Bull. Pharm. Sci.,* **31**(2), 51 (1997).
[37] 粉體工學會編, "粉體工學便覽 第2版", 日刊工業新聞社, 1998.
[38] F. Muller, F. Reinhard and T. Polk, *Powder Technology,* **105**, 2 (1999).
[39] W. S. Choi, H.Y. Chung, B. R. Yoon, J. H. Kang, S. S. Kim and H. S. Kim, *Pusan Bull. Pharm. Sci.,* **33**, 31 (1999).
[40] H. K. Choi, S. S. Kim, E. O. Kwak, J. S. Kwak and W. S. Choi, *Pusan Bull. Pharm. Sci.,* **35**, 17 (2001).
[41] 椿淳一郎, 早川修, "粒子徑計測技術", 日刊工業新聞社, 2001.
[42] J.H. Choi, S. J. Ha, YC. Bak and Y. O. Park, *Korean J. Chem. Eng.,* **19**, 1085 (2002).
[43] H. K. Choi, J. S. Ha and W. S. Choi, *Pusan Bull. Pharm. Sci.,* **37**, 1 (2003).
[44] H. K. Choi, J. S. Ha and W. S. Choi, *Pusan Bull. Pharm. Sci.,* **38**, 1 (2004).
[45] M. J. Park and J. D. III. Francis, *Korean J. Chem. Eng.,* **21**, 168 (2004).
[46] H. Saveyn, T. L. Thu, P. Govoreanu and P. Van der Meeren, *Part. Part. Syst. Charact.,* **23**, 145 (2006).
[47] H. Choi, W. Lee, S. Kim, W.S. Jung, J.H Kim. *Materials Chemistry and Physics,* **117**, 18 (2009).
[48] H. Choi, W. Lee, D.U. Kim, S. Kumar, J. Ha, S. Kim and J. Lee, *Korean J. Chem. Eng.,* **26**(1), 300 (2009).
[49] TSUB-TECH 機器特性レポート, No. 4-5.
[50] TSUB-TECH 取扱說明書.

제11장 에어로졸 입도분포 측정법

입도측정방법 중 에어로졸 입도분포 측정법은 기상법이라고 불리며, 기상법은 기상 중에 부유하는 입자 혹은 입자군의 입도를 측정하는 방법이다. 이 장에서는, 에어로졸의 분야에 이용되고 있는 입도측정법에 관하여 서술한다. 먼저 에어로졸 입자의 입도 측정법에 대해서 원리별로 간단하게 서술하고, 관성운동, 확산운동, 전기 이동도, 광산란 현상 등 입도에 의해 변화하는 각종의 물리현상을 설명한다. 이 중 광산란은 액상에서와 동일하여 앞서 서술한 바가 있기 때문에, 대표적인 기상 측정법인 cascade impactor, 비행시간법, 전기이동도법, 확산법에 대해서 소개한다.

11.1 에어로졸 측정법의 기초

에어로졸에 관련된 실험은 잘 제어된 에어로졸을 만드는 작업과 에어로졸을 측정하는 작업으로 나누어진다. 전자는 에어로졸에 관련된 현상을 연구하기 위해, 성질이 알려진 에어로졸을 사용하여 모사실험(experimental simulation)을 할 경우에 필요로 하는 에어로졸을 만드는 작업을 말하며, 후자는 우리가 관심을 가지는 에어로졸 현상을 있는 그대로 파악하고자 할 때 하게 되는 중요한 작업이다. 대기오염 측면에서 에어로졸을 다룰 때에는 에어로졸에 관련된 측정 작업이 상대적으로 더 중요하나, 에어로졸은 공정을 이용하여 물질을 생산하던 가 에어로졸의 제어기기 혹은 측정기기를 개발하는 연구에서는 에어로졸의 인위적인 생성이 더 중요한 과제가 된다. 에어로졸의 측정목적은 매우 다양하지만 주로 대기질을 감시하기 위한 측정, 집진장치의 성능 평가를 위한 측정, 오염 발생원에 대한 배가스 조성측정으로 구분 될 수 있다. 에어로졸 측정에 있어 기본원칙은 측정기기가 실제상황의 에어로졸을 정확히 측정하는 가를 보증하는 일이다. 에어로졸 측정기의 성능을 보증하는 방법은 이론적으로 설명하는 방법이 동원될 수 있으나, 실제 상황과 이론적인 상황이 상이한 경우가 대부분이므로 보다 정확한 보증을 위해 성질이 알려진 에어로졸을 대상 장치로 측정함으로써 장치의 성능을 보정(calibration)하는 방법이 최선이 된다.

에어로졸 측정 장치의 가장 진보된 형태는 에어로졸 분포와 입자의 화학적 조성을 실시간으로 측정 할 수 있는 장비일 것이다. 하지만 유감스럽게도 그러한 결과를 명확히 측정해주는 장비는 현재까지 존재하지 않는다. 그러므로 현재 우리가 측정을 통해 얻게 되는 에어로졸의 성질은 대부분 간접적인 방법으로 얻어지는 것이다. 대부분의 에어로졸 측정에 있어 우리는 고가의 장비를 필요로 한다. 하지만 우리가 측정을 통해 얻고자 하는 에어로졸의 성질이 몇 가지로 제한된다면, 굳이 고가의 장비를 사용하지 않더라도 우리의 목적을 쉽게 달성할 수 있게 된다. 예를 들어 공기 중의 에어로졸의 총질량 농도를 알고자 한다면, 고성능의 필터와 유량이 조절되는 흡인펌프만 있으면 충분할 것이다. 물론 이 경우 우리가 입도분포를 측정할 수 있는 성능을 가진 장비를 갖추고 있다면 바로 공기를 채집하여 공기 중의 에어로졸의 총질량을 구할 수 있다. 하지만, 우리가 에어로졸의 성질을 잘 이해하고 있다면, 굳이 고가의 장비를 사용할 필요가 없는 것이다. 고가의 고성능 장비를 사용했다 하여 반드시 정확한 결과를 얻게 되는 것은 아니다. 정확한 측정결과는 장비의 보정이 정확하게 이루어져야 한다는 전제가 있어야 하기 때문에 에어로졸의 성질에 대한 충분한 이해 없이는 고가의 장비도 무용지물이 된다.

따라서 우리는 기기의 성능을 충분히 이해하고 측정에 임해야 한다. 에어로졸 측정을 통해 알고자 하는 변수는 매우 다양하나 대표적으로 예를 들면, 에어로졸의 질량농도, 수농도, 입자의 크기분포, 광소멸계수, 입자의 크기별 조성 등이다. 우리는 이러한 변수를 여러 가지 특징을 이용하여 에어로졸의 분포변수를 측정한다. 상품화된 에어로졸 측정기는 에어로졸의 여러 가지 특징을 이용하여 에어로졸의 분포변수를 측정한다. 상품화된 에어로졸 측정기의 종류는 수를 셀 수 없을 정도로 많다. 하지만 대부분의 에어로졸 측정 장비는 원리적으로는 몇 가지 집단으로 나누어진다. 그러므로 우리는 여기서 이러한 원리를 기준으로 장비의 작동원리를 다루게 된다.

에어로졸의 측정절차는 크게 시료채집을 하는 절차와 채집된 시료를 분석하는 절차로 나누어진다. 그러므로 우리는 에어로졸을 측정하는 과정에서 측정과정의 어쩔 수 없는 상황으로 인해 두 가지 오차를 수반하게 된다. 그 중 하나는 측정 장소에서의 시료와 분석 장치에서의 시료가 동일성을 가지느냐 하는 문제이며, 또 다른 하나는 측정시점에서의 측정 당시의 시료의 상태와 우리가 측정을 통해 얻게 되는 에어로졸에 대한 자료가 시간적으로 동일한가 하는 문제이다. 이 문제는 에어로졸 측정기기의 성능과 작용성을 결정하는 중요한 기준이 된다. 그러므로 좋은 에어로졸 측정기하는 것은 이러한 두 가지 조건을 잘 만족하는 장비라고 볼 수 있다.

따라서 이하에서는 몇 가지 에어로졸 측정 장비를 소개하고 그 원리와 형식 그리고 구조와 측정결과에 대해서 개괄적으로 서술하고자 한다[20].

11.2 cascade impactor

기상법에 있어서, 가장 대표적인 입도 측정 장치로서, 원형 및 구형의 노즐과 판을 근접시켜 배치함으로써 기류와 입자에 상대운동을 생성시키는 것을 기초로 하는 입경 측정법이다. 관성력은 입경과 함께 커지므로 비교적 큰 입자의 측정에 적합한 방법이지만 최근에는 수십 Å의 입경까지도 측정이 가능하다고 말해지고 있다.

11.2.1 impactor의 형식과 구조

〈그림 11-1〉에 impactor의 구조를 모식적으로 나타내었다. (a)는 표준적인

impactor이고 노즐과 포집판을 수 단 직렬로 연결한 형식이 가장 많다[20]. 이 때에, 하류일수록 분리입도가 작아지도록 노즐의 직경과 수는 각 단마다 조정되어 있다. 각 단에 하나의 노즐을 이용하여 이른바 cascade impactor와 다수의 노즐을 이용하는 impactor가 대표적이다. 또 구성은 완전히 같지만 도중에 임계 오리피스를 삽입함에 의해 그 이후의 단에서의 압력을 극단으로 낮추어 측정 하한 입경을 끌어내리도록 감압 impactor도 이 형식이다. 이에 대해 (b)는 포집판의 부분을 흡인관으로 한 것으로 virtual impactor라고 한다. (a)의 형식에는 분리된 조립자가 포집판 위에 퇴적하거나 비산할 가능성이 있지만 이 형식에서는 입자는 세립, 조립과도 모두 현탁 상태로 꺼내지는 것이 특징이다.

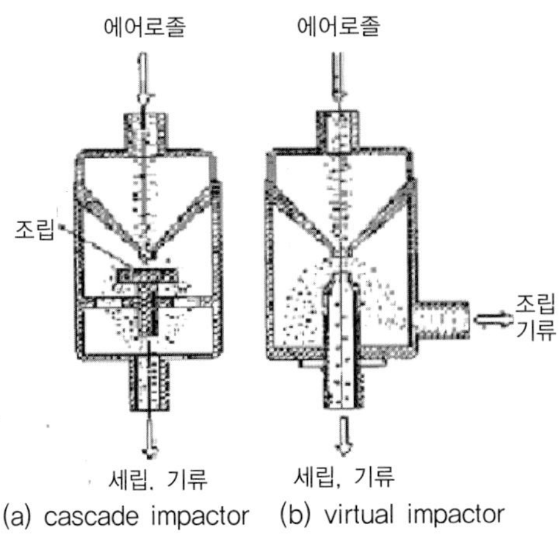

〈그림 11-1〉 Impactor의 구조

11.2.2 원리와 특징

〈그림 11-2〉에 노즐과 포집판 근방에서의 기체와 입자의 운동을 모식적으로 나타낸다. 기류는 포집판을 회피하도록 방향이나 속도를 급속히 변화시키지만, 입자는 즉시 변화에 따르지 못하고 거기까지의 운동을 지속하려고 한다[20].

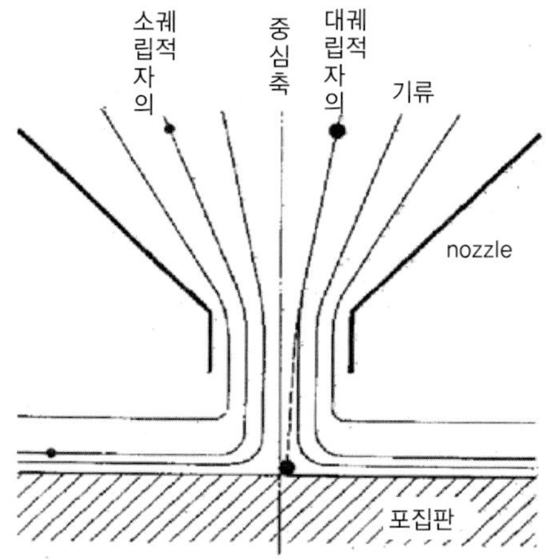

〈그림 11-2〉 Impactor 포집판 근처에서의 기류와 입자의 운동

이 경향은 관성력이 큰 입자일수록 포집판에 충돌한다. 즉 분리된다. 그러나 그 비율인 분리효율 η는 노즐과 포집판의 형상, 기류속도, 입도, 밀도 등에 의해 영향을 받으므로 그들 영향인자의 조합으로 생기는 무차원수, Stokes number Stk, 입자 Renolds number Re_p, Clearance S/W 등에 대해 변한다. 더구나 Stk, Re_p는 아래의 식으로 정의된다.

$$Stk = \frac{C_c\ \rho_p\ d_p^2\ \mu_0}{9\ \mu\ W} \tag{11-1}$$

$$Re_f \begin{pmatrix} = \dfrac{W\ u_0\ \rho_f}{\mu}\ \text{원형노즐} \\ = \dfrac{2W\ u_0\ \rho_f}{\mu}\ \text{구형노즐} \end{pmatrix} \tag{11-2}$$

여기서, C_c, d_p는 각각 Cunningham 보정계수와 입도이고, μ, ρ_f, ρ_p는 유체점도와 유체 및 입자의 밀도이다. 더욱이 u_0와 W는 노즐출구 기류속도와 노즐출구 대표 길이를 표시한다.

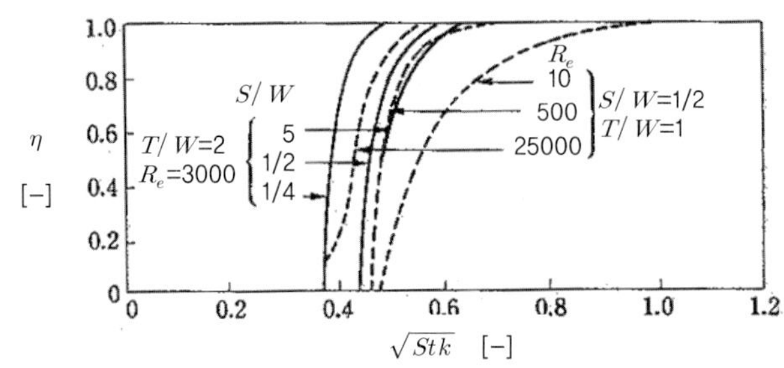

〈그림 11-3〉 단형 nozzel과 특별한 impactor의 이론분산효율

〈그림 11-3〉은 마플 등이 원형 노즐의 경우에 대하여 구한 이론분리효율 η를 표시한 것이다[20]. η는 어느 경우도 $\sqrt{Stk}$ 에 대해 급격히 일어서서 샤프한 분리특성을 가지고 있음을 나타내고 있다. 그 중에서도 S/W=1/2~5, Re_p=500~25000의 범위에서 곡선이 밀집하고 있으며, 이 범위에서 impactor는 가장 바람직한 분리특성을 가지는 것으로 알려져 있다. 따라서 시판의 다단 impactor는 이와 같은 곡선을 이용해 각 단의 분리효율 곡선이 〈그림 11-4 (b)〉에 표시한 바와 같이 겹쳐지지 않고 동시에 넓은 입경 범위를 커버하도록 설계되는 것이 보통이다[20].

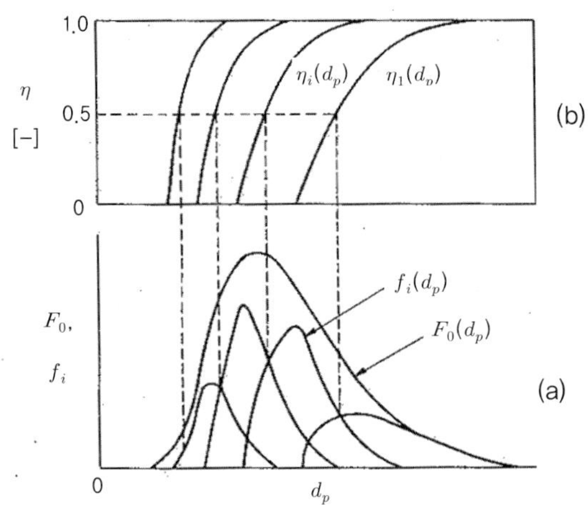

〈그림 11-4〉 다단 impactor 각단의 분산효율과 포집입자의 입경분포

11.2.3 감압 및 초음속 impactor

앞 에서 서술한 impactor의 분리성능은 Stk에 가장 영향을 받으므로, 지금 분리경 d_{pc}는 η=50 %가 되는 $Stk = Stk_{50}$만으로 정해진다하면 d_{pc}는 다음과 같이 표현된다.

$$d_{pc} = \sqrt{\frac{9\ Stk_{50}\ \mu\ W}{C_c\ \rho_p\ \mu_0}} \qquad (11\text{-}3)$$

위 식에서 명확한 바와 같이 u_0와 C_c가 클수록, 또 W는 작을수록 d_{pc}는 작아지지만, 통상의 impactor에서는 최대 값은 음속이며 또 W도 기계공작에서는 기껏하여 수백 micron 정도까지 밖에 작아지지 않는다. 또 C_c는 식(11-4)와 같이 입경과 가스분자의 평균자유행로에 의해 변하며, λ는 압력 P에 역비례하므로 결국 C_c는 압력이 낮을수록 크게 된다.

$$C_c = 1 + 2.49\lambda/d_p + 0.84\lambda/d_p \exp(-1.76 d_p/\lambda) \qquad (11\text{-}4)$$

$$\lambda = 6.6153 \cdot 10^{-2}/P,\ \ P[Pa] \quad \text{for} \quad T = 293K \qquad (11\text{-}5)$$

일반적인 impactor 내의 압력은 낮아도 1/2 기압 정도밖에 내려가지 않으므로 C_c가 극단적으로 크게 되는 일은 없고, 유속, 노즐경에도 제약이 있으므로 측정 하한 입경은 0.3 ㎛ 정도이나, impactor 내에 임계 orifice를 삽입하면 하류의 압력이 작아지므로 측정 하한을 낮출 수 있다. 〈표 11-1〉에 Hering 등의 감압 impactor 데이터를 정리하여 표시하지만, 8단 째에서는 0.05 ㎛의 분리경이 얻어지고 있다.

다시 노즐 형상을 궁리함에 의해 초음속 기류를 얻으면 cluster 정도의 중분자도 분리할 수 있다는 보고도 있으나, 현실적인 측정 장치로는 아직 되어 있지 않다[20].

〈표 11-1〉 Hering 등의 감압 impactor의 칫수와 50% 분리경

단 수	노즐 경 W [mm]	압력 P [mmHg]	노즐 유속 u_0 [m/s]	50% 분리경 d_{p50} [μm]
1	2.49	744	3.5	4.0
2	1.40	743	11	2.0
3	0.99	740	22	1.0
4	0.64	720	54	0.50
orifice	0.36	150	…	…
5	1.10	140	93	0.26
6	0.99	106	150	0.11
7	0.99	50	300	0.075
8	1.40	8	300	0.05

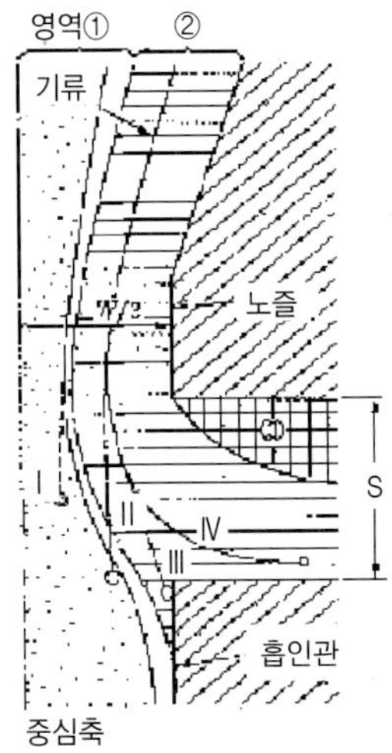

〈그림 11-5〉 virtual·impactor의 입자 분리 기구

11.2.4 virtual impactor

〈그림 11-5〉는 virtual impactor의 입자분리기구를 정성적으로 표시한 것이다 [20]. 노즐 중심축 부근의 영역 ①에 유입한 기류는 그냥 흡인관에 유입하지만 외주부 ②의 기류는 노즐과 흡인관 사이의 슬릿에서 유출한다. 노즐벽 근방의 영역과 ③에서는 흐름의 박리가 생기고 있다. 영역 ①의 입자는 입경에 의존하지 않고, 기

류와 함께 곡선 Ⅰ과 같이 거의 직진하여 흡인관에 유입하므로 이 영역에서는 입자의 분리는 일어나지 않는다. 이에 대해 영역 ②에 유입한 입자는 그 관성력에 대응하여 큰 입자는 Ⅱ와 같은 궤적을 따라 흡인관에 유입하지만 관성력이 작은 입자는 흡인관 벽에 충돌하거나 (Ⅲ), 슬릿을 통하여 유출하므로 (Ⅳ), 입자는 이 영역에서 분급된다.

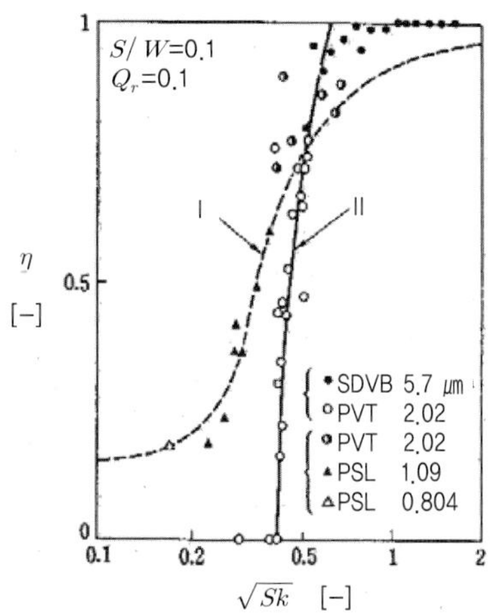

〈그림 11-6〉 virtual impactor의 분산특성

Ⅰ : $\alpha = 10$, $\beta = 0$
Ⅱ : $\alpha = 5$, $\beta = 3$
α : 전유량/Air Nozzel의 유량
β : 중심부 시스 air유량/air 노즐 유량
Qr : 흡인관에의 유량/전유량

〈그림 11-6〉에 원형 단면의 virtual impactor에 대해서 구한 Masuda 등의 분리효율의 계산과 실험결과를 나타낸다[20]. 그림 중의 파선은 노즐경 전면에 에어로졸이 유입하는 경우의 계산결과이고, 실험은 입자분리능이 없는 노즐 중심부와 흐름의 박리의 영향이 있는 노즐의 가장 외부에는 시스에어만을 흘리는 경우의 결과이다. 그림에서 명확하듯이 어느 경우에서나 실험결과는 잘 일치하고 있지만 시스의 유무에서는 시스에어를 유입한 경우의 쪽의 분리곡선은 예리하게 일어선다. 통

상의 impactor와 거의 같은 의미의 분리특성을 가진다. 그러나 이 형식의 impactor에서는 슬릿을 통과하는 기류의 일부가 흡인관에 일단 들어가기 위하여 본래 분급되지 않아야할 입자가 상당히 흡인관 내벽에 침착하여 측정오차의 원인으로 되고 있다.

11.2.5 측정에 있어서 유의점

Impactor는 포집판 상에 포집된 입자개수 또는 질량에서 입경분포를 측정하는 장치이기 때문에 모든 입자가 판 위에 있으면 정확한 결과가 얻어지지만, (1) 포집면에서의 충돌입자의 bound, 파쇄, (2) 일단 포집한 입자의 재비산, (3) 벽 loss 등이 있으며 측정오차로 된다[20].

입자의 충돌이나 재비산은 주로 고체 입자에서 중요한 문제이며, 포집판의 표면물성이나 포집입자의 퇴적층 형성 혹은 입자물성, 충돌속도 등에 영향을 받는다. 일반적으로 습윤면이나 필터로 덮혀진 표면에서는 심하지 않으나, 건조 고체면에서는 현저하게 되며, 비산은 수 ㎛ 이상의 큰 입자에서 현저해진다. 입자가 포집판 상에 유지되느냐 않느냐는 입자와 포집판 사이의 부착에너지와 입자의 운동에너지의 대소 및 입자 포집판 물성에 의해 변하기 때문에 입자의 포집을 확실히 하는 데는 포집판 상에 와세린 등의 접착제를 도포하거나 필터를 이용한다. 그러나 점착제는 포집량이 많아지면 충분한 보지력을 가지지 못하며, 필터에서는 전체적으로 분급특성을 나쁘게 하기 때문에 주의하지 않으면 안 된다.

한편 액체 입자에서는 그다지 문제로 되지 않지만, 휘발성이 높으면 증발에 의한 질량 감소가 충돌확률의 저하를 초래하여 본래의 단보다 작은 입경 단에 포집되기 때문에 주의를 요한다.

더욱이 장치에 의한 오차에는 impactor 입구에서의 샘플링에 의한 오차와 단 사이의 기벽 등에의 부착에 의한 것이 있다. 전자는 기류와 impactor의 흡인속도 및 각도 등에 의한 영향을 받으므로 등속흡인하지 않으면 안 된다. 또 후자는 장치의 구조에 의존하므로 개개의 장치마다 함께 평가하지 않으면 안 된다.

11.3 비행시간법

노즐로 에어로졸 입자를 급가속하고, 노즐 출구에 있어서 입자속도를 측정하여 그 것의 유체와의 속도 차로부터 이론적으로 공기역학적경을 구하는 방법이며 시판되고 있다. 이 방법에서는 공기역학적경이 0.5 ㎛ 정도 이하로 되면 τ가 작게 되어 입자와 유체와의 속도 차가 근소하게 되어 입경 측정이 곤란하게 된다.

기체 중에 부유하는 미립자를 노즐, 오리피스, 모관 등에서 진공 중에 분출한 즉 가스 분자는 서로 충돌하며 산란하나, 입자는 큰 관성력을 주기 때문에 고속의 에어로졸을 형성한다. 본 법은 이 원리에 착목하여 입자가 일정거리를 비행하는데 요하는 시간 또는 속도를 측정하고, 그 공기 동력학경을 구하는 것이다. 원래 비교적 무거운 입자를 고 진공 중에 사출했을 때에 생기는 molecular beam을 입자 측정에 응용한 것이며, 에어로졸법이라고도 한다.

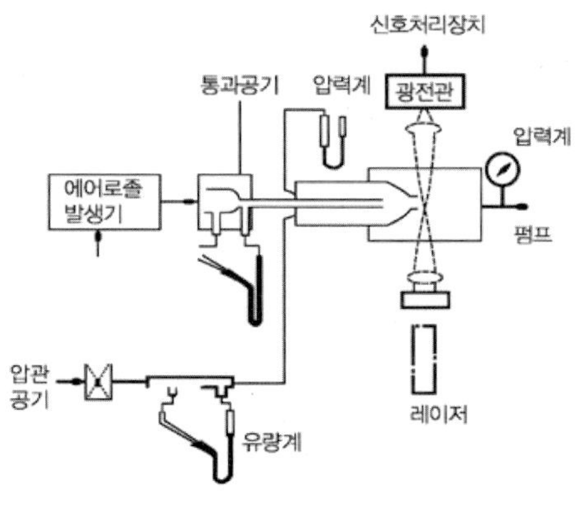

〈그림 11-7〉 Wilson의 실험장치의 개략

〈그림 11-7〉에 Willson이 이용한 실험장치의 순서도를 개략해서 나타낸다[20]. 에어로졸은 노즐(출구경 0.106 cm, 노즐내 압력 76.2 cmHg)에서 감압에 유지된 측정실 내에 사출되어 노즐 출구에서 145 ㎛의 거리에서의 입자속도를 레이저 도플러 유속계로 측정하도록 되어 있다. 〈그림 11-8〉에 노즐 측정실 사이의 압력차

를 바꿔, 기류 사출속도를 변화시켰을 때의 입자속도의 측정결과를 나타낸다. 더구나 그림 중의 실선 및 파선은 대응하는 이론값이며, 잘 일치하고 있다[20].

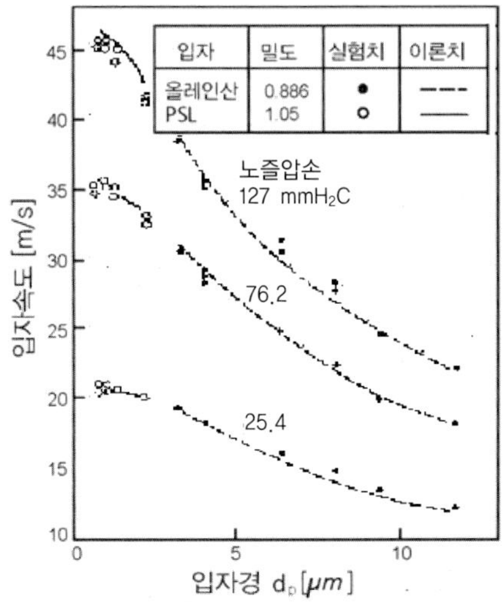

〈그림 11-8〉 Wilson 등의 장치의 노즐에서의 거리 145 ㎛에서의 입자속도와 입경의 관계

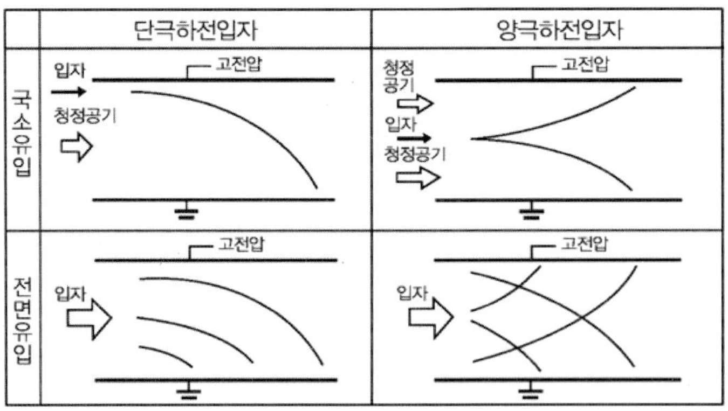

〈그림 11-9〉 전기이동도를 이용한 입자해석장치의 분류

이에 대해서 시판장치로는 측정실 내 압력 및 노즐 출구 기류속도를 각각 −125 cm H_2O 및 150 m/s로 고정하여 노즐 직후에 근접하여 조사되어 있는 beam laser의 두 개의 초첨간을 통과하는 데 요하는 시간을 측정하는 것에 의해 입경을 구하도록 되어 있다. 이 방법에서는 통과 소요시간은 입도에 역비례적으로 변화하나, 엄밀히는 입경 기지의 입자로 교정해 두지 않으면 안 된다. 또 본 장치의 측정 입경 범위는 0.5~30 ㎛이다.

본 법은 측정 영역에서 들어온 개개의 입자의 속도 혹은 비행시간을 연속하는 펄스로서 측정하는 것에 의해 입경을 구하기 때문에 측정 중에 다른 입자가 측정 공간에 침입하면 측정오차로 된다. 이와 같은 오차를 동시측정오차(coincidence)라고 한다. 이 때문에 측정가능 입자의 농도에 상한이 존재하는 것으로 된다. Willeke and Liu에 의하면 측정치 N_i와 참값 N_t의 사이에는 다음 식의 관계가 있다.

$$\frac{N_i}{N_t} = \exp(N_t \ Q \ t_d) \qquad (11\text{-}6)$$

여기서 Q는 에어로졸 유량이고, t_d는 두 초점 사이를 입자가 비행하는 시간과 전자회로가 측정가능한 시간으로 되는 합이다. 입자의 비행시간은 입경에 의해 변화하기 때문에 측정오차는 〈표 11-2〉에 보인 바와 같이 입경이 클수록 크게 된다 [20].

〈표 11-2〉 동시측정오차와 입자농도 (개/cm^3)

	입경 [㎛]	오차 1 %	오차 5 %	오차 10 %
2 ns time	0.8 3 10	558 387 234	2850 1973 1193	5853 4052 2450
66.67 ns time	5 10 20 29	60 55 48 43	305 280 242 218	626 575 498 448

11.4 전기이동도법

Impactor는 기본적으로는 입경의 2승에 비례하는 성질인 관성력을 이용하기 때문에 큰 입자의 측정에 알맞은 방법이지만 전기이동도법은 정전기장 내에서의 하전입자의 운동이 입경이 작을수록 빠르게 되는 것을 이용한 입경측정법이기 때문에 미소입자의 측정에 적합한 방법이다.

11.4.1 형식과 구조

입경측정의 방법은 입자의 하전상태, 유입방법에 의해 〈그림 11-9〉와 같이 4형식으로 분류할 수 있다[20]. 그래서 전면 유입형식과 국소 유입형식의 출구에서는 어떤 입경 이상의 입자밖에 얻어지지 않으므로 사상 적산분포 밖에 측정되지 않지만 국소 유입형식의 침착면에서는 입자의 하전상태, 전계강도를 조정하면 유입점에서의 거리에 따라 입경이 가지런한 단분산 미립자가 얻어진다. 즉 빈도분포가 얻어진다. 현재 시판되어지고 있는 것은 이 중 단극 하전입자를 국소에서 유입하여 침착면 및 출구에서 sampling하는 두 형식이다.

특히 〈그림 11-10〉에 표시한 이중 원통 구조의 장치는 입경마다의 빈도를 상세하게 측정할 수 있으므로 미분형(differential)의 이동도해석장치(mobility analyzer), DMA라고 불려진다[20]. 같은 장치에서는 내의 양 원통에 싸여진 공간을 완전 청정공기가 층류로 흘러 하전입자는 외통벽에 따라서 유입한다. 대전입자는 전장의 영향을 받아 내통 방향에 이동하고 내통 하단에 설치되어진 틈에 도달한 입자만이 꺼내지게 되어 있다. 이때 꺼내진 입자의 단분산성이 높기 때문에 입자측정장치로서 뿐만 아니라, 단 분산입자 발생장치로서도 널리 사용되고 있다[20].

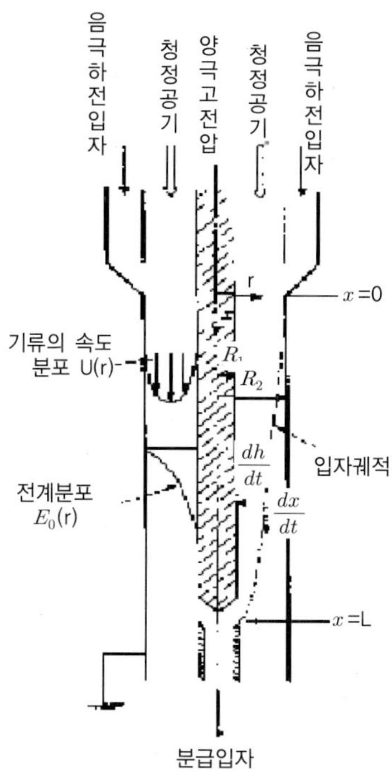

〈그림 11-10〉 이중원관형 DMA의 구조와 분급 원리

11.4.2 원리와 구조

여기에서는 이중원통형 DMA에서의 입자측정의 원리에 대해서 서술한다. 이제 하전수 n_p, 입경 d_p의 입자가 $r = R_2$, $x = 0$에서 유입하고, $r = R_1$, $x = L$에서 계외에 꺼내지는 것으로 하면 입자의 내통벽 방향에의 이동속도는 다음 식과 같이 표현되어 진다.

$$v_e = \frac{Q}{2\pi LR} = \frac{C_c n_p e E}{3\pi\mu d_p} \tag{11-7}$$

여기서 Q는 공기유량, E는 원통 간의 평균전계강도이며, 다음 식으로 정의되므로

$$E = \frac{V}{Rln(R_2/R_1)} \tag{11-8}$$

분리입도는 식(11-9)가 된다.

$$d_p = \frac{2C_c n_p e L V}{3\mu Q \ln(R_2/R_1)} \tag{11-9}$$

DMA 출구에서는 n_p가 일정하면, 얻어진 입도는 양 원통간의 인가전압 V만에 의해 정해진다.

〈그림 11-11〉, 〈그림 11-12〉에 $2R_1 = 3\ cm$, $2R_2 = 5\ cm$, $L = 40\ cm$의 시험제작한 DMA에 기하평균경 d_p=0.45 ㎛, 기하표준편차 σ_g=2.2, 하전수 n_p=1, 2의 NaCl 다분산 입자를 도입하여 v=4 kV의 전압을 인가했을 때, 침착면에 설치된 slit에서 얻어지는 입자의 사하분포와 각 인가전압과 얻어진 분급입자의 입경의 관계를 나타낸다. 〈그림 11-11(a)〉와 같이 DMA 분급입자는 동시에 표시한 입구입자에 비해 매우 예리한 분포를 하고 있어 DMA가 우수한 분급능을 갖고 있는 것을 알 수 있다[20]. 이 경우의 출구입자의 기하평균경은 $d_g = 0.13\ \mu m$로 〈그림 11-12〉에 n_p=1로서 식(11-9)에서 구한 이론경과 거의 일치하고 있다[20].

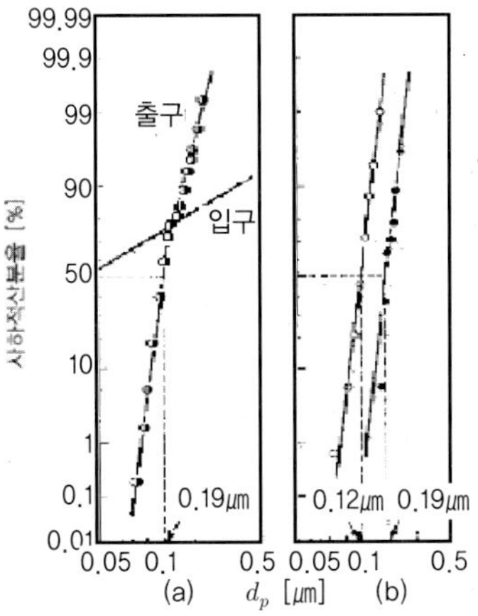

〈그림 11-11〉 DMA 분급입자의 사하적산분포 인가전압 : 4kV

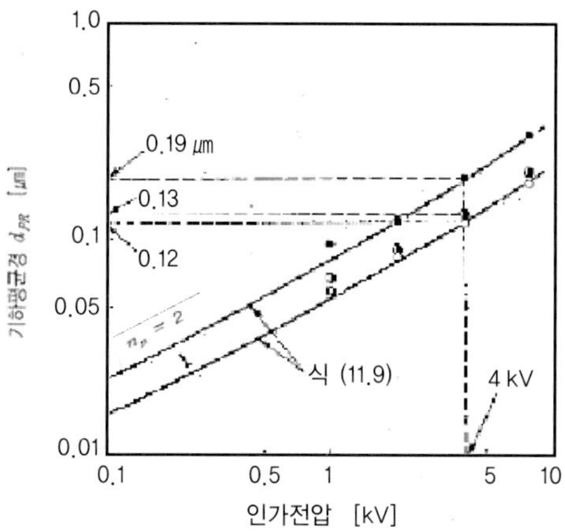

〈그림 11-12〉 DMA 분급 NaCl 입자의 입경과 인가전압의 관계. data는 주사형전자현미경 측정에 의한다.

◐ : 전체, ○ : 그림 14. 11의 소립자측, ● : 그림 14. 11의 대입자측

11.4.3 측정에 있어서 유의점

〈그림 11-11(a)〉를 상세하게 보면 출구경 분포는 체하 80 % 근처에서 꺾이어 굽어 있다. 그러므로 이것을 80 %를 경계로 하여 (b)와 같이 2개로 분해하면 서로 σ_g〈1.1로 극히 단분산성이 높은 2개의 입자군이 얻어진다. 식(11-7)에 의하면 n_p/d_p가 일정하면 입자의 이동도는 같다. 결국 같은 그림의 경우 2개 하전 입자가 약 20 % 함유하고 있는 것으로 된다.

이것은 본 방식에서의 입경측정에서 가장 유의하지 않으면 안 되는 점이다. 즉 DMA에의 도입에의 도입입자의 하전수는 일정하지 않으면, 얻어진 입경은 참값과는 다르다.

입자는 방사성 동의원소^{241}Am 등으로 하전되어 DMA에 도입되나, 하전수, 상태는 입경에 의해 다르다. 평균상태에서는 0.3 ㎛ 이하의 입자는 대부분 0 혹은 1개의 전하 밖에 가지지 않으나, 그 이상에서는 2개 이상의 전하를 가진 입자의 비율이 많아지므로 측정치의 신뢰성이 없어지므로 주의하지 않으면 안 된다.

11.5 확산법

전기이동도법과 같이 0.3 ㎛ 이하의 미소입자의 측정에 유효한 방법이며, 입자의 확산계수가 입경에 의해 변화하는 것을 이용하는 것이다.

11.5.1 형식과 구조

확산법에 의한 장치로서는 세관, 평행평판 혹은 미세 스크린을 다수 다발로 묶는 것 등이 있지만 이 중 〈그림 11-13〉에 표시한 스크린을 이용한 screen diffusion battery(SDB)가 간단하고 측정도 신속히 할 수 있으므로 시판되고 있다[20].

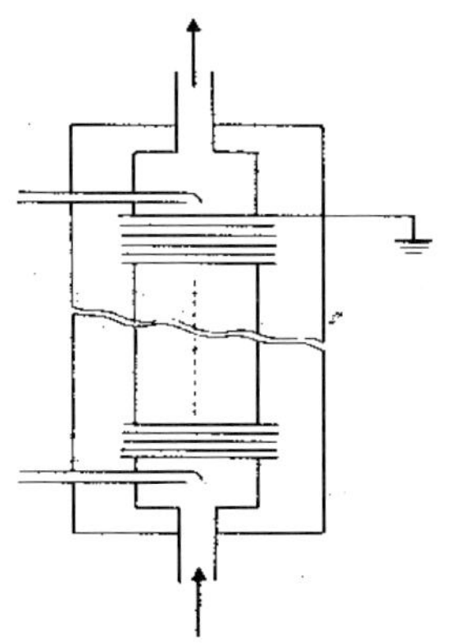

〈그림 11-13〉 Screen diffusion battery

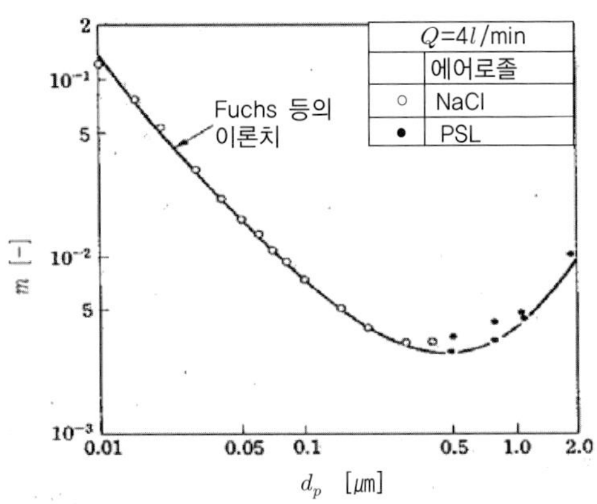

〈그림 11-14〉 식(14. 11) 중의 정수 m과 입경의 관계

11.5.2 원리와 특징

SDB는 확산과 차단 효과에 의해 입자가 screen에 포집되며, 입자농도가 하류일수록 감소한다는 여과 이론을 이용하여 입경을 측정하는 것이다. 지금 n 매의 screen을 포갠 battery에서의 에어로졸의 투과율 P_D는 입구에서의 빈도분포 $f(d_p)$와 단분산 입자 $p_D(d_p,\ n)$에 대한 투과식을 써서 다음 식으로 표현할 수 있다.

$$P_D = \int_0^\infty p_D(d_p,\ n)\ f(d_p)\ dd_p \tag{11-10}$$

$$p_D(d_p,\ n) = \exp\left\{\frac{-4\alpha L\eta n}{\pi d_f(1-\alpha)}\right\} = \exp\left\{\frac{-mn}{2.303}\right\} \tag{11-11}$$

위 식 중의 η는 확산 차단에 대해 단일 섬유 포집효율이며, Fuchs 등에 의해 반이론해가 주어져 있다.

〈그림 11-14〉는 식 중의 m을 $d_f = 35.5\ \mu m$, $v = 5.3\ cm/s$, $\alpha = 0.322$의 경우에 대해서 구한 Fuchs 등의 이론치를 입경에 대하여 플롯한 것이다. 또 그림 중의 점은 DMA로 분급된 NaCl 입자와 PSL 입자를 이용하여 얻어진 것이다. 그림에서 명확하듯이 실험치는 이론치와 잘 일치하고 있으므로 이 그림을 교정곡선으로서 이용하면 빈도분포를 구할 수가 있다[20].

11.5.3 측정에 있어서 유의점

식(11-11)로부터 명확하듯이 스크린매수가 동일하면, m이 클수록 투과율 p_D는 작아진다. 〈그림 11-14〉에 의하면 m은 입경이 작아질수록 커지므로 본 측정법은 입경이 작을수록 정도가 올라가는 것을 나타내고 있다[20]. 그러나 본 방법의 경우 입자농도의 측정은 응축 counter(CNC)로 행하는 것이 보통이지만 동 counter로는 0.01 ㎛ 근처에서의 계수의 신뢰성이 낮으므로 그 이상의 영역에서의 측정에서는 주의하지 않으면 안 된다. 또 m은 0.3 ㎛ 부근에서 극소치를 취하므로 이 이상의 입자를 포함하는 경우에는 교정곡선이 2가 함수로 되어 측정할 수 없다. 더욱이 식(11-10)은 간단히는 역변환이 불가능하기 때문에 상당히 복잡한 data 처리를 필요로 한다[20].

참고문헌

[1] Murphy, W. K. and Sears, G. W., *J. Appl. Phy.*, **35**, 1986 (1964).
[2] Buerkholz, A., *Chem.-Ing.-tech.*, **42**(5), 299 (1970).
[3] Marple, V. A. and Liu, B. Y. H., *Environ. Sci. Technol.*, **8**, 648 (1974).
[4] Kirsch, A. A., Stechkina, I. B. and Fuchs, N. A., *J. Aerosol Sci.*, **5**, 313 (1974)
[5] Wileke, K. and MacFesters, *J. Colloid Interf. Sci.*, **53**, 121 (1975)
[6] Raabe, O. G., *J. Air Pollution Control Assc.*, **26**, 856 (1976).
[7] Willeke, K. and Liu, B. Y. H. "Fine Particles: Aerosol Generation, Measurement, Sampling and Analysis", ed. by Liu, Academic Press, New York 1976.
[8] Hering, S. V., Flagan, R. C. and Friedlander, S. K., *Environ. Sci. Technol.*, **12**, 667 (1978).
[9] Scwartz, M. H. and Amdres, R. P., "Recent Development in Aerosol Science" ed. by D. T. Shaw (John Wiley and Sons), 225 1978.
[10] Zeble, G., "Recent Developments in Aerosol Science", ed. by D. T. Shaw (John Wiley and Sons), 167, 1978.
[11] Philips, M., *J. Phys. D*, **13**(2), 221 (1980).
[12] Wilson, J. C. and Liu, B. Y. H., *J. Aerosol Sci.* **11**. 139 (1980).
[13] 增田弘昭, 元岡司, *化學工學論文集*, **8**, 117 (1982).
[14] Seapan, M., Selman, D., Seale, D., Siebers, G. and Wissler, E. H., *J. Collod Interface. Sci.*, **87**, 154 (1982).
[15] Dahneke, B Hoover, J. and Cheng Y. S., *J. Collid Interf. Sci.*, **87**, 167 (1982).
[16] Obata, E., et al, *Chem. Eng. Japan*, **15**(1), 23 (1982).
[17] Kirsch, A. A., Vk. Zhulanov, *J. Aerosol Sci.* **21**, 753 (1984).
[18] Fernandez de la Mila, J., Rao, N. and McMurry, P.H., *J. Aerosol Sci.*, **21** 889 (1990).
[19] Seo, Y., *J. Aerosol Sci.*, **21**, 911 (1990).
[20] 粉體工學會編, "粒子徑計測技術", 日刊工業新聞社, 1994.
[21] 강석호, "분체공학", 제2판, 희중당, 서울, 1995.
[22] 粉體工學會編, "粉體工學便覽 第2版", 日刊工業新聞社, 1998.
[23] 장혁상, "에어로졸 측정법", 제3회 분립체물성 측정기술 계속교육 강좌 자료집, 2001.
[23] 椿淳一郎, 早川修, "粒子徑計測技術", 日刊工業新聞社, 2001.
[24] Blackford, D. B. Quant, F. R. and Sern G. J, "Reference papers on the generation of supermicron aerosols and their measurement using the aerodynamic particle sizer", TSI Technical Note.

제12장 비표면적을 이용한 입도분포 측정법

고체입자의 표면적은 단일입자의 경우에나 분체집단의 경우에서나 중요한 분체 특성의 하나이다. 고체반응이나 고체촉매반응에서 단위 질량당의 표면적이 클수록 반응속도는 증가하고, 분쇄에 필요한 분쇄에너지를 추산하는데도, 분쇄 생성물의 표면적증가가 바로 표면에너지의 증가 또는 분쇄에너지의 소요량에 영향을 준다.

여기에 분체의 표면적은 분체의 입도 또는 입도분포와 관계가 있다. 여러 가지 분체의 평균입도는 그 분체의 표면적, 특히 비표면적(단위질량당 표면적)과 관계가 있다. 만일 모든 분체가 구형이라면 분체의 종류에 관계없이 단일한 관계식이 성립하나, 각종 분체는 고유한 입자형상계수를 가지고 있으므로 약간씩 다른 관계를 나타내게 된다.

분체의 표면적은 분체입자의 모양에 따라서 달라진다. 또 분체입자의 내부기공구조의 유무에 다라서도 달라진다. 따라서 분체의 표면적을 측정하는 방법이 있고, 입자와 입자사이에 형성되는 공극부피를 지나가는 유체의 흐름저항으로 입자 표면적을 측정하는 방법도 있다. 따라서 비표면적경은 비표면적의 측정으로부터 입도분포를 구할 수 있는 것은 아니고, 측정은 단지 비표면적이 측정될 뿐이다. 즉, 비표면적을 측정하여 입도로 환산하여 측정한 것을 비표면적경이라 한다. 현재 입도분포 측정기술에서 측정하기 곤란한 수십 nm 이하의 입도도 계측 가능하고, 입자가 강하게 응집하고 있어도 구성 1차 입자의 크기를 측정하기 때문에 비표면적 측정법은 중요한 입도 측정기술의 하나이다.

12.1 비표면적경

비표면적(specific surface area)은 일반적으로 단위질량 분체의 전입자 표면적으로 정의되고, S_w로 쓰이는 것이 많지만, 단위체적당의 전입자 표면적으로 정의되는 S_v로 쓰이기도 한다. 입자밀도가 ρ_p인 분체에서는 $S_v = \rho_p S_w$이다. 분체를 분쇄하면 새로운 표면이 생성되기 때문에, 분쇄가 진행하여 입자가 미세하게 됨에 따라 분체의 비표면적은 커지게 된다. 따라서 비표면적도 입자의 크기를 나타내는 지표(입도)로서 이용될 수 있고, 시료분체의 평균적인 입도를 나타내는 비표면적경 x_s을 산출할 수도 있다.

이 순간 분체가 직경이 x이고, 밀도가 ρ_p인 n개의 구로 되어 있다고 생각하면, 전입자 표면적은 $n\pi {d_p}^2$, 분체의 질량은 $\rho_p n\pi {d_p}^3/6$ 로 되기 때문에, 비표면적S_w는 다음 식으로 나타내 진다.

$$S_w = \frac{6}{\rho_p d_p} \tag{12-1}$$

분체의 구성입자의 형으로 구 대신에 입방체를 가정하여, 입방체의 한 변을 x로 해도 식(12-1)을 얻을 수가 있다. 그러나 식(12-1)의 계수 6은 구와 입방체 이외의 형상에서는 다른 값을 가지고, 입도의 정의가 다르다 -예를 들면 입방체와 같은 체적인 구의 직경을 입방체의 입도로 한다- 입방체에서도 다른 값으로 된다. 그러나 실제상은 측정한 비표면적으로부터 식(12-1)을 이용해서 입도를 산출하고, 그것을 비표면적경 x_s로서 사용하고 있다

12.2 비표면적경의 원리, 장치 및 특징

현재 자주 이용되고 있는 비표면적 측정법은 투과법(permeability method)과 흡착법(adsorption method)이다. 그 외, 이론적 가정이 적은 절대법과 이른바 침적열법(heat of wetting method)이 있지만, 침적에 의한 발열량이 매우 작아서 측정에 시간이 걸리고, 그다지 보급되어 있지 않다. 따라서 여기서는 투과법과 흡착법의 설명 하고자 한다.

12.2.1 투과법

고체입자의 표면적은 단일입자의 경우에서나 분체집단의 경우에서나 중요한 분체 특성의 하나이다. 고체반응이나 고체촉매반응에서 단위질량당의 표면적이 클수록 반응속도는 증가하고, 분쇄에 필요한 분쇄에너지를 추산하는 데에도, 분쇄생성물의 표면적 증가가 바로 표면에너지의 증가 또는 분쇄에너지의 소요량에 영향을 준다. 다음 장에서 설면할 분체의 2차 물성으로서의 응집력과 부착력 등도 분체의 표면적에 중요한 영향을 받는다. 이러한 영향은 분체의 성형, 혼합, 분급조작에서도 나타난다.

분체의 표면적은 분체의 입도 또는 입도분포와 관계가 있다. 여러 가지 분체의 평균입도는 그 분체의 표면적, 특히 비표면적(단위질량당 표면적)과 관계가 있다.

(1) 원리

입자밀도 ρ_p, 비표면적 S_w인 분체를 단면적 A, 층높이 L, 공극률 ε인 충전층에 성형하고, 일정한 압력차 ΔP로 점도 μ, 밀도 ρ인 Newton 유체 (통상은 공기)를 투과시키면, 유체의 투과속도 u는 다음의 Kozeny-Carman식으로 나타내진다.

$$u = \frac{Q}{At} = \left(\frac{14}{\rho_p S_w}\right)^2 \frac{\Delta P}{\mu L} \frac{\epsilon^3}{(1-\epsilon)^2} \qquad (12\text{-}2)$$

따라서, 시간 t 로 충전층을 투과한 유량 Q를 측정하면, 식(12-2)을 변형해서 다음 식으로 비표면적 S_w를 구해낼 수 있다.

$$S_w = \frac{14}{\rho_p}\sqrt{\frac{\Delta PAt}{\mu LQ}\frac{\epsilon^3}{(1-\epsilon)^2}}\ ,\ \epsilon = 1 - \frac{W}{\rho_p AL} \qquad (12\text{-}3)$$

식(12-3)에서, W는 시료중량이다. 비표면적경 x_s는 식(12-1)로부터 쉽게 구해진다.

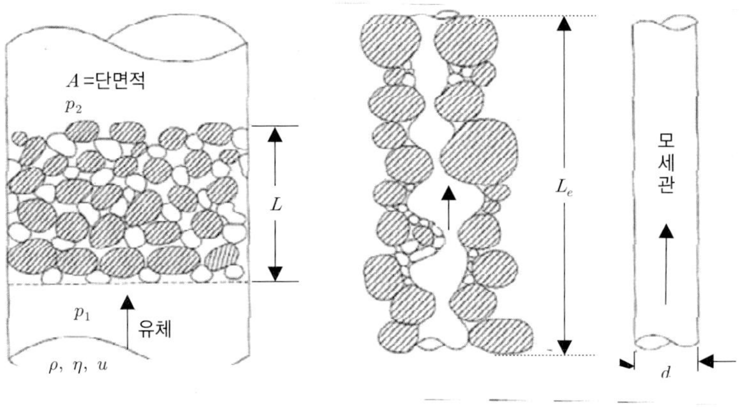

〈그림 12-1〉 분체 충전층 내의 모세관 구조

〈그림 12-1〉에 분체충전층 내의 모세관 구조에 대해서 나타내었다. 시료 분체 입자가 미세화하고, 세공의 크기가 투과 기체분자의 평균자유행정과 같게 되면, 충전층 중의 기체의 흐름은 식(12-3)에서 나타낸 점성흐름에서 분자흐름으로 이행한다. 충전층 중의 세공경은 입도 뿐만 아니라, 공극률에 의해서도 변하기 때문에 한마디로 말할 수 없지만, 기체투과법이 적용된 입도는 ㎛ 오더까지이다. 그것에 의해 작은 입도 범위까지 본 측정법을 적용하는 경우는, 기체를 가압해서 평균자유행정을 작게 하여 분자흐름의 영향을 없게 하거나, 분자흐름의 보정을 하지 않으면 안 된다. 반대로, 입자가 큰 경우는 충전층의 투과저항이 작기 때문에, 기체는 순간적으로 투과하여 투과량을 측정하는 것이 곤란하게 된다. 이와 같은 경우는 투과유체에 액체를 이용하는 것에 의해서 측정이 가능하게 된다.

매우 미세한 분말이 치밀하게 충전된 분체층에 거의 대기압에 가까운 압력의 기체를 투과시키거나, 조세분말층에 대기압보다 낮은 압력의 기체를 투과시키는 경우에는 기체분자의 평균 자유행로가 충전층 모세관지름과 거의 같으므로 모세관 내벽에서 기체분자의 미끄러짐(slippage)이 생겨서 충전층을 통과시하는 유체의 유량은 Poiseuille의 법칙으로 계산되는 유량보다 더 크다. 만일 기체의 압력이 더욱 낮아져서 기체분자의 평균 자유행로가 모세관 지름보다 훨씬 더 커지면 기체의 점도는 모세관흐름에 아무런 역할도 하지 못하고 기체분자는 다만 모세관벽에 충돌하는 현상만 생긴다.

이와 같이 자유스러운 분자흐름은 실제로 확산과정에 해당하고, 또 혼합기체가 사용될 때 각 성분에 대해서도 분자흐름이 일어난다. 이때는 모세관 끝에서 전압이 같을지라도 각 성분기체의 분압구배에 대항하여 확산현상이 생긴다.

따라서 기체투과법에서는 세 가지 유체흐름형태를 생각할 수 있다. 첫째는 점성흐름, 둘째는 전이영역, 즉 기체분자의 평균자유행로 λ가 충전층 모세관지름의 크기와 같은 경우로서, 슬립(slip)항이 기체점도와 같고 그 크기를 반드시 계산에 반영시켜야 하는 경우이며, 셋째는 분자영역으로써 슬립 항이 우세한 경우이다.

또한, 분체시료 중에 5 ㎛ 이하의 입자가 섞여 있지 않을 경우에는 투과도 측정에 기체 대신에 액체(물)를 사용하는 측정법이 훨씬 쉽다. 5 ㎛ 이하의 입자가 섞여 있는 경우에 액체를 투과유체로 사용하면 침강, 편석 등이 일어날 수도 있고, 액체중의 기포 제거가 어렵고 응집현상이 일어나기도 하며, 때로는 액체가 고체표면을 골고루 적시지 못하는 등 만족스럽지 못한 결과가 나오기도 한다. 특히 모래 등의 굵은 입자를 다루는 토질시험 등에서는 액상투과법이 매우 중요한 토질자료를 제공한다. 또, 투과이론은 섬유직물의 공기투과도를 취급하는 섬유직물구조설계에서도 중요한 이론이고, 여과포를 이용한 여과 집진 등에서도 중요한 자료로 이용된다.

(2) 장치

공기투과법의 장치는 구조가 간단하기 때문에 자작도 용이하다. 시판되고 있는 장치 예를 각각의 〈그림 12-2〉에 나타내었다. Lea-Nurse법, Sub-Sieve- Sizer, Blaine법, 항압통기식 비표면적 측정 장치의 어떤 것도 시멘트의 분말도 평가 등에 이용되고, JIS, ASTM 등의 규격에 채용되고 있다[34].

Lea-Nurse법은 시료충전층을 투과한 공기의 유속과 압력강하의 측정으로부터 비표면적을 구한다〈그림 12-2 (a)〉[34].

Sub-Sieve-Sizer는 Lea-Nurse의 장치를 개량한 상품명으로, 간단한 압력조제기에 의해 시료충전층의 압력강하가 일정하게 되도록 궁리하고 있다. 분말야금관계에 잘 사용되고, ASTM에서도 채용되고 있다.

Blaine법은 cement의 분말도 시험장치로서, JIS, ASTM에 채용되어 널리 사용되고 있다. 장치는 〈그림 12-2 (b)〉에 나타나 있고, 마노메터 상부에 시료용기를 부착한 것만의 간단한 것으로 표선 A까지 흡인되어 올려진 마노메터액이 코크를 잠근 후 표선 B, C 사이를 통과하는 시간을 측정하여 비표면적을 구한다. 측정 중 통과공기의 압력은 변화하지만, 일반적으로는 비표면적을 알고 있는 표준시료에 의해서 압력강하, 유량을 포함한 장치정수를 구해두고, 그것을 이용해서 계산한다. 따라서 비표면적이나 물성이 표준시료와 다른 시료의 측정에서는 문제를 일으키는 경우가 많다[34].

위에서 서술한 Lea-Nurse의 장치, Sub-Sieve-Sizer는 공기를 투과시키기 때문에 콤프레셔 등의 부속장치가 필요하다. 그에 대해 Blaine법은 부속장치가 필요하지 않는 대신에, 측정대상에 제약이 있다. 항압공기식 비표면적 측정장치에서는 〈그림 12-2〉에 나타난 용기 E의 물의 유출에 의해서 공기를 투과시켜, 측정 중 투과압력은 그림 중의 C, G 사이의 정수압으로 일정하게 되도록 연구하고 있다. 또, 투과압력은 유출구 C의 상하에 의해서 변할 수 있고, 넓은 범위에서 측정이 가능하도록 되어 있다[34].

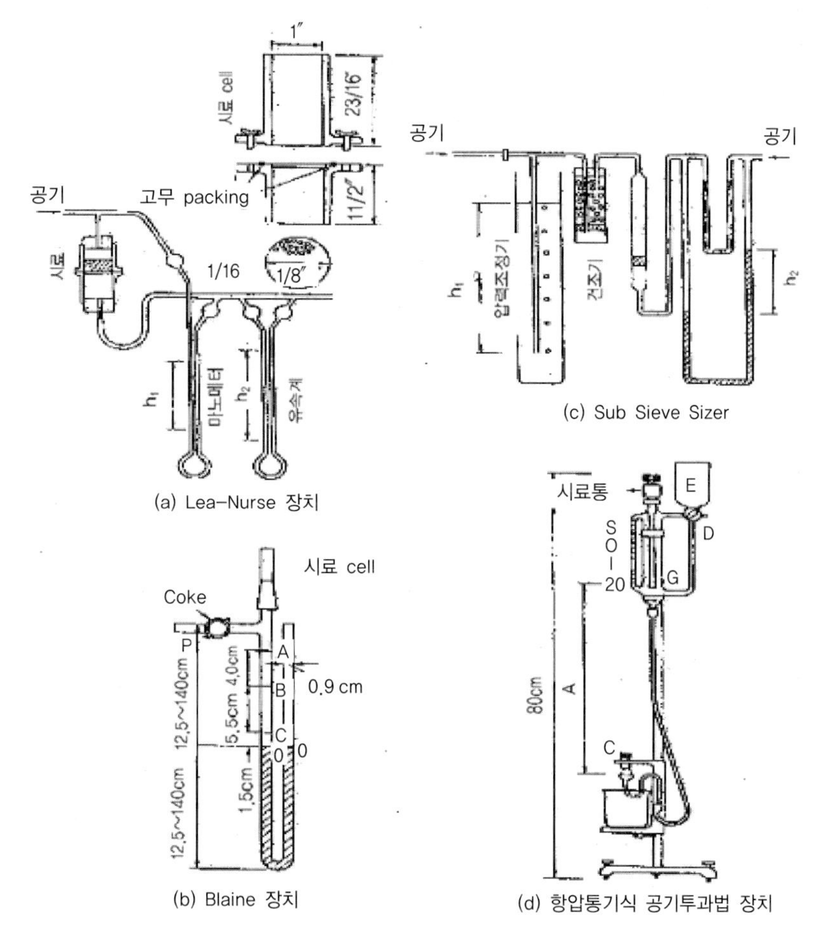

〈그림 12-2〉 기체투과법 장치

12.2.2 흡착법

분체입자의 표면적뿐만 아니라 입자 내부의 기공부피를 측정할 수 있는 더욱 정밀한 방법에는 흡착법이 있다(유체투과법으로는 고체입자 내부의 기공부피를 측정할 수가 없다). 어떤 고체가 기체에 노출되면 기체분자는 고체표면에 충돌하여 일정한 시간 동안 표면에 붙어 있게 되는데, 이러한 현상을 흡착(adsorption)이라고 한다. 비슷한 용어로는 흡수(absorption)가 있다. 흡수는 수분이나 기타 액상 또는 기상물질이 각각 고체 또는 액체 속에 혼입(용해)되는 물리적 현상이다.

기체(흡착질)의 흡착량은 고체(흡착제)와 기체의 성질 및 흡착이 일어나는 온도와 압력에 따라서 달라진다. 기체흡착량은 고체의 무게증가량을 측정하거나(중량법), 흡착에 소비된 기체의 부피를 측정하여(용량법) 결정한다.

흡착현상은 물리흡착과 화학흡착으로 구분된다. 물리흡착은 van der Walls흡착이라고도 하며, 분자간 상호작용력에 의해서 생기는 것으로써 이렇게 물리적으로 흡착된 흡착량은 증기가 고체표면에 액상으로 응축된 것과 같다고 설명할 수 있다. 따라서 이와 같은 물리흡착은 흡착기체의 임계온도 이하의 저온에서만 중요하다. 또한 물리흡착에 의한 흡착열량은 흡착기체의 응축열량과 같으며, 물리적으로 흡착된 흡착량은 마치 2차원 액체(액막)처럼 거동함도 밝혀져 있다.

한편 화학흡착은 흡착제와 흡착질 사이에 약간의 화학적 상호작용이 존재하므로, 흡착에너지는 화학결합이 형성될 때의 에너지와 견줄만큼 아주 큰 값이다. 따라서 물리흡착은 온도를 높이고 압력을 낮추면 탈착이 쉽게 일어나지만, 화학흡착에서는 탈착이 쉽게 일어나지 않는다.

흡착법은, 시료표면에 크기를 알고 있는 분자나 이온을 흡착시켜서, 그 양으로부터 시료의 비표면적을 측정하는 방법이다. 기상 중 또는 액상 중에서의 흡착이 가능하지만, 액상흡착의 장치는 시판되고 있지 않기 때문에, 여기에서는 기상흡착법에 대해서 설명한다.

또한, 분체의 기공크기(기공도 : pore size)와 기공도 분포는 촉매의 흡착특성을 위시하여 건축벽돌의 서리저항(frost resistance)에 이르기까지 광범위한 자연현상에 영향을 주고 있다. 따라서 분체의 기공도(pore size) 측정방법과 장치는 많이 개발되어 있다. 기공의 표면적은 분체입자의 전체 표면적에서 입자의 겉면적을 뺀 나머지를 가리킨다. 분체입자의 기공은 입자 내부의 빈 동공(cavity)이나 갈라진 틈 등으로 되어 있어서, V자형으로 목이 넓은 경우나 잉크병처럼 목이 가는 기공 등이 있다. 이들 기공의 표면적, 부피, 그리고 기공부피분포를 결정하기 위해서는 기공의 바깥쪽으로 열려 있어야 하고, 측정용 물질의 분자가 들어갈 수 있어야 한다.

측정용 물질로써 기체가 쓰이는 경우는 기체흡착법에 의한 기공도 분포측정법이라고 하고, 수은이 쓰이는 경우에는 수은침투법에 의한 기공도(분포) 측정법이라고 하여 구분한다.

Dubinin은 고체입자의 기공을 3종으로 분류하였다.

① 기공폭이 1000 Å 이상인 macropore에는 모세관 응축이 일어나지 않고,
② mesopore는 기공폭이 15~1000 Å 범위에 있는 기공으로서 뒤에 설명하는 Kelvin 식이 성립되는 한계에 속하는 경우,
③ 기공폭이 5~14 Å인 micropore 등으로 구분할 수 있다.

고체입자의 표면적이라는 개념은 거시적 표현이므로 micropore가 존재하는 고체에서는 표면적이라는 개념은 별로 의미가 없고 기공부피가 더욱 중요하고 유용한 개념으로 쓰인다[34].

(1) 원리

일정한 온도에서(보통, 흡착질 기체의 끓는점 부근에서) 흡착된 기체의 부피 V를 흡착이 일어나는 기체압력 p_0에 대한 상대압 p/p_0와 비교하는 그래프로 흡착등온선을 그리고 나서 흡착등온선의 형태에 따라서 흡착메카니즘을 추정한다. 흡착등온선은 5가지 형태가 있는데〈그림 12-3〉 제 I형은 흡착 초기에 급격한 흡착이 일어난 후 흡착량이 일정하게 되는 경우이며, Langmuir흡착 이론에 따라서 흡착제 표면에 기체가 단일분자층을 이루면서 흡착한다고 해석되어 왔다. 현재는 이 등온선의 형태가 고체 내의 미세기공(micropore)내에 기체가 충전 필링(filling)되는 특성에 따라서 결정된다는 설명이 더 보편화되어 있다[34].

가역적인 제II형은 여러 가지의 비기공성 분체의 흡착에서 볼 수 있는데 흡착은 기체흡착층에 제한 없이 겹겹이 형성되는 경우이고, 흡착등온선의 변곡점에서 단분자층흡착이 완성된다고 밝혀졌다. 제III형은 흡착제와 흡착질의 상호작용이 아주 약할 때 일어난다.

제IV형의 등온선은 히스테리시스 고리가 생기는 특징이 있다. 흡착히스테리시스는 기체분자가 흡착될 때의 압력-흡착량 관계가 기체분자가 흡착제 표면에서 탈착될 때의 압력-흡착량 관계와 다를 때 나타나는 현상으로써, 흡착제 고체 내부에 있는 모세관 기공에 기체가 들어가고 나가는 속도가 다르기 때문에 생긴다. 그러므로 이 히스테리시스 고리의 크기나 모양에 따라서 고체 내의 기공크기 분포를 결정할

수가 있다. 이 제IV형의 등온선은 다공성 고체촉매의 특성조사 등에 중요하다.

제V형은 계단식 복분자 흡착층이 형성되는 경우인데, He, Ar 등의 불활성 기체 분자가 균일한 고체표면에 흡착하는 경우에 일어난다.

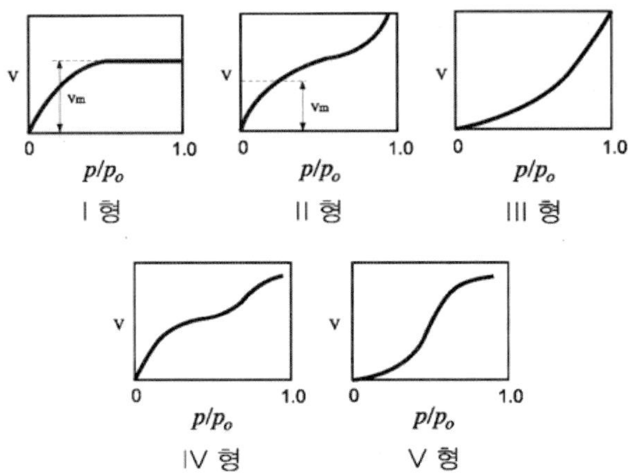

〈그림 12-3〉 5 종류의 흡착등온선 형상

기체분자의 운동에너지가, 입자표면의 포텐셜에너지보다 작게 되면, 기체분자는 입자표면에 흡착할 수 있다. 온도를 올리면, 분자의 운동에너지는 아주 크게 되어 탈착한다. 흡착력은 압력(분압)이 높은 경우가 많고, 온도를 일정하게 하고 압력을 올리면서 평형흡착량을 측정하면, 흡착 등온선이라 불리는 흡착 패턴이 얻어진다. 흡착등온선은, 흡착기구나 표면 구조 등에 의해서 5가지의 형(I - V형)으로 분류되지만, 표면이 비교적 평활한 흡착기체와 표면이 화학반응을 일으키지 않는(물리흡착) 경우에서는 〈그림 12-4〉에 나타난 바와 같은 흡착등온선(II 형)으로 된다. 고압력측에서 흡착량이 급격히 증가하는 것은 흡착층의 위에 기체분자가 흡착하여 응축을 일으키기 때문이다[34].

이 형의 흡착동온선은 Brunauer, Emmett, Teller에 의해 유도된 BET식에 잘 맞게된다. BET식은 기체압력을 P, 포화압력을 P_0, 흡착량을 v, 기체분자가 입자 전표면적에 한 층만 흡착했다고 상정되는 흡착량(단분자층흡착량)을 v_m, C를 정수로 하면, 다음 식으로 표현된다.

$$\frac{P}{v(P_0-P)}=\frac{1}{v_m C}+\frac{C-1}{v_m C}\frac{P}{P_0} \tag{12-4}$$

다른 세 점 이상의 압력으로 평형흡착량을 측정해서, $P/\{v(P_0-P)\}$와 상체압 P/P_0을 plot해서 직선을 결정하고, 그 기울기와 종축의 절편의 값으로부터 단분자층 흡착량 v_m을 산출할 수 있다(BET 다점법).

Ⅱ형의 흡착등온선으로 되는 경우는 일반적으로 C의 값이 크게 된다. 식(12-4)에서 $C \to \infty$로 하면, 식(12-4)는 다음 식과 같이 간단하게 된다.

$$\frac{P}{v(P_0-P)}=\frac{1}{v_m}\frac{P}{P_0} \tag{12-5}$$

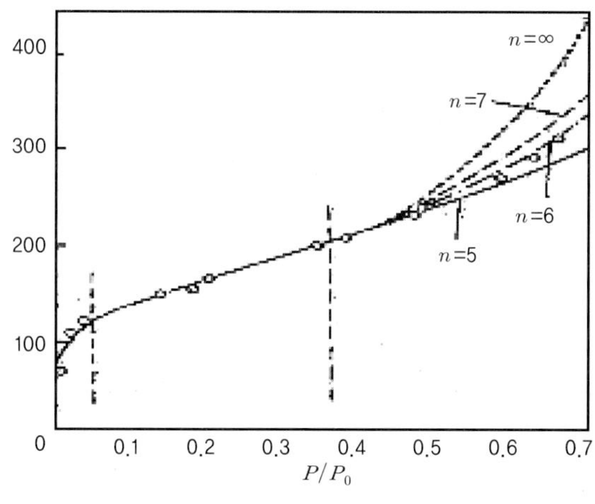

〈그림 12-4〉 다분자층 흡착 등온선(II형)에 있어서 흡착층의 수에 의한 형의 변화

식(12-5)를 이용하면, 될 수 있는 한 큰 상대압 1점의 측정으로 단분자층 흡착량을 구할 수 있다(BET 다점법). BET식은 상대압 P/P_0가 0.05에서 0.35간에 성립하기 때문에, 비표면적의 측정도 이 압력 범위에서 행한다.

시료단위 질량 당의 단분자층 흡착량 v_m을 mol수로 구하고, 흡착분자 1개의 점유면적 σ가 나누어져 있으면, 아보가드로수를 N 으로 할 때, 비표면적 S_w는 다음 식으로 구해진다.

$$S_w = v_m N\sigma \tag{12-6}$$

자주 사용되는 흡착기체분자 한개의 점유면적 σ값을 〈표 12-1〉에 나타낸다.

〈표 12-1〉 자주 사용되는 흡착질의 σ값

기 체	온 도 [℃]	σ [Å²]	
		실 험	계 산
N_2	−195	16.1 16.2 16.3	16.2
Ar	−195 −183	16.6 16.9 14.3	12.8
Kr	−195	19.5 21.8	15.2
Xe	−195 −125	23.6~26 27.3	

(2) 장치

기상흡착법의 장치는 흡착량의 측정의 방법에 의해서 용량법, 중량법, 유동법으로 분류된다. 용량법과 중량법은 각각 압력, 용적, 중량의 변화로서 흡착량을 직접 측정하는 것에 반해서, 유동법은 흡착에 의한 가스 조성의 변화를 열전도도 변화 등으로서 검출하는 간접 측정법이다. 따라서 용량법과 중량법은 측정에 시간이 걸리지만 정도는 높고, 유동법은 교정을 필요로 하지만, 단시간으로 측정이 가능하다는 특징을 가지고 있다.

흡착법에 의한 분체의 표면적을 측정하는 실험에서 일반적으로 고려되어야 할 영향인자는 탈기(degassing), 압력, 흡착 및 탈착온도와 시간 및 흡착질 기체의 선정 등이다. 탈기과정은 흡착제 시료가 장치에 주입된 직후 시행해야 할 첫 순서로서, 실온에서 대기중에 노출되어 있던 분체시료에 흡착되어 있는 O_2, N_2, CO_2, H_2O 등의 기체 또는 증기 성분을 깨끗하게 제거한다. 탈기는 높은 온도에서 감압을 되풀이함으로써 수행된다. 탈기에 영향을 미치는 인자는 온도, 압력, 탈기시간 등인데, 각 조건은 세심하게 미리 결정되어야 한다. 이러한 조건이 미리 정해지지 않으면 흡착실험장치의 재현성이 아주 나빠진다.

용량법의 기본적인 구조를 〈그림 12-5〉에 나타낸다[34]. 시료를 시료관 A에 넣고 충분히 탈기처리(12.3.3 참조)하여, 표면을 깨끗하게 한 후, 압력계 C, D 및 가스 뷰렛 E를 잘 배기하면서 가스류 F에 의해 E내에 일정의 흡착가스를 취하고, 그 때의 압력 P_1을 기록한다. 다음에 이 가스를 흡착온도 T로 유지한 시료관 A에 도입하여 압력이 평형에 도달한 즈음에 그 압력 P_2를 기록한다. 이 온도에서의 흡착몰수 n은 시료관과 뷰렛의 용적을 각각 v_A, v_E로 하면, 다음 식에 의해 구해진다.

$$nRT = P_1 v_E - P_2(v_A + v_E) \tag{12-7}$$

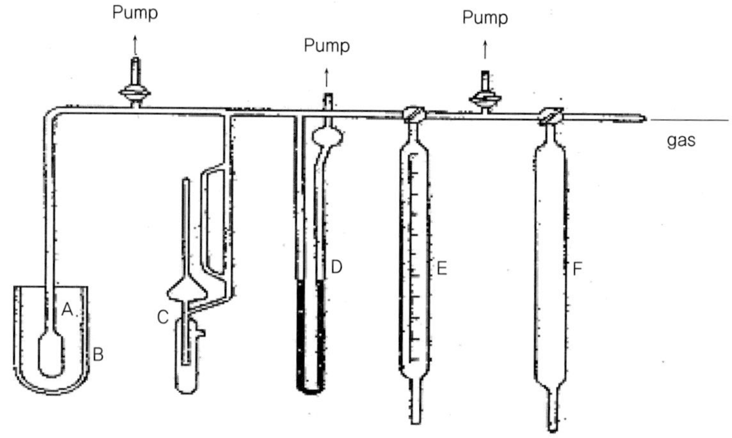

〈그림 12-5〉 용량법의 기본적 구조

여기에서, R은 기체정수이다. 이 방법은 최초에 일정용적의 가스를 넣었기 때문에, 정용적법으로 불리어진다. 그에 대해서, 흡착전후의 압력이 같게 되도록 가스를 보충해 가고, 그 보충 가스량에서 흡착량을 구하는 방법도 있고, 정압법으로 불리어진다. 정용적법, 정압법 모두, 적지 않은 장치가 시판되고 있다.

중량법은 흡착중량을 직접 측정하는 방법으로, 교정이 불필요하는 등의 이점도 있지만, 고감도의 천칭을 이용하기 때문에 진동에 약한 등의 약점이 있다.

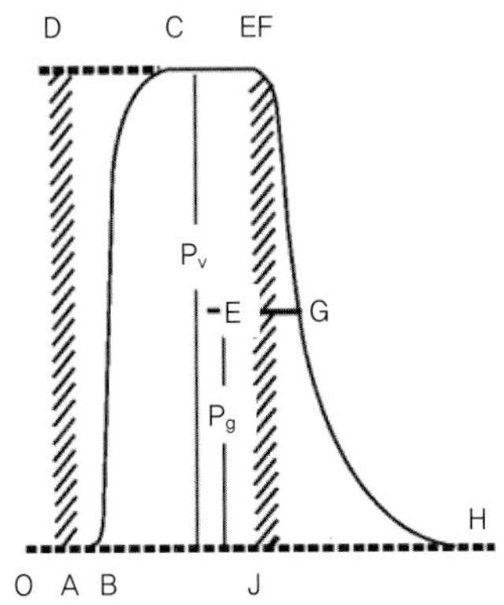

〈그림 12-6〉 유통법에 의한 흡착 크로마토그램

유통법은, 흡착가스를 적당한 케리어 가스에 혼합해서 시료 분체층에 지나가고, 투과가스농도의 경시변화에서, 흡착량을 구하는 방법이다. 예를 들면, 적당한 흡착온도로 유지한 시료 분체층에서 헬륨과 같은 케리어 가스를 지나가게 두고, 도중에 일정분압의 흡착가스를 혼입하면, 흡착이 포화할 때까지 헬륨만이 빠져나간다. 그러나 표면이 흡착평형에 되면 입구와 같은 조성의 혼합가스가 통과해 가기 때문에 이 과정에서는 〈그림 12-6〉의 ABCE와 같은 크로마토그램이 얻어지고 면적 ABCD가 흡착량을 나타낸다[34]. 흡착가스의 공급을 멈추면 케리어 가스에 의해 흡착가스가 용출해서 면적 EFHJ가 탈리량을 나타낸다. 흡착과 탈착이 가역과정이라면, 양자의 면적은 같게 된다. 이 방법은 유통법으로 불린다. 또, 탈리곡선 EGH에 대해서도 모든 분압에서 순간적으로 흡착평형에 도달한다고 가정될 수 있다면, 분압 P_g에 있어서 탈리한 양은 면적 EGK에 상당하므로 흡착량은 GHJK이다. 즉, 곡선 FGH는 등온흡착선이 틀림없기 때문에, 이를 해석한다면 단분자층 흡착량 v_m이 얻어진다. 이 방법은 용출법으로 불린다.

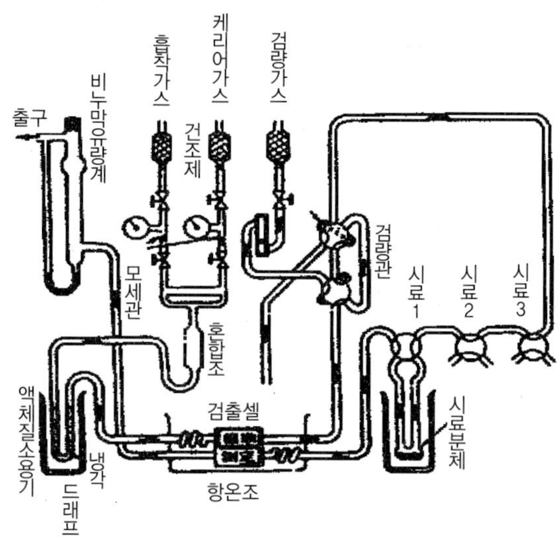

〈그림 12-7〉 연속유동법 흡착장치의 예
(출전 : 일본분체공학편람, pp.176, 그림 9.11)

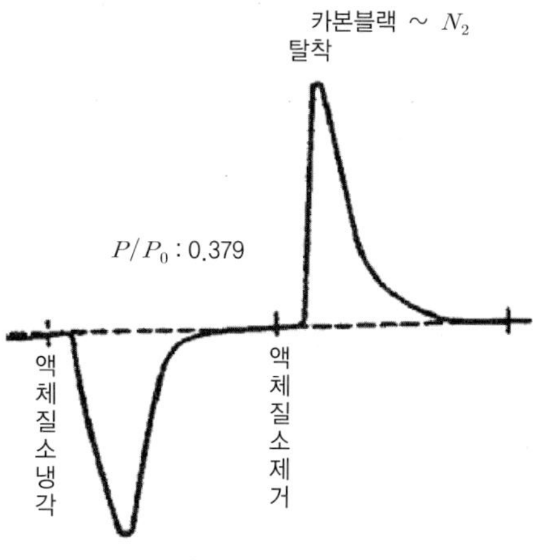

〈그림 12-8〉 Nelsen법 chart
(출전 : 일본분체공학편람, p.176, 그림 9.12)

연속유동법(Nelsen법으로 불리기도 한다)은 유동법 중에서 가장 잘 이용되고 있다. 〈그림 12-7〉의 장치의 유로도를 나타내지만, 모관에 의해서 적당한 케리어 가스와 혼합된 흡착가스(통상 N_2)는, 농도검출용 열전도도용 셀의 표준측을 통해 검량관을 지나서 시료관에 도달한다. 시료관을 액체질소로 냉각하면, 〈그림 12-8〉에 나타난 바와 같이 N_2 가스만이 흡착되어서 농도가 감소하지만, 흡착평형에 도달하면 처음 혼합가스의 농도에 되돌아가고, 액체질소를 제거하면 N_2가 탈리하기 때문에 농도가 증가한다. 이 흡착, 탈착에 상당하는 피크면적이 흡착량을 나타낸다. 〈표 12-2〉에는 기체 흡착법을 이용한 분체의 비표면적 측정 장치의 예를 보인다.

〈표 12-2〉 기체 흡착법을 이용한 분체 비표면적 측정 장치의 예

제작회사	모델	측정능력 (측정가능한 비표면적 기공크기)	비고
Shimadzu-Micromeritics	Gemini 2360	0.001~1000 m^2 20~600 Å	2000년대 초에 시판되고 있음
Carlo-Erba	Sorptomatic series	1~2000 m^2 400 Å	2000년대에도 시판되고 있음
Satorius	Ströhline		

12.3 측정상의 유의점

12.3.1 외표면과 내표면

입자 표면이 매끈한 경우는, 투과법도 흡착법도 같은 표면을 측정대상으로 하지만, 〈그림 12-9〉에 나타난 바와 같이 기공이나 균열을 가진 입자의 경우, 투과법은 기공이나 균열을 무시한 외표면만을, 흡착법에서는 그것들을 포함한 내표면적을 측정대상으로 한다[34]. 내표면과 외표면을 명확히 구별할 수는 없지만, 투과법과 흡착법에서는 원리상 측정대상이 다른 경우가 있다는 것을 주의하지 않으면 안 된다. 그러나 투과법과 흡착법의 측정치의 비교로서, 입자의 내부구조를 어느 정도 추측할 수가 있다.

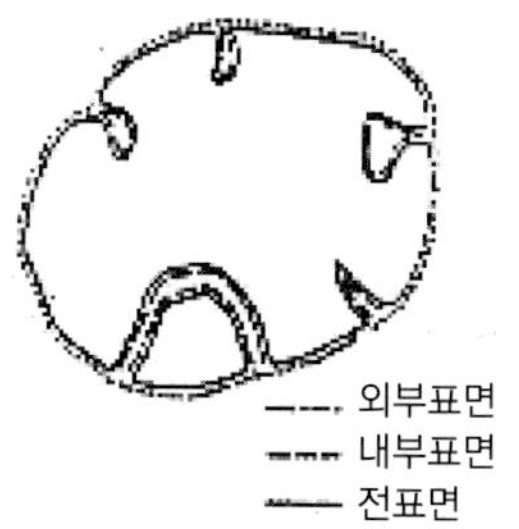

〈그림 12-9〉 분자의 외부표면과 내부표면

12.3.2 투과법의 유의점

공기투과법은 시료분체층의 통기저항에서 비표면적을 구하기 때문에, 분체층의 균질성이 측정결과에 영향을 미친다. 응집성이 강한 분체에서는, 균질성에 특히 주의를 요한다. 시료분체층의 공극률의 영향은 〈그림 12-10〉에 나타난 바와 같이, 공극률이 작게 되면 비표면적경은 작게 측정되어 입자표면 일정치에 가깝게 된다. 괴상의 입자에서라면, 공극률이 0.5정도 이하에서 대체로 좋은 결과를 주지만, 공극률을 떨어뜨리기 위해서 충전압력을 높인다면, 분체층 내부에 공기의 유로로 되는 주위면(laminate 현상)이 생겨서, 비표면적경은 크게 측정될 수가 있다[34].

12.3.3 흡착법의 유의점

기체흡착법은 흡착한 기체분자의 수에서 비표면적을 구하는 방법이기 때문에, 흡착 전에 시료표면은 깨끗한 것이 전제로 되고 있다. 표면의 청정화는, 시료를 고온·진공 중에 탈가스 처리하므로서 행해진다. 처리온도는, 시료의 연화나 열분해가 문제로 되지 않는 범위에서 고온이 요망되지만, 통상 200~300 ℃ 정도이다. 처리시간에 관해서는 실험식도 제안되고 있으나, 화학흡착과 같은 강한 흡착이 생기지 않는 한, 1시간 이상의 처리에서 충분하다. 그러나 정확하게는 처리시간을 변화해서 측정을 행하고, 처리시간의 영향을 받지 않는 시간을 결정해야만 한다. 시료의 전처리는 측정결과를 흩어지게 하는 최대의 원인으로 되기 때문에, 측정결과에서는 전처리조건을 명확히 기재할 필요가 있다.

흡착은 시료관을 액체질소에 넣어서 행해지지만, 증발에 의해서 액체질소의 액면이 떨어지면 측정부의 온도가 변화하여 결과에 영향을 미치기 때문에, 측정중 액체질소의 보충에는 주의를 요한다. 표면적이 작은 시료에서는 흡착량이 적고 그것에 의한 압력변화도 작기 때문에, 상대압력 P/P_0을 크게 하기 위해 포화증기압 P_0가 작은 크세논이나 크립톤을 이용하면 좋다.

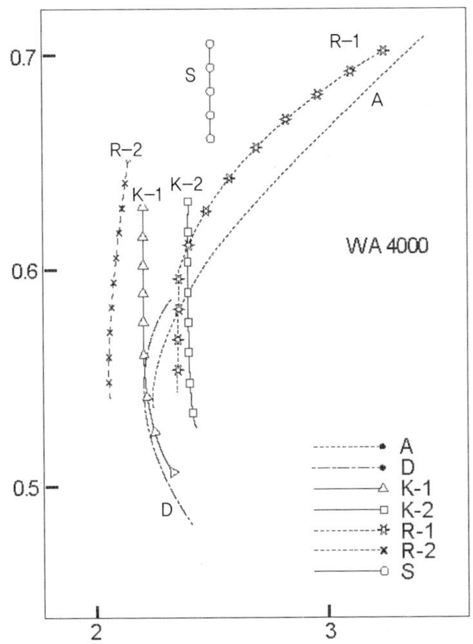

〈그림 12-10〉 공극률에 의한 입도의 변화

참고문헌

[1] H. Waddell, *Geology,* **40**, 443 (1932).
[2] P. Rosin and E. Rammler, *Koll. Zeitschrift,* **67**, 16 (1934).
[3] Brunauer, S., P. H. Emmet and E. Teller, *J. Am. Chem. Soc.,* **60**, 309 (1938).
[4] Carman, P. V., *J. Soc. Chem. Ind.(Transaction),* **57**, 225 (1938).
[5] Gooden, E. L. and C. M. Smith, *Analytical Ed.,* **12**(8), 479 (1940).
[6] Harkins, W. D. and G. Jura, *J. Am. Chem. Soc.,* **66**(11), 1362 (1944).
[7] Beebe, R. A., et al, *Am. Chem. Soc.,* **67**, 1544 (1945)
[8] Svensson, J., *Acta Polytech. Scand.* **167**, 53 (1955).
[9] Mathews, D. H., *J. Appl. Chem.,* **7**, 610 (1957).
[10] R. R. Irani and C. F. Callis, "Particle Size : Measurement, Interpretation and Application", Wiley, New York, 1963.
[11] K. F. Whitbey and B. H. Y. Liu, "Encyclopedia of Chemical Technology" (H. F. Mark, J. J. McKetta, Jr., and D. F. Othmer, eds), Wiley Interscience, New York, 2nd ed., Vol. 7, p.430, 1965.
[12] Gregg, S. J., and K. S. W. Sing, "Adsorption, Surface Area and Porosity", Academic, New York, 1967.
[13] Taggart, A. F., "Handbook of Mineral Dressing", 10th ed., John Wiley, 1967.
[14] Austin A. R. and R. R. Klimpel, *Trans. Soc. Mech. Engrs.,* 219 (1968).
[15] Harris C. C., *Trans AIME,* **244**, 187 (1969).
[16] D. Kunii and O. Levenspiel, "Fluidization Engineering", Wiley, New York, p.65, 1969.
[17] L. Silverman, C. E. Billings, and M. W. First, "Particle Size Analysis in Industrial Hygiene", Academic Press, New York, 1971.
[18] 강석호, *화학공학,* 9(2), 91 (1971).
[19] 三輪茂雄, "粉粒体工學", 朝倉書店, 東京, (1972).
[20] 강석호, *영남대학교논문집,* 6, 165 (1973).
[21] 早川宗八郎, "粉体物性測定法", 朝倉書店, 東京, (1973).
[22] J. D. Stockham and E. G. Fochtman, "Particle Size Analysis", Ann Arbor Science, Ann Arbor, 1977.
[23] W. C. McCrone and J. G. Deely, "The Particle Atlas", Ann Arbor Science, Ann Arbor, 3rd ed. 1977.
[24] Dullien, F. A. L., "Porous media: Fluid transport and Pore structure", Academic Press, New York, 1979.
[25] Lowel, S., "Introduction to Powder Syrface Area", John-Wiley, New York, 1979.
[26] Allen, T., *Ind. Eng. Chem. Proc. Des. Dev.,* **21**(2), 345 (1982).
[27] Hinds, W. C., "Aerosol Technology", John Wiley & Sons, 1982.
[28] J. K. Beddow, "Particle Characterization in Technology: Vol. I, Applications and Microanalysis", CRC Press Inc., Boca Raton, 1984.
[29] L. E. Sparks, "Handbook of Air Pollution Technology"(S. Calvert, and H. M. Englund, eds) Wiley Interscience, New York, Chap. 31, 1984.
[30] 日本粉體工學會 日本粉體工業技術協會 "粉體物性圖說" 日經技術圖書 東京 1985

[31] Jaroniec, R. and R. Madey, "Physical Adsorption on Heterogeneous solids", Elsevier, New York, 1988.
[32] Casal, J. and J. Analdos, *Powder Tech.*, **58**(2), 93 (1989).
[33] JIS Z 8830-1990 氣體吸着による粉体の比表面積測定方法, 1990.
[34] 粉體工學會編, "粒子徑計測技術", 日刊工業新聞社, 1994.
[35] 강석호, "분체공학", 제2판, 희중당, 서울, 1995.
[36] T. Allen, "Particle Size Measurement", Chapman and Hall, London, 5th. ed. (1997).
[37] 粉體工學會編, "粉體工學便覽 第2版", 日刊工業新聞社, 1998.
[38] 椿淳一郎, 早川修, "粒子徑計測技術", 日刊工業新聞社, 2001.

제13장 크로마토그래피 법을 이용한 입도분포 측정법

크로마토그래피 법을 이용하여 입도분포를 측정하는 방법에는 액체크로마토그래피 기술을 이용하여 고분자 생체관련 물질 등의 고분자량 물질의 분자량 측정이나 분리 취급하는 기술로서 개발되어진 수법 중, 입도분포에 응용된 방법을 총칭한다. 특수한 경우를 제외하고, 입도가 수 nm에서 수 ㎛의 범위에 있는 액중 분산한 분체를 대상으로 입도분포가 구해지는 것이 특징이다. 이 방법에 속하는 것으로는 FFF(Field Flow Fraction)법, HDC (Hydrodynamic Chromatography)법 및 SEC(Size Exclusion Chromatography)법이 있다. 이 방법들은 1960~70년대에 개발되어 일반화된 비교적 새로운 분석수법이며, 고분자라텍스 입도(분자량) 측정수단으로써 일찍부터 주목되어 왔다.

일반적인 액체크로마토그래피의 구조는 액을 뿜어 올리는 펌프, 시료 주입부, 분리 칼럼(column) 및 검출부 등으로 구성된다. 시료 주입부에 주입된 미량의 입자 현탁액시료는 분리 칼럼에서 입도의 크기 등의 특성에 따라 분리되고, 순차적으로 칼럼에서 유출되어 검출부에서 그 양이 측정된다. 유출시료는 입도에 대응하여 시계열적으로 검출기에 도달하기 때문에, 임의의 크기의 입자를 분리하여 취급하는 것도 가능하다.

SEC법과 HDC에서는 큰 입자가 먼저 유출한다. 이것은 분리 칼럼의 유로 틈에 비하여 입자의 크기를 무시 할 수 없게 되기 때문이다. 이것에 비해 분리 칼럼 폭이 넓은 FFF법에서는 일반적으로 작은 입자에서 유출한다. 그러나 입도가 유로폭의 1 % 정도로 되면, SEC법이나 HDC법과 같은 크기의 입자의 유출이 빠르게 된다.

따라서 시판되고 있는 장치도 고분자의 분자량분석을 목적으로 하고 있어, 일반적인 입체의 입도 분포 측정 장치로써는 완전 하지 않은 경향이 있다. 따라서 본 장에서는 FFF법, HDC법의 원리와 종류를 설명하고, 간단한 측정 예를 소개한다. 그러나 두 가지 방법 모두 submicron 영역의 입도 분포를 가지는 시료에 적용하는 데에 적합한 것이다. 특히 100 nm 이하의 영역에도 측정 가능한 점은 주목할 만한 가치가 있다. 또한 측정 시, 필요로 하는 시료도 극히 적어, 귀중한 submicron, nano size의 입자분석수법에 적합하다고 말할 수 있다. 또한 SEC법에 관해서는 그 개요만 설명하였다.

13.1 FFF(Field Flow Fractionation)법

FFF(field flow fractionation)법은 1966년 Giddings에 의해 제안된 분리분석 기술이고, (작용장)유동분획법이라고 하는 명칭으로 소개되고 있다. 유동분획법은 길고 가는 유로내에 수직으로 또는 직각으로 작용하는 어떤 힘(전기장, 중력장, 원심력장, 자장, 온도차이 장, 등)에 의하여 입자들을 분리하는 기술이다.작용하는힘 또는 장의 세기에 의하여, 입자의 이동도(mobility)가 달라지는 원리를 이용한다. 어떤 힘의 장이 가해지더라도 입자의 분리 메카니슴은 입자의 전기영동적 이동도에 의하여 결정된다. 입자의 이동도와 확산력의 평형에 의하여 입자의 이동속도가 결정되고, 유체속도와 입자속도의 비를 retention ratio라고 부르는데, 이 값을 측정하여 입자크기, 즉, 입도를 계산할 수가 있다.

장치의 구성은 〈그림 13-1〉에 보인 바와 같이 고속 액체 크로마토그래피의 구성과 거의 동일하고, 분리부만이 다르다. FFF의 분리부는 일반적으로 장방형 단면의 대상 column으로 내부에는 충전물을 채우지 않는다[12]. 〈그림 13-1〉에는 유체(용리액)와 외력의 조작법을 표시한다. 시료 도입기간은 시료를 인젝터에서 분리부

입구까지 도입하는 기간이다. 다음의 완화기간에서는 분리부의 용리액을 흘리지 않는다. 분리부(유로)에 주입된 시료 입자는 외력(작용장)과 확산력(Brown 운동)에 의해 입도 혹은 질량에 대응한 농도분포가 형성된다. 그림에 보인 바와 같이 경이 작은(질량이 가벼운) 입자의 평균농도 위치의 유체 속도와 경이 큰(질량이 무겁다) 입자의 그것과의 차에 의해 입자는 분리되고, 크기가 작은 입자부터 유출한다[12].

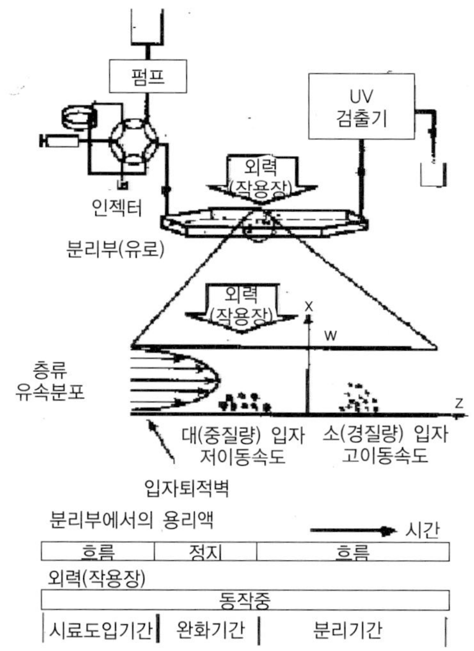

〈그림 13-1〉 FFF법의 분산원리와 제작법

적용하는 작용장에 따라 여러 가지의 FFF가 있다. 온도차를 이용한 Thermal (온도구배장)FFF, 원심력은 이용한 Sedimentation(침강장)FFF, 전위구배를 이용하는 Electric(전장)FFF, 분리부의 유로벽에 한외 여과막 등을 이용하여 주 흐름에 직각인 2차 흐름(부유)을 만들어 내고, 이것을 이용하는 Flow(십자류장)FFF, 자기구배를 이용하는 Magnetic(자장) FFF가 있다. 침강장 FFF, 십자류장 FFF 및 온도구배장 FFF가 시판되고 있다.

13.1.1 조작원리

FFF의 분리부는 일반적으로 장방향 단면의 대상 칼럼으로 내부에는 충전물을 채우지 않는다. 분리부(유로)에 주입된 시료입자는 외력(작용장)에 의해 한쪽의 벽(입자 측정벽) 근방에 농축된다. 그러면 입자는 농도분포에 거슬려 확산력(브라운 운동)이 작용하여, 의평형적인 입자농도분포 $C(x)$가 형성된다. 이 농도분포는 입도 d_p 혹은 질량을 포함한 특성치 λ로 표현된다.

$$c(x) = c_0 \exp[-\frac{(x-d_p/2)}{\lambda w}] \tag{13-1}$$

여기서 w는 유로 두께, C_0는 $x = d_p/2$에 있어서 국소 입자농도이다. 입자농도는 입자 축적 벽 근방에서 제일 높고, 지수 함수적으로 감소하고 있다. 이 감쇠비율 λ가 입자의 크기에 의존하고 있다. 분리가 달성되기에는 입자가 입자 축적 벽 근방에서 농축될 필요가 있으며, λ〈1을 만족하지 않으면 안 된다.

시료 도입기간은 시료를 인젝터에서 분리부 입구까지 도입하는 기간이다. 다음의 완화기간에서는 분리부의 용리액을 흘리지 않는다. 이 조작은 식(13-1)의 의평형 입자농도분포를 형성하기에 필요한 FFF법 특유의 조작이고, 분리능을 비약적으로 향상시키는 역할이 있다. 분석기간에서는 다시 분리부에 용리액을 흘린다. 유로 두께는 얇아서 흐름은 층류 상태로 된다. 입자는 용리액의 유속과 거의 비슷한 속도로 이동하므로 상대적으로 유속의 빠른 유로 중심부에 존재하는 입도의 작은(질량이 가벼운) 입자군에서 분리된다. 입자가 유지되는 비율 R은 분리부에서의 용리액의 평균 대류시간 t_0와 입자의 평균 체류시간 t_p의 비로 정의된다. 입자 농도 분포가 (13.1)식으로 표현할 수 있으며, 개개의 입자의 이동속도는 각 입자의 중심위치의 용리액 속도에 같다고 하면 R은 다음 식으로 계산할 수 있다.

$$R \equiv \frac{t_0}{t_p} = 6\alpha(1-\alpha) + 6\lambda(1-2\alpha)[\coth\left(\frac{1-2\alpha}{2\lambda}\right) - \frac{2\lambda}{1-2\alpha}] \tag{13-2}$$

작용장의 강도가 크든지, 입도가 큰 조작조건에서는 작용장의 종류에 의하지 않고 입도가 큰 입자가 먼저 유출하는 현상이 나타난다. 이것은 입자를 질점으로써 취급하지 않는 것을 의미하며, 이들을 입체효과(steric effect)라고 부른다. 뒤에 서술하는 HDC법은 이 현상을 이용해서 입자의 분리를 실현하고 있다고 생각하는 것이 좋다. 입체효과가 지배적으로 된 FFF를 steric FFF라고 부르고, 다른 sub-technique (steric FFF에 대해서 normal FFF라고 부른다.)과 구별한다. 그림 중에 도시한 측정예의 steric FFF의 작용장은 중력이다. 더 말하자면 식(13-2)는 입체효과도 포함한 경우의 입자유지비율의 식이며, 입체효과를 무시하는 경우는 식 중의 α를 0으로 한다. 더욱더 입자유지비율이 0.5보다 작으면. coth(1/2 λ)=1로 하는 근사식이 적용된다. Normal FFF에서 steric FFF에로 변이하는 영역에서는 입자의 유출순서가 역전하기 때문에 입도 분해능이 저하한다.

13.1.2 침강장 FFF법

침강장 FFF법은 원심력을 외력으로서 이용하기 때문에, λ는 다음 식으로 표현된다.

$$\lambda = \frac{\rho_p k T}{m \Delta\rho G w} \tag{13-3}$$

여기에서, m은 입도의 질량, ρ_p는 입자밀도, Δp는 입자와 용리액의 밀도차, G는 원심가속도이다. 입자를 구로 가정하면, λ는 입도의 3승에 역비례하므로 입도에 대한 분해능이 상당히 높게 된다.

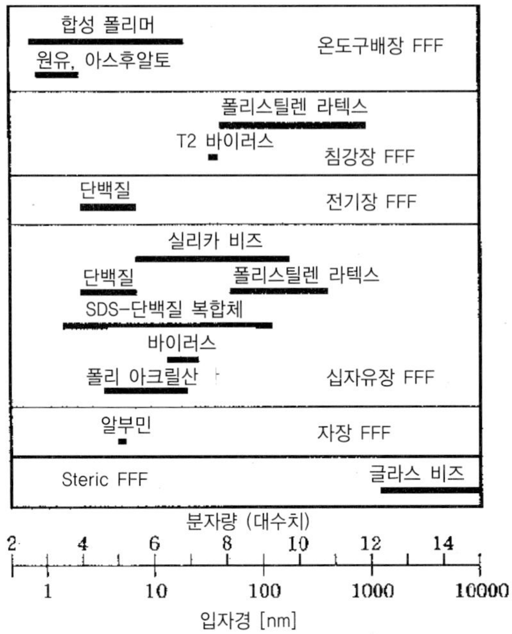

〈그림 13-2〉 물질의 종류에 따른 FFF법과 이의 측정범위

〈그림 13-2〉에 적용 예와 함께, 제안된 sub-technique을 보인다. 온도차를 이용한 thermal(온도구배장) FFF, 원심력을 이용한 sedimentation(침강장) FFF, 전위구배를 이용하는 electric(전장) FFF, 분리부의 유로벽에 한외(限外) 여과막 등을 이용해서 주류에 직각인 2차 흐름(부류)를 만들어내서 이것을 이용한 flow(십자류장) FFF, 자기구배를 이용하는 magnetic(자장) FFF가 있다. 이들 중 비교적 잘 연구되어 시판되고 있는 것은 침강장 FFF, 십자류장 FFF 및 온도구배장 FFF이다[12].

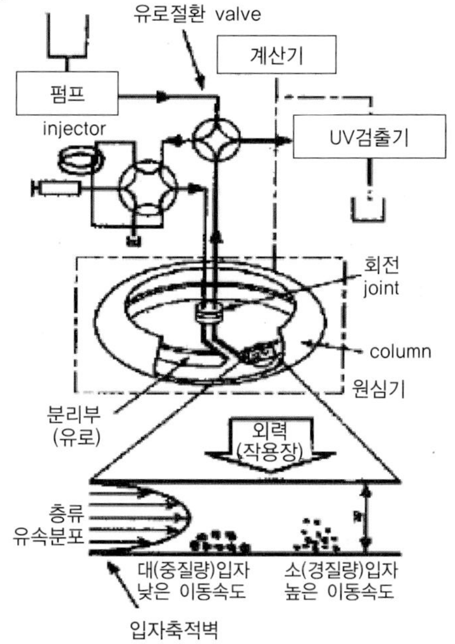

〈그림 13-3〉 침강장 유동분화법 장치구성과 측정원리

장치구성의 개략을 〈그림 13-3〉에 표시한다[12]. 분리부는 원심기 내에서 회전하는 column의 내면에 있는 장방형 단면의 대상 유로(두께 w는 수 100 μm, 폭은 수 cm, 길이 L은 약 50 cm)이다. 회전하고 있는 column에 용리액의 유입, 유출을 가능하게 하는 파이프 접속부(회전 joint)의 존재가 침강장 FFF 장치의 특징이다. 완화 기간 중에 분리부에의 액의 공급을 정지하는 데는 펌프를 정지하는 방법과 이 그림에 나타낸 바와 같이 유로 절환밸브를 이용하는 방법이 있다. 용리액에 증류수를 이용하고, 4종류의 폴리스틸렌 라텍스(PSL) 입자 혼합 시료의 측정결과를 〈그림 13-3〉에 표시한다[12]. Peak A는 용리액의 평균대류시간 to에 상당하는 신호(void peak)이다. 입자는 peak B, C, D, E와 입도의 작은 입자부터 유출한다. 원심기의 회전수 Nc를 증가시킴에 따라 입도의 작은 영역까지 분리 분석할 수 있도록 된다. PSL 입자에서는 증류수와의 밀도차가 0.05 g/cm^3으로 근소하기 때문에 200 nm 이상의 큰 입자 밖에 명확히 분리 분석할 수 없지만, 일반적인 무기물질 입자는 밀도가 커서 수 10 nm 정도까지 분리 분석하게 된다.

본 측정법은 수용액 중에서 콜로이드 입자를 다루는 수법이기 때문에, 콜로이드력이라고 불리는 입자간 및 입자와 장치벽면에 작용하는 van der Waals력이나 정전적 상호작용력의 영향을 고려할 필요가 있다. 침강장 FFF에서는 0.1% surfho 호박산 di-2-ethyl hexyl 나트륨(통상은 상품명 aerosol OT 또는 AOT로 불린다) 수용액 등의 계면활성제 수용액을 용리액으로서 사용한다. 〈그림 13-4〉에는 용리액에 증류수, 0.1 % emulgen 150 pp (Kao(주) 계면활성제 수용액) 0.01 % dodecyl 황산나트륨(SDS) 이온성 계면할성제 수용액을 이용한 실험결과이다. 실험에서 얻어진 입자유지비율과 λ와의 관계는 식(13-2)의 계산치에서 크게 벗어나 있다. 용리액 중의 이온농도를 고려해서 콜로이드력을 FFF법의 이론에 가한 계산결과를 그림 중에 표시한다. 실선은 입자와 벽과의 상호작용만을 고려한 경우이고, 파선은 입자간의 상호작용도 포함하여 검토한 계산결과이다. 이온강도 I가 낮으면 정전기 상호작용의 영향이 크게 된다. 따라서 입자는 벽 근방에 농축되지 않고 빨리 유출해서 입자유지비율 R은 크게 된다. 입자간 상호작용을 고려한 파선에서는 계산의 간략화를 위해 약간 R은 크게 견적되어 있으므로 보다 상세한 계산은 실험결과에 더욱 일치한다고 예상된다. 또 1 mol/m^{3}의 이온강도에서의 계산치는 식(13-2)와 거의 일치하고, 상술한 상호작용의 영향이 보여지지 않게 된 것을 나타내고 있다. 0.1 % AOT 수용액은 약 2 mol/m^{3}의 이온강도에 상당하고 있으므로 이 용리액을 이용하면 콜로이드력의 영향은 작게되고 식 (13-2)에서 입도를 구할 수 있다.

13.1.3 십자류장 FFF법

주류와는 직각 방향에 일정속도 U의 부류를 만들어 그것을 외력으로 하는 방법이다.

λ는 다음 식으로 된다.

$$\lambda = \frac{kT}{3\pi\eta d_s Uw} = \frac{kTV_0}{3\pi\eta d_s qw^2} \qquad (13\text{-}4)$$

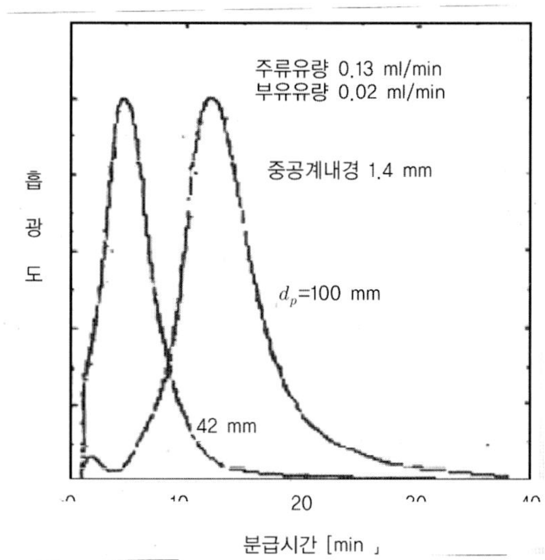

〈그림 13-4〉 한외(限外) 여과용 중공사를 이용한 십자(十字)류장 FFF 법에서의 입자유출곡선

여기서, V_0는 채널의 체적, q는 부류의 유량이다. 또 입도는 Stokes경 d_s로 정의된다.

분리부는 〈그림 13-1〉의 외력방향의 양벽을 다공판으로 하고, 특히 입자 축적벽은 초산 셀룰로스막과 polysurtonic acid 막 등의 반투막을 다공판 상에 편 구조이다. 반투막에서의 용리액의 투과압력 손실은 주류의 압력손실에 비교해서 크기 때문에 부류는 장소에 관계없이 거의 균일한 이상적인 작용장이 얻어진다. Giddings 등은 본 수법에서 얻어진 입자의 확산계수와 다른 수법에 의한 측정치의 비교를 행하고 있다[3)]. 확산계수 2×10^{-6} cm^2/s의 엘라스틴(분자량 6800)에서 확산계수가 약 10^{-8} cm^2/s의 480 nm PSL 입자까지, 극히 광범위하게 걸쳐 있어 좋은 상관을 얻고 있다. 이것은 수 nm에서 1 μm까지의 입도의 측정이 가능하다는 것을 나타내고 있다[12].

또, 한외(限外) 여과용의 중공사를 이용한 십자류장 FFF법도 고안되어 있다. 이 경우 주류의 일부를 관 반경 방향으로 흘려서 부류를 만들기 때문에 하류로 감에 따라 주류의 속도가 저하된다. 〈그림 13-4〉에 직경 42 nm와 100 nm의 PSL 입자의 유출곡선을 나타낸다. 100 nm 이하의 입도 측정에 유용하지만, 분리성능은 통상의 십자류장 FFF보다 약간 뒤떨어진다[12].

13.1.4 온도구배장 FFF법

분리부의 벽 (〈그림 13-1〉의 외력 방향의 양벽)은 열전도성이 높은 경면 연마된 금속판으로 구성된다. 일반적으로 상측을 고온으로 하고, 열원으로 히터를 사용한다. 하측의 저온은 냉각수를 흘리는 것으로 유지되고 있다. 온도 구배장 FFF법의 λ는,

$$\lambda = \frac{D_p}{D_T w(dT/dx)} \approx \frac{D_p}{D_T \Delta T} \tag{13-5}$$

이다. D_T는 열확산계수이며, 물질 고유의 특정치이다. ΔT는 고온과 저온의 온도차이다. 〈그림 13-2〉에 나타낸 것처럼 고분자의 분석에는 많이 사용되어지고 있지만, 적용범위가 입도로 하여 수 10 nm 이하인 것이므로 분체의 입도 측정에 관한 보고는 눈에 띄지 않는다.

13.2 HDC법

HDC법은 1974년 Small 등에 의해 고분자의 분자량 측정으로서 개발된 수법으로 좁은 유로 내의 유체의 구배 속도를 분리에 이용한다는 개념을 다공질 충전제의 간극으로 실현시킨 방법이다. 이와 같은 충전제의 간극을 이용하는 방법 (충전형 HDC 법)은 고분자의 분자량 측정법으로서 상당한 성공을 거두었다. 그런데 과거 입도 측정용 장치도 시판되었지만, 유로의 굴곡부에의 입자 부착이 문제로 되어, 현재는 거의 사용되지 않고 있다. 또한 유체의 흐름을 수학적으로 기술하는 것이 어렵고, 입도 추산식이 얻어져 있지 않다. 그러나 장치의 재작, 조작이 용이하기 때문에 고분자의 제조현장에서는 공정관리용으로 사용되고 있는 곳도 있다.

13.2.1 조작원리

〈그림 13-5〉에 보인 바와 같이 수 ㎛에서 수백 ㎛ 내경의 극세관을 이용하는 방법(세관형HDC)이 있다. Silebi와 Dos Ramos 등은 수 ㎛의 세관을 사용한 장치의 개발에 성공하였다. 현재 고분자 입자(합성 latex)의 입도 측정으로서 시판되고 있다[12].

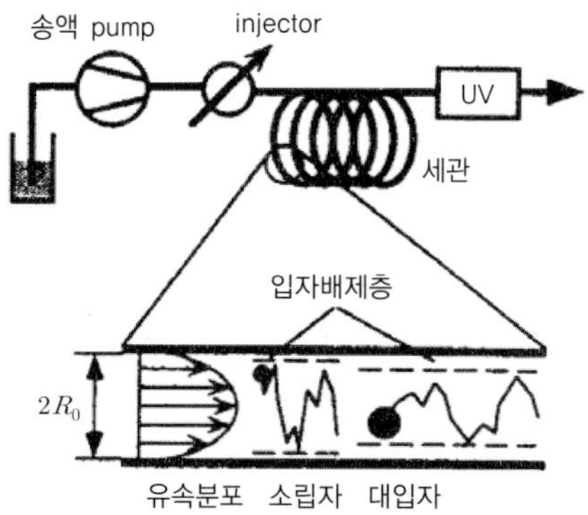

〈그림 13-5〉 세관형 HDC 장치구성과 측정원리

Steric FFF와 같이 입자의 중심위치는 관벽에서 입자 반경분의 범위에 존재할 수 없다고 하는 입자 배제층의 존재가 기본적인 분리 원리로 되어 있다. 이 생각 방법에서 위치 d_p의 입자의 입자유지비율은 다음 식으로 된다.

$$R_f = t_p/t_0 = u_m/ < v_p > \tag{13-6}$$

여기서, u_m은 용리액의 평균 속도이고, 평균입자 이동속도는 다음 식으로 정의된다.

$$< v_p >= \frac{\int_0^{1-\lambda} v_p\ (\bar{r})\ c\ (\bar{r})\ \bar{r}\ d\bar{r}}{\int_0^{1-\lambda} c\ (\bar{r})\ \overline{r}\ d\bar{r}} \tag{13-7}$$

$\bar{r}$ 및 λ는 세관의 반경 R_0에서 무차원화한 다음과 같은 변수이다.

$$\bar{r} = r/R_0, \quad \lambda = d_p/(2R_0) \tag{13-8}$$

FFF법의 원리와는 다르고, 입자 배제층을 제외한 관단면 방향의 국소 농도 $c(\bar{r})$는 입자의 활발한 Brown운동의 결과, 균일하다고 생각할 수 있다. 또 λ는 비교적 크게 되므로 층류의 속도분포 때문에 입자는 회전한다. 입자의 국소 이동속도 $v_p(\bar{r})$을 H_0의 입자의 회전에 의한 영향을 고려한 다음 식으로 표현하면 R_f 와 λ의 관계는 〈그림 13-6〉으로 된다.

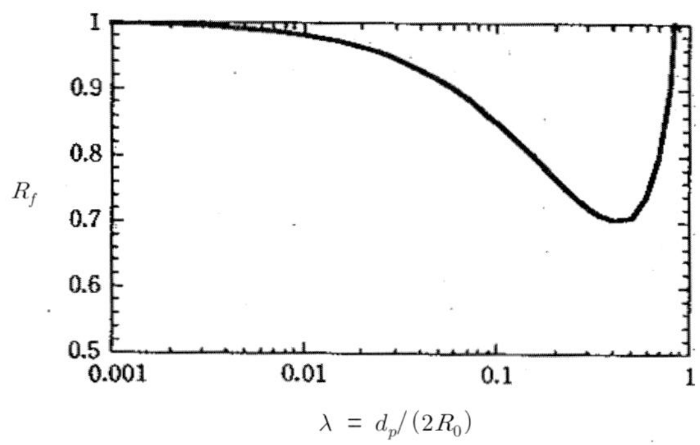

〈그림 13-6〉 HDC 법에 있어서 입도와 세관경의 비 λ 와 입자유지비율 Rf의 관계

$$v_p(\bar{r}) = 2u_m(1 - \overline{r^2}) - \left\{\frac{4}{3}u_m\lambda^2 + \frac{5}{4}u_m\lambda^3(1+\bar{r})\left(\frac{1}{(1-\bar{r})^2} - \frac{1}{(1+\bar{r})^2}\right)\right\} \tag{13-9}$$

$\lambda > 0.01$에서 R_f 의 차가 크게 되어, 입도의 분리가 가능하게 된다. 즉, 세관경과 입도의 비가 가장 중요한 변수이다.

13.2.2 충전형 HDC법

충전입자의 크기를 변한 측정결과를 〈그림 13-7〉에 나타낸다. 충전 입도를 작게 하면($C \to B \to A$), 측정 영역은 소립경 쪽으로 이동함과 동시에 입도의 분리능이 향상한다. 이온 교환 수지의 충전물(A)와 스틸렌 고분자 수지(D)의 상위는 충전 입도 뿐만 아니라 충전물 표면의 전하(정전 상호작용)의 영향이다. 장치 내의 입자의 응집·침착에 의한 미회수율의 급격한 증가는 300~500nm 이상의 입자에서 발생한다.

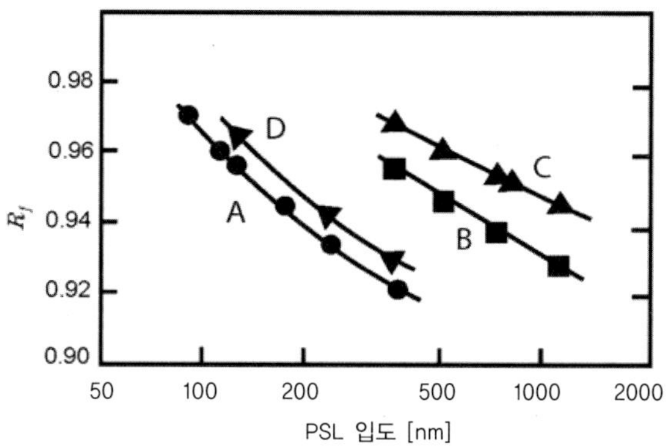

〈그림 13-7〉 충전형 HDC 법의 측정결과

(A) 18 ㎛, (B) 40 ㎛, (C) 58 ㎛ 경 양이온 교환수지 입자,
(D) 20 ㎛경 Styrene Divinylbenzene 공중합체 입자를 충전물로 한다.

13.2.3 세관형 HDC법

내경 7㎛의 세관에서 용리액에 첨가하는 계면 활성제의 종류를 바꾼 결과를 〈그림 13-8〉에 나타낸다. 비이온성 활성제(Pluronic F-108) 쪽이 입자유지비율 변화가 크다. 그러나 분해능은 입자유지비율과 peak의 퍼짐과 의존하기 위해 양 인자를 고려할 필요가 있다. 각종의 경제면 활성제 수용액의 실험에서 Silebi와 Dos Ramos 등은 고분자의 입도 측정에 적절한 용리액 조건을 발견하고, 장치의 개발에 결부시켰다.

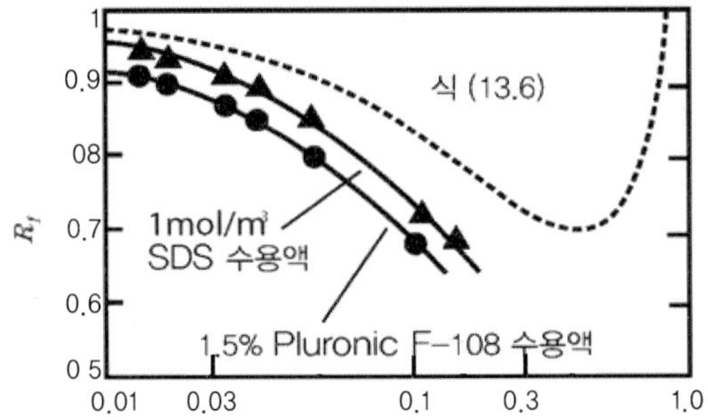

〈그림 13-8〉 7㎛경 세관을 이용한 세관형 HDC 법의 측정결과

13.3 Size-Exclusion Chromatography

size-exclusion chromatography 법은 용액 내의 분자 또는 입자를 분자량이 아니고 분자크기에 따라서 분리하는 기술이다. 분리의 대상이 되는 거대 분자는 단백질이나 고분자 물질이다. 컬럼 내에 시료를 수용액 또는 유기용매에 분산 시킨 상태로 통과시키고, 입자의 크기별로 분리한다. 이 방법은 주로 고분자 물질이 특성을 조사하는 목적에 많이 사용되며, 고분자의 분자질량분포를 측정할 수가 있다.

참고문헌

[1] Lathe, G. H. and C. R. Ruthren, *J. Biochem.,* 62(4), 665 (1956).
[2] Stock, R., *Anal. Chem.,* 33, 966 (1961).
[3] 남궁식, 하백현, 배효광, 이무송, *화학과 공업의 진보,* 6(4), 386 (1966).
[4] Ho. B. P., L. G. Leal, *J. Fluid Mech.,* 65, 365 (1974).
[5] Small. H., F. L. Saunders, J. Solc, *Adv. Collid Interface Sci.,* 6, 237 (1976).
[6] Giddings. J. C., M. N. Myers, K. D. Caldwell, S .R. Fisher: in Method in Biochemical Analysis, vol. 26. D. Glick(ed), J. Wiley & Sons, New York. p.79, 1980.
[7] Silebi, C. A., J. G. Dos Ramos, *J. Collid Interface Sci.,* 130, 14 (1989).
[8] DosRamos, J. G., Silebi, C. A., *J. Colloid Interface Sci.,* 135, 165 (1990).
[9] Mori, Y., H. G. Merkus, B Scarlett, *Part. Part. Syst. Chract.,* 7. 99 (1990).
[10] Mori, Y., K. Kimura, M. Tanigaki, *Anal. Chem.,* 62, 2668 (1990).
[11] Giddings, J. C., *Science,* 260, 1456 (1993).
[12] 粉體工學會編, "粒子徑計測技術", 日刊工業新聞社, 1994.
[13] 강석호, "분체공학", 제2판, 희중당, 서울, 1995.
[14] 粉體工學會編, "粉體工學便覽 第2版", 日刊工業新聞社, 1998.
[15] 장혁상, "환경에어로졸공학", 영남대 출판부, 1999.
[16] 椿淳一郎, 早川修, "粒子徑計測技術", 日刊工業新聞社, 2001.
[17] Skoog, D. A., "Fundamentals of Analytical Chemistry", Thomson Brooks/Cole, Belmont, CA, 2004.
[18] Sun, T., et al, Macromoleclue, 37, 4304 (2004).